"十三五"江苏省高等学校重点教材

高等职业院校"互联网+"系列精品教材

编号：2016-1-119

电子测量与仪器
（第2版）

黄　璟　主　编

殷庆纵　主　审

電子工業出版社·

Publishing House of Electronics Industry

北京·BEIJING

内 容 简 介

本书依据该课程的最新改革成果及作者多年的校企合作经验进行编写。全书以 5 个典型项目为载体，主要内容包括电子元器件的测试、简单电子产品的性能测试、数据域的测量、频域的测量、简易自动测试系统的组建，对应的项目实施分别为简易金属探测器制作与调试、声频功率放大器性能参数测量、计数-译码电路性能测试、射频通信系统信号测试、组建自动测试系统测试常规信号参数，并配有综合实训函数信号发生器性能指标检验，同时提供大量的实例、实训与知识拓展内容。本书淡化复杂的理论分析，强调实践工程测试能力的培养，贯彻"做中学，学中做"的教学理念，实现理论与实践的融合。

本书具有较强的系统性、实用性和先进性，内容紧扣行业企业生产实践，可作为高等职业本专科院校电子类、通信类、信息类、仪器仪表类、自动化类等专业的教材，也可作为开放大学、成人教育、自学考试、中职学校、培训班的教材，以及工程测试技术人员的参考工具书。

本书配有免费的电子教学课件、操作视频、习题参考答案和检验报告等，详见前言。

未经许可，不得以任何方式复制或抄袭本书之部分或全部内容。

版权所有，侵权必究。

图书在版编目（CIP）数据

电子测量与仪器/黄璟主编. —2 版. —北京：电子工业出版社，2020.1（2023 年 7 月重印）
ISBN 978-7-121-35100-6

Ⅰ. ①电…　Ⅱ. ①黄…　Ⅲ. ①电子测量技术－高等学校－教材②电子测量设备－高等学校－教材　Ⅳ. ①TM93

中国版本图书馆 CIP 数据核字（2018）第 218821 号

策划编辑：陈健德（E-mail：chenjd@phei.com.cn）
责任编辑：刘真平
印　　刷：北京七彩京通数码快印有限公司
装　　订：北京七彩京通数码快印有限公司
出版发行：电子工业出版社
　　　　　北京市海淀区万寿路 173 信箱　邮编　100036
开　　本：787×1 092　1/16　印张：15　字数：384 千字
版　　次：2015 年 9 月第 1 版
　　　　　2020 年 1 月第 2 版
印　　次：2023 年 7 月第 6 次印刷
定　　价：52.00 元

凡所购买电子工业出版社图书有缺损问题，请向购买书店调换。若书店售缺，请与本社发行部联系，联系及邮购电话：（010）88254888，88258888。

质量投诉请发邮件至 zlts@phei.com.cn，盗版侵权举报请发邮件至 dbqq@phei.com.cn。

本书咨询联系方式：chenjd@phei.com.cn。

前　言

电子测量技术是高等职业院校、应用型本科院校电子信息类等专业的重要课程，旨在培养学生电子测量综合应用能力及对电子产品的检验技能，以使学生能胜任电子信息技术等领域的设计制造、安装调试、运行维护等方面的工作。

《电子测量与仪器》教材第 1 版于 2015 年出版发行。由于近几年电子测量与仪器技术发展很快，教材内容应与时俱进，在技术上紧跟行业发展，尤其要突出数字化仪器的原理和应用，为此，有必要对第 1 版教材进行修订。

第 2 版在第 1 版教材的基础上修订而成，基本保留了第 1 版的主要内容和特色，但也更新了不少重要的内容，主要变动如下：

1. 删除了大量模拟式测量仪器的内容，使得逐渐走出市场的仪器不再出现在教材中。
2. 深入挖掘合成信号发生器、数字示波器等数字化测量仪器的工作原理和应用技能，使教材更贴近行业现状。
3. 教材采用立体化结构，不仅有教学课件，还有操作视频供学习者参考。
4. 对于任意波形发生器的使用介绍，从基本的正弦波、三角波、方波、脉冲波、噪声波的产生，拓展到扫频波、调幅波、调频波、FSK 调制波形的产生，再提升到输出内建波形，以及不通过软件的修改编辑内建波形，且均有操作视频以供参考。
5. 对于数字示波器工作原理的表述，深入剖析其功能和各部分组成。诸如时基电路、采样存储显示电路、触发方式、触发类型等，均在理论上详细表述。对于数字示波器的一些琐碎功能，如触发抑制功能、色温显示功能等，都有视频展示。在数字示波器的主要性能指标中，将原安捷伦工程师孙灯亮提出的"信号保真度"放在了第一位，突出了测量的本质意义。
6. 数据域的测量，考虑到独立式逻辑分析仪价格昂贵，推荐基于数字示波器的简易逻辑分析仪，能够测量数字电子技术及单片机技术教材中的数字信号。教材通过"计数-译码电路"展示了简易逻辑分析仪的使用，并在视频中展示了"毛刺"现象。
7. 频域的测量，以射频通信实验系统为载体，通过视频展示了正弦波、方波、调幅波、调频波的频谱及无线鼠标信号的测量等。
8. 保留了教材第 1 版中的项目实施和知识拓展，将原项目 1、2、3 整合为项目 1、2，项目 4、5 调整为项目 3、4，新增项目 5 "简易自动测试系统的组建"。原项目实施 2 调整为综合实训。
9. 对于教材中的部分知识拓展，可链接观看彩色图片，以便学习者更好地理解知识内容。

修订后的教材内容更接近电子测量仪器市场，贴近企业工程应用现状。依托校企合作平台，选取紧贴职业岗位技能要求的内容，实行项目化教学，全书包含 5 个项目：电子元器件的测试、简单电子产品的性能测试、数据域的测量、频域的测量、简单自动测试系统的组建，涵盖电子测量领域的常用仪器原理和仪器应用等，其总体知识结构框架如下（虚线框内是知识拓展内容）：

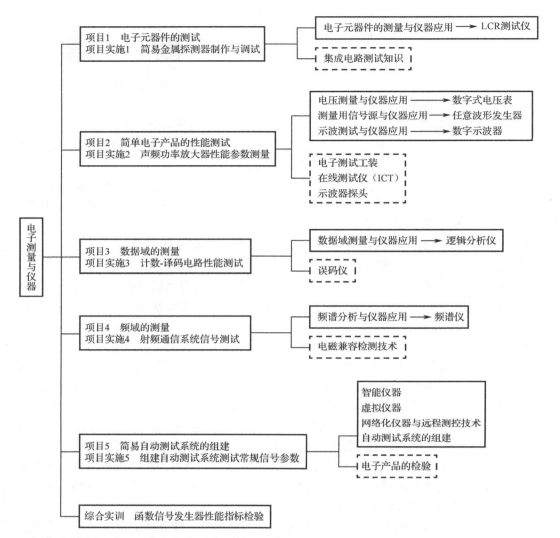

项目1　电子元器件的测试
项目实施1　简易金属探测器制作与调试
　　电子元器件的测量与仪器应用 ——→ LCR测试仪
　　集成电路测试知识

项目2　简单电子产品的性能测试
项目实施2　声频功率放大器性能参数测量
　　电压测量与仪器应用 ——————→ 数字式电压表
　　测量用信号源与仪器应用 ——→ 任意波形发生器
　　示波测试与仪器应用 ——————→ 数字示波器
　　电子测试工装
　　在线测试仪（ICT）
　　示波器探头

项目3　数据域的测量
项目实施3　计数-译码电路性能测试
　　数据域测量与仪器应用 ——→ 逻辑分析仪
　　误码仪

项目4　频域的测量
项目实施4　射频通信系统信号测试
　　频谱分析与仪器应用 ——→ 频谱仪
　　电磁兼容检测技术

项目5　简易自动测试系统的组建
项目实施5　组建自动测试系统测试常规信号参数
　　智能仪器
　　虚拟仪器
　　网络化仪器与远程测控技术
　　自动测试系统的组建
　　电子产品的检验

综合实训　函数信号发生器性能指标检验

电子测量与仪器

　　本书由苏州工业职业技术学院黄璟任主编、固纬电子（苏州）有限公司邹铮任副主编，由苏州工业职业技术学院殷庆纵主审。参与编写的还有苏州工业职业技术学院王莉莉、吴振英、吴冬燕，苏州优德通力科技有限公司张洁，苏州市电子产品检验所有限公司袁志敏。在本书修订过程中，得到苏州普源精电科技有限公司章成荣，固纬电子（苏州）有限公司吴志峰，苏州众业电子科技有限公司简品，苏州裕登电子科技有限公司刘振，苏州工业职业技术学院周步新、杭海梅、崔秋丽老师，以及常州同惠电子股份有限公司、深圳市鼎阳科技有限公司、苏州优备精密智能装备股份有限公司等厂家的大力支持和帮助，在此一并表示衷心感谢！同时，向所有参考文献的作者、网络资料的作者表示崇高的敬意。

　　由于电子测量技术发展迅速，应用领域不断扩大，加之编者水平有限，编写时间仓促，书中难免有疏漏和欠妥之处，恳请读者批评指正。

　　为了方便教师教学，本书还提供配套的电子教学课件、操作视频、声频功率放大器试验纲要、声频功率放大器检验报告、实训报告格式及习题参考答案，请有需要的教师登录华信教育资源网（http://www.hxedu.com.cn）免费注册后下载，也可扫一扫书中的二维码阅读或下载相应的教学资源，有问题时请在网站留言或与电子工业出版社联系。

编　者

目 录

 扫一扫看声频功率放大器的检验报告

 扫一扫看声频功率放大器的试验纲要

 扫一扫看实训报告格式

 扫一扫看书内容介绍视频

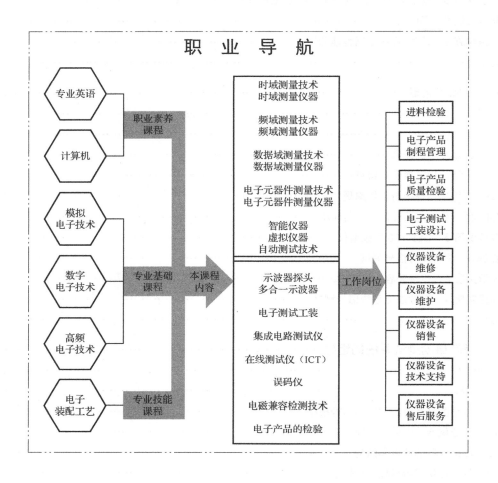

项目 1

电子元器件的测试

案例引入

电子制造业中有一个很重要的岗位叫"进货（料）检验员"，主要职责是对公司采购来的元器件进行质量把关，不让不良品流入生产线。否则生产出的电路板不能达到设计性能，造成后续大量的维修工作，甚至产品的报废，使公司蒙受损失。那么，如何对电子元器件进行检测呢？

学习目标

1. 理论目标

1）基本了解

电子测量的内容和方法、测量误差的表示和分类、电子测量仪器的发展历程；

电阻、电容、电感的测量原理；

LCR 测试仪的组成和工作原理。

【知识拓展】集成电路测试知识。

2）重点掌握

测量结果的表示与有效数字的处理，电工仪表的准确度等级；

LCR 测试仪的主要功能。

2. 技能目标

能操作 LCR 测试仪；

掌握手工制作简单电子产品的一般流程。

1.1 电子测量基础

1.1.1 电子测量的内容与特点

扫一扫看电子测量基础教学课件

1. 测量的概念

在生活、生产、科研活动中，如果要定量地评价某个对象，必然要对该对象的某些方面进行测量，通过对测量结果的数据分析，归纳出对该事物的认知，进而依据规律改造世界。

测量是一种信息采集过程，是一种借助专用的工具或设备，通过实验方法对客观事物的某些方面取得定量数据的过程。生产的发展和科学的进步，需要利用测量技术获取一定数量的科学数据，因此测量技术在一定程度上引领科技发展的速度和高度，测量技术的水平反映一个国家科技发展的状况。

测量结果是被测量与已知同类标准量进行比较的结果，被测量的量值由数值（大小及符号）和计量单位（用于比较的标准量的单位名称）两部分组成。例如，测得某人体重为 60 kg（被测量的量值），是与 1 kg（标准量）比较的结果。没有计量单位的量值是没有物理意义的。测量结果还必须是有理数，$60\frac{2}{3}$ kg 是错误写法。

2. 测量（measurement）与计量（metrology）的关系

"测量"是获取量值信息的活动，"计量"不仅要获取量值信息，而且要实现量值信息的传递或溯源。在 JJF1001—1998《通用计量术语及定义》中，将"计量"定义为实现单位统一、量值准确可靠的活动。因此，唯有计量部门从事的测量才被称作计量。例如，计量对于天文、气象、测绘等部门所从事的测量提供了实现单位的统一、量值准确可靠的保证。而这些保证是这些部门测量活动自身无法做到的。所谓"计量工作"，包括测量单位的统一、测量方法（如仪器、操作、数据处理等）的研究、量值传递系统的建立和管理，以及同这些工作有关的法律、法规的制定和实施等。

因此，计量是测量的一种特殊形式，测量是计量联系生产实际的途径。计量属于测量，源于测量，又严于一般的测量。要得到确定公认的量值，需有法定的计量单位、计量器具、计量人员、计量检定规程等。计量具有准确性、一致性、溯源性和法制性。

3. 电子测量的内容

电子测量是测量学的一个重要分支，泛指以电子技术为基本手段的一种测量技术。广义的电子测量是指以电子技术为基本手段的测量技术，包括医学、生物学、建筑学、材料学、天文学等领域的测量。狭义的电子测量是指对电子技术中各种电参量的测量，包括各种电量、电路元器件特性、电路特性的测量等。通过传感器把非电量转换为电量后进行测量，将广义电子测量技术与狭义电子测量技术良好地衔接起来。

本课程的电子测量指狭义电子测量技术，其内容包括以下几个方面。

1）电能量的测量
电能量的测量包括电压、电流、功率、电场强度等参数的测量。

2）电路元器件参数的测量

电路元器件参数的测量包括电阻、电感、电容、阻抗、品质因数等元件参数和晶体管、场效应管、集成电路等器件参数的测量。

3）电信号特征的测量

电信号特征的测量包括频率、周期、相位、失真度、脉冲参数、调制度、数字信号逻辑状态、频谱等的测量。

4）电路性能的测量

电路性能的测量包括通频带、选择性、增益、衰减、灵敏度、信噪比、电磁辐射、误码特性和网络特性等参数的测量。

5）信号的发生和应用

信号的发生和应用指模拟信号、射频信号、函数信号、扫频信号、矢量信号、音/视频信号和数字信号等的发生及相应仪器的使用。

这些参量中，频率、时间、电压、相位、阻抗等是基本参量，其他为派生参量。电压测量是最基本、最重要的测量内容。基本参量的测量是派生参量测量的基础。

4. 电子测量的特点

当今电子测量技术的水平往往是科学技术最新成果的直接体现。因此，与其他测量技术相比，电子测量技术具有以下特点。

1）测量速度快

由于电子测量是通过电子运动和电磁波的传播等方式实现的，因此具有其他方法无法比拟的高速度。该特性用以实现快速测量和实时测控，尤其对于远距离测控场合，该特性显得尤为重要。

2）测量量程宽

量程是指测量范围的上、下限之差或上、下限之比。电子测量被测量的大小往往相差很大，如电压有 V、mV、μV、nV 等数量级，要求单台测量仪器具有较为宽广的测量范围。例如，高档次的数字式万用表，交直流电压测量范围为 100 nV～1000 V，电阻测量范围为 $3×10^{-3}～3×10^{8}$ Ω。

3）测量频率范围宽

测量频率范围是指电子测量仪器在满足正常测试性能条件下，能够检测到的信号频率的上、下限。电子测量中被测量的频率覆盖范围很宽，一般为 $10^{-6}～10^{12}$ Hz。

4）测量准确度高

电子测量仪器的准确度已达到较高水平，远高于其他测量仪器。尤其对于频率和时间的测量，由于采用原子频标和原子秒作为基准，测量精度可达 $10^{-13}～10^{-14}$ 数量级。由于电子测量准确度高、误差小，使得它在各领域被广泛应用。

5）易于实现遥测

电子测量可以通过各种类型的传感器，将现场各待测量转换为易于传输的电信号，采用有线或无线的方式，传输到测控中心，实现遥测和遥控。尤其是航天、军事、勘探等方面，实现人类难以靠近的地方的测量，并且可以实现全天候 24 h 的测量。

6）易于实现测量仪器的智能化和测试过程的自动化

随着超大规模集成电路和微型计算机功能的提高，电子测量具有功耗低、测速快、可靠性高、存储量大的特点，实现测量仪器的智能化和测试过程的自动化。例如，在测量过程中能够实现程控、遥控、自动转换量程、自动调节、自校准、自动诊断故障、自动恢复；对于测量结果能够进行数据自动记录、自动运算和处理。

电子测量的一系列优点，使得它获得广泛应用。天文、航天、医学、生物、工业、农业、商业、生活各个领域都离不开电子测量技术与设备。

1.1.2　电子测量的分类

为了达到正确测量的目的，合理选择测量仪器和测量方法极为重要，直接关系到测量实施的可行性、测量结果的可信度、测量工作的经济性。电子测量主要有以下几种分类。

1. 按测量性质分类

根据被测量的性质，电子测量大致分为时域测量、频域测量、数据域测量和随机量测量四大类。

1）时域测量

时域测量又称瞬态测量，测量与时间有函数关系的量，如电压、电流等。这些量的稳态值、有效值和瞬态值等参数可用电压表、示波器等仪器直接观测并测量。

2）频域测量

频域测量又称稳态测量，测量与频率有函数关系的量，如电路增益、相移等。可通过频谱分析仪等仪器分析电路的频谱特性、幅频特性、相频特性等。

3）数据域测量

数据域测量又称逻辑测量，是对数字逻辑量进行测量。可通过逻辑分析仪等设备对数字量和电路的逻辑状态进行分析，观测并行数据的时序波形，或用"1、0"数据显示其逻辑状态。

4）随机量测量

随机量测量又称统计测量，主要是指对各类噪声信号、干扰信号进行动态测量和统计分析。随机量测量在通信领域应用广泛。

2. 按测量手段分类

按测量手段分类，电子测量有直接测量、间接测量、组合测量三类方法。

1）直接测量

直接测量指直接从电子测量仪器或仪表上获得测量结果的测量方法。例如，用电子计数器测量频率、电压表测量电压等。直接测量方法简单、迅速，广泛应用于工程测量中。

2）间接测量

间接测量指先对几个与被测量有确定函数关系的电参量进行直接测量，然后通过函数公式、曲线或表格等，求出被测量的测量方法。当被测量不便于直接测量，或间接测量比直接测量更为准确时，可采用间接测量法。例如，直接测量电路中三极管集电极的电流，需要集电极支路有断口才能将电流表串入电路；而采用间接测量法先测量集电极电阻上的电压，再除以集电极电阻值，即获得电流值，这样更简便易行。间接测量广泛应用于科研和工程测量中。

　　3）组合测量

　　在某些测量中，被测量与多个未知量有关，无法通过直接测量和间接测量得出被测量的结果，需要改变测量条件进行多次测量，然后根据被测量与未知量的函数关系列出方程组求解被测量，即组合测量。这种测量方法过程较复杂，测量时间长，精度高，常用于科学实验。

　　电子测量方法分类很多，实际的测量过程复杂，应根据被测量的电学特性、测速要求、精度要求，以及经费情况、场地情况综合考虑，选取合适的测量方法。

1.2　电子测量仪器基础

扫一扫看电子测量仪器基础教学课件

1.2.1　电子测量仪器的功能

　　电子测量仪器通常需要具备物理量转换、信号处理与传输，以及测量结果的显示等基本功能。

1. 物理量转换功能

　　对于数字式仪表，转换指将功率、电流、电阻等电量转换为电压形式；对于模拟式仪表，转换指将功率、电压、电阻等电量转换为电流形式，进而转换为与电流强度成正比的扭矩，驱动动圈式检流计指针偏转。

　　非电量需先转换为电量，再做进一步测量。例如，压力、温度、位移、光强等物理量经传感器转换为与之相关的电压、电流等形式。

2. 信号处理与传输功能

　　信号处理包括信号调理，如弱信号的放大、强信号的衰减；模拟量转换为数字量；微处理器对信号的处理等。

　　信号传输指有线或无线方式的传输。在遥测、遥控等远距离传输过程中，要避免信号的失真和抗干扰等问题。

3. 显示功能

　　显示功能即告知功能，模拟式仪表通过指针仪表度盘、阴极射线管，数字式仪表通过数码管、液晶屏显示测量结果。

　　此外，随着科技的发展，电子测量仪器的智能化程度越来越高，增加了数据记录、处理及自检、自校、报警提示等功能。

1.2.2　电子测量仪器的分类

　　电子测量仪器有多种分类方法，通常分为通用和专用两大类。专用仪器是为特定目的专门设计制作的，适用于特定对象的测量，如电视信号发生器等。通用仪器指应用面较广

的测量仪器，如示波器、通用计数器等。

电子测量仪器按工作频段可分为超低频仪器、音频仪器、视频仪器、高频仪器及微波仪器等；按电路原理可分为模拟式和数字式；按外形结构可分为便携式、台式、架式、模块式及插件式等。

按被测量的不同特性，通用电子测量仪器可分为以下几类。

1. 时域测量仪器

时域测量仪器用于测量电信号在时域中的各种特性。

1）测量用信号源

在电子测量中欲研究被测网络，需给予网络一定的激励信号，然后研究其响应。信号发生器是提供符合一定技术要求的电信号的仪器，如正弦信号发生器、脉冲信号发生器、函数信号发生器、随机信号发生器、电视信号发生器、任意波形发生器等。

若信号源发出的是扫频信号，则属于频域测量范畴，通常扫频信号源合成在其他频域测量仪器内，不单独制作仪器。

2）波形测量仪器

波形测量仪器用于观察和测量信号的时基波形。具体仪器有模拟示波器、数字示波器、多合一示波器等。

3）电压、电流、功率测量仪器

电压、电流、功率测量仪器用于测量信号的电压、电流、功率。具体仪器有电压表、电流表、功率表等。

4）时间、频率、相位测量仪器

时间、频率、相位测量仪器用于测量电信号的频率、周期、相位及时间间隔。具体仪器有计时器、频率计、相位计、计数器等。

2. 频域测量仪器

频域测量仪器用于测量电信号在频域中的各种特性。具体仪器有频率特性测试仪、频谱分析仪、网络分析仪等。

3. 数据域测量仪器

数据域测量仪器是用于分析数字系统中以离散时间或事件为自变量的数据流的仪器，能显示和记录数字逻辑系统的实时数据流，分析和诊断数字系统的软、硬件故障。具体仪器有逻辑分析仪、误码仪等。

4. 随机域测量仪器

随机域测量仪器主要对各种噪声、干扰信号等随机量进行测量。具体仪器有噪声系数分析仪、电磁干扰测试仪等。

5. 调制域测量仪器

调制域测量仪器用于测量调频和调相信号的线性失真、脉宽调制信号的调制特性、锁相环路的捕捉及跟踪、数据和时钟信号的相位抖动等。具体仪器有调制域分析仪等。

6. 电子元器件测量仪器

1）电子元件参数测量仪器

电子元件参数测量仪器用于测量电阻值、阻抗值、电容量和损耗因数 D 值、电感量和品质因数 Q 值等参数。具体仪器有 LCR 测试仪等。

2）电子器件特性测量仪器

电子器件特性测量仪器用于测量半导体分立器件、集成电路等器件的特性。具体仪器有晶体管特性图示仪、IC 测试仪等。

1.2.3 电子测量仪器的主要性能指标与误差

1. 主要性能指标

电子测量仪器的技术指标是衡量其工作性能的依据，主要包括以下几个方面。

1）测量功能、范围

测量功能是指能测量何种被测量，测量范围是指仪器在一定准确度范围内适合测量的数值大小。

2）频率范围

频率范围指保证仪器其他指标正常工作的有效频率范围。

3）准确度

测量仪器准确度用于描述测量仪器给出值接近真值的能力。通常以允许误差或不确定度的形式给出。

4）量程与分辨力

量程是指测量仪器的测量范围。分辨力是指测量仪器所能直接反映出被测量变化的最小值，如指针式仪表刻度盘标尺上最小刻度（1 个小格）所代表的被测量大小，或数字式仪表最低位显示变化 1 个字所代表的被测量大小。

同一仪器不同量程的分辨力不同，通常以仪器最小量程的分辨力（最高分辨率）作为仪器的分辨力。

5）稳定度

稳定度即稳定误差，是指在规定的时间区间内，其他外界条件恒定不变的情况下，仪器示值不变的能力。造成示值变化的原因主要是仪器内部各元器件的特性不同、参数不稳定和器件老化等因素。

6）测量环境

同一台电子测量仪器，测量方法相同，不同的测量环境会出现不同的测量结果。电子测量仪器受外界环境（如温度、湿度、电网电压、电磁干扰等）影响较大。因此，为保证测量精度，应在生产厂家规定的环境条件下进行测量。

2. 误差

在电子测量中，由于电子测量仪器本身性能不完善所产生的误差称为电子测量仪器误差，又称系统不确定度。它是电子测量仪器的一项重要质量指标，主要包括以下几种。

1）固有误差

固有误差是指在基准工作条件下测量仪器的误差。

基准工作条件是一组有公差的基准值（如环境温度 20±2 ℃）或有基准范围的影响量（如相对湿度 45%～75%，大气压强 86～106 kPa）。

2）工作误差

工作误差是在仪器额定工作条件下，在任意点上测得的仪器某项特性的误差。

额定工作条件包括仪器本身的全部使用范围和全部外部工作条件，是各种影响量最不利的组合，产生的误差最大。如环境温度 20±20℃，相对湿度 20%～90%，交流供电电压 $220(1\pm10\%)$ V。

工作误差包括仪器固有误差及各种因素共同作用的总效应，在仪器说明书中必须给出，固有误差视情况给出。

3）影响误差

影响误差用来表明某一项影响量对仪器测量误差的影响，如温度误差、频率误差等。只有当某一影响量对测量影响比较大时才给出，它是一种误差的极限。

4）稳定误差

稳定误差是仪器标准值在其他影响量和影响特性保持恒定的情况下，在规定时间内产生的误差极限。习惯上以相对误差形式给出或注明最长连续工作时间。

另外，电子测量仪器误差的表示方法，可以是绝对误差，也可以是相对误差。例如，某 $4\frac{1}{2}$ 位交流数字电压表的技术指标说明中有上述四种误差的标注：

固有误差：1 kHz，1 V 时为 " ±0.4%读数 ±1 个字 "；

工作误差：50 Hz～1 MHz，1 mV～1 V 量程内为 " ±1.5%读数 ±0.5%满量程 "；

温度影响误差：以 20 ℃为参考，1 kHz，1 V 时温度系数为 " 10^{-4}/℃ "；

频率影响误差：50 Hz～1 MHz 为 " ±0.5%读数 ±0.1%满量程 "；

稳定误差：温度 -10～$+40$℃，相对湿度 20%～80%，大气压 86.7 Pa～106.7 kPa 的环境内，连续工作 7 h。

1.2.4　电子测量仪器的发展

电子测量技术始终走在科技的前沿，随着微电子技术、计算机技术的高速发展，促使新的测量理论、测量方法、测量领域及新的测量仪器不断涌现。纵观电子技术的发展，电子器件经历了真空管时代、晶体管时代、集成电路时代，同样，电子测量仪器经历了模拟仪器、数字仪器、智能仪器和虚拟仪器四个阶段，并且朝着测试系统自动化、智能化的方向发展。

1. 电子测量仪器的发展历程

1）模拟仪器

模拟仪器（Analog Instrument）应用和处理的信号均为模拟信号，如指针式电压表、模拟示波器等。这一类仪器的特点是体积大、功能简单、精度低、响应速度慢。

2）数字仪器

数字仪器（Digital Instrument）经 A/D 转换电路将模拟信号转换为数字信号，送数字信号处理电路处理后，以数字显示方式给出测量值，如数字示波器、数字频率计等仪器。相比模拟仪器，数字仪器具有测速快、准确度高、抗干扰性好、操作方便等优点。

3）智能仪器

智能仪器（Intelligent Instrument）通常是指含有微型计算机或微处理器的电子测量仪器。由于它拥有对信号数据的存储、运算、逻辑判断及自动化操作等功能，具有一定的智能作用，故被称为智能仪器。

4）虚拟仪器

虚拟仪器（Virtual Instrument，VI）是美国国家仪器公司（National Instrument，NI）在20 世纪 80 年代推出的基于计算机和硬件模块的测量技术，倡导"软件即仪器"的全新理念，使用户操作通用计算机来替代真实仪器进行测量。可实现仪器设计、自动测试、过程控制、数据分析及远程测试等功能。相比传统仪器，虚拟仪器具有设计灵活、操作简便、测试范围广、高度智能化等优点。

2. 电子测量仪器的发展方向

纵观电子测量仪器的发展历程，可以看出随着电子元器件制造技术和新的测试技术的不断出现，电子测量仪器总体向着四个方向发展。

1）电子测量仪器性能更加优异

以往的电子技术使得制造出的仪器功能单一，同一种仪器因为频率的限制可能要分不同频段生产不同型号的产品来满足市场的需求。随着高新技术研究成果的广泛采用，电子测量仪器的频率范围越来越宽，功能越来越多，精度越来越高，甚至一台仪器不仅综合了以往多台仪器的功能，性能指标还有很大的提高，普遍实现自补偿、自诊断、自故障处理等功能。

2）电子测量仪器与计算机技术融合更加紧密

随着科技的发展，研发人员把微型计算机系统嵌入数字式电子测量仪器中构成独立式的仪器，即智能仪器。由于引入了计算机，使得智能仪器功能强大、性能优异、使用灵活方便，是现代高档电子仪器的主体。

3）虚拟测试应用领域更加宽泛

虚拟测试技术利用计算机界面和在线帮助功能，建立仪器虚拟面板，通过计算机操作完成对对象的测试分析功能。随着技术的不断成熟，其优势也日益显现。虚拟测试技术的应用不断扩展，在航天、汽车、电力、电子产品、石油与天然气等领域都有突破性成果。

4）自动测试、远程测试日益普及

数字仪器、智能仪器、虚拟仪器和网络仪器代表了现代科学仪器发展的主流方向，同时也促成了自动测试技术和远程测试技术的发展和普及，实现了地理分散、功能分散、危险分散、管理集中、资源共享的新特点。

1.3 测量误差基础

扫一扫看测量误差基础教学课件

在一定环境条件下，可借助合适的测量仪器，使用某种方法对某个量进行测量，以获得这个量的真实大小。但人们通过实验的方法测量被测量时，由于对客观规律认识的局限性、测量仪器精度的有限性、测量手段的不完善、测量条件的变化，以及测量过程中的疏忽或错误等原因，都会造成测量结果偏离真实值，这个差别就是测量误差。因为测量误差是难免的，可通过了解误差来源，分析测量误差的形成规律，尽可能消除误差或减小误差，以便获得正确的测量值。

1.3.1 测量误差的基本概念

1）真值

真值指被测量本身具有的真实值，一般用 A_0 表示。由于测量过程中受到测量人员、测量仪器、测量方法等主客观因素的限制，人们无法测得真值，真值只是一个理想的概念。

2）示值

示值也称测量值，是指测量仪器的读数装置所指示出来的被测量的数值，一般用 x 表示。示值和仪器的读数是有区别的，读数是从仪器刻度盘、显示器等读数装置上直接获得的数据，而示值是由仪器刻度盘、显示器上的读数经换算而得到的。

3）修正值

修正值是用代数方法与未修正测量结果相加，以补偿其系统误差的值。修正值等于负的系统误差。由于系统误差不可能完全获知，因此这种补偿并不完全。

4）等精度测量

等精度测量是指保持测量条件（测量仪器、测量人员、测量环境、测量方法）不变而进行的多次测量。等精度测量的每一次测量都有同样的可靠性，即每次测量结果的精度是相等的。

5）非等精度测量

非等精度测量指测量条件不能维持不变情况下的多次测量，其测量结果的可靠性程度不一致。

6）测量误差

测量误差是测量结果与被测量真值的差异，通常分为绝对误差和相对误差两种。测量误差是客观存在无法彻底消除的，人们只能采取一定的措施将测量误差限制在一定范围内。当测量误差超出一定限度时，则相应测量结果及其结论都是没有意义的。

7）测量准确度

测量准确度指测量结果与被测量的真值的一致程度。由于真值难以获得，故准确度是一个定性概念。可以用准确度高低、准确度等级、准确度符合某标准来描述。准确度越高，测量值越接近真值。

8）测量精度

测量精度是对测量值重复性程度的描述。即在相同测量条件下，对同一测量连续进行多次其测量结果之间的一致性。所有的测量对测量值都有精度要求。

1.3.2 测量误差的来源

造成测量误差的原因很多，常见的测量误差来源有以下几个方面。

1）仪器误差

仪器仪表本身所引入的误差称为仪器误差。这是测量误差的主要来源之一。指针式仪表的刻度误差、非线性引起的误差，数字式仪表的量化误差等均为仪器误差。

2）方法误差

由于测量方法不合理造成的误差称为方法误差。如图 1-1 所示为用伏安法测量电阻，无论安培表采用内接法还是外接法，当忽略仪表的影响时，计算所得的电阻值均比实际值偏大或偏小。

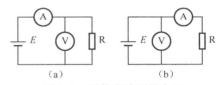

图 1-1 用伏安法测量电阻

3）理论误差

由于测量原理不严密，以及采用了近似值计算测量结果所引起的误差称为理论误差。例如，谐振法测量频率所用公式如下，该公式实际上是近似公式，忽略了电感线圈内的损耗电阻 r。

$$f_0 = \frac{1}{2\pi\sqrt{LC}}$$

4）人身误差

由于测量者的分辨能力、身体状况、责任心等主观因素引起的误差称为人身误差。例如，斜视的读数习惯引起的误差。

5）环境误差

环境误差又称为影响误差，是由于环境因素与要求的测量条件不一致所造成的误差。环境误差是造成测量误差的主要原因之一。例如，环境温度、预热时间、电源电压、电磁干扰等与所要求的测试条件不一致，使仪器仪表产生误差。

1.3.3 测量误差的分类和处理

根据测量误差的性质和特点，可将其分为系统误差、随机误差和粗大误差三类。

1. 系统误差

1）定义和产生原因

系统误差是指等精度测量时，测量误差的数值保持恒定或按某种规律变化的误差，简称系差，如电表零点不准引起的误差。

系统误差产生的原因有多种，主要是仪器误差、环境误差、方法误差及理论误差。

2）主要特点

只要测量条件不变，系统误差即为确定值，用多次测量求平均值的方法不能减小和消除系统误差。当测量条件改变时，误差也遵循某种确定的规律而变化，具有可重复性，可以修正和消除。

系统误差表明测量结果偏离真值或实际值的程度。系统误差越小，测量准确度越高。系统误差通常能够出现在最终的测量结果中。

3）系统误差的分类

系统误差根据性质特征的不同分为恒定系统误差和变值系统误差。

恒定系统误差简称恒差，其误差的大小及符号在整个测量过程中始终保持恒定不变。

变值系统误差简称变值系差，其误差大小及符号在测量过程中会随测试的某个或某几个因素按照累进性规律、周期性规律或某种复杂规律等确定的函数规律变化。

4）系统误差的处理

产生系统误差的原因很多，消除和减小系统误差的途径主要有如下两种。

（1）测量前的处理：在测量工作开始前，尽量消除产生误差的来源，或设法防止受到误差来源的影响，这是减小系统误差最好也是最根本的方法。

例如，一般工程测量前，先检定出测量仪器的固有误差，整理出误差表格或误差曲线，推断出系列修正值，以便修正测量值获得被测量的实际值。

（2）测量过程中的处理：在测量过程中，可以采用典型测量技术消除或减小系统误差，如零示法、微差法、代替法和交换法等，根据测量的具体条件和测试内容而定。

2. 随机误差

1）定义和产生原因

随机误差指等精度测量同一量时，每次测量结果出现无规律随机变化的误差，又称偶然误差，简称随差。

随机误差主要是由那些影响微弱、变化复杂，但又互不相关的因素共同作用而产生的误差。这些因素主要有仪器内部器件的噪声干扰、环境温度、电源电压波动、电磁干扰及测量者感官因素等。

2）主要特点

单次测量的随机误差是没有规律、不可预知的，但在足够多次的测量中，随机误差服从一定的统计规律。多次测量中，绝对值小的随机误差出现的次数比绝对值大的随机误差出现的次数多，绝对值相等的正随机误差和负随机误差出现的概率相同，即具有对称性。等精度测量中，随机误差的算术平均值的误差随着测量次数的增加而趋近于零，即具有正负抵偿性。测量次数一定时，随机误差的绝对值不会超过一定的界限，即具有有界性。

随机误差反映了测量结果的离散性，随机误差越小，测量精密度越高。系统误差和随机误差之间没有必然的联系，两者共同决定测量的精确度。

3）随机误差的处理

由于随机误差的抵偿性，理论上当测量次数趋于无穷大时，随机误差趋于零。实际操作时不可能做到无限次的测量，但可以做到在保证测量精度条件下的多次测量，将算术平均值作为最后的测量结果。只要测量次数足够多，随机误差的影响就足够小。

3. 粗大误差

1）定义和产生原因

粗大误差指在一定条件下，测量结果明显偏离实际值的误差，又称疏失误差或粗差。

粗大误差主要是由测量操作疏失、测量方法不当、测量条件突然变化等原因造成的。

2）主要特点

粗大误差明显歪曲测量结果，其数值远远大于系统误差和随机误差，该测量值称为可疑数据或坏值。

3）粗大误差的处理

粗大误差的处理方法是先检定再剔除。按照统计分布规律确定一个误差置信区间，凡是超出这个置信区间的误差，就认为不是随机误差，而是粗大误差，应剔除该数据。

1.3.4 测量误差的表示方法

测量误差通常采用绝对误差、相对误差两种表示方法。

1. 绝对误差

1）定义

被测量的测量值 x 与真值 A_0 之间的差值称为绝对误差，用 Δx 表示，即

$$\Delta x = x - A_0 \tag{1-1}$$

式中，Δx 为绝对误差；x 为被测量的测量值；A_0 为被测量的真值。

被测量的真值是一个理想的概念，实际上是不可能得到的，通常用高一级标准仪器所测得的测量值 A 来代替 A_0，A 为被测量的实际值。则绝对误差的计算式为

$$\Delta x = x - A \tag{1-2}$$

式中，Δx 为绝对误差；x 为被测量的测量值；A 为被测量的实际值。

绝对误差是具有大小、正负和量纲单位的数值。绝对误差的正负号表示测量值 x 偏离实际值 A 的方向，即偏大或偏小。绝对误差大小表示测量值 x 偏离实际值 A 的程度。

2）修正值

与绝对误差大小相等、符号相反的量值称为修正值，用 C 表示，即

$$C = -\Delta x = A - x \tag{1-3}$$

修正值通常由高一级标准检定或由生产厂家给出。修正值的给出方式有数值、曲线和图表等。修正值和绝对误差一样具有大小、符号及量纲。

已知测量值，加上修正值即得被测量的实际值，即

$$A=x+C \qquad (1-4)$$

例如，某电流表的绝对误差为 0.01 mA，即比实际值偏大 0.01 mA，其修正值为 −0.01 mA。所有测得的数据加上修正值−0.01 mA（即减去 0.01 mA），即得实际值。

2. 相对误差

绝对误差虽然可以反映测量结果偏离实际值的方向和大小，但不能说明测量结果的准确程度。例如，若电流表甲（10 mA 量程）和电流表乙（1 mA 量程）的绝对误差都是 0.01 mA，显然两者的测量准确程度是不一样的。因此引入相对误差的概念，在没有特殊说明的情况下，一般提到的测量误差都指相对误差。

相对误差有实际相对误差、示值相对误差和满度相对误差三种形式。相对误差只有大小和符号，没有单位。

1）实际相对误差

绝对误差与被测量的实际值的百分比称为实际相对误差，通常用 γ_A 表示，即

$$\gamma_A = \frac{\Delta x}{A} \times 100\% \qquad (1-5)$$

2）示值相对误差

绝对误差与被测量的测量值的百分比称为示值相对误差，通常用 γ_x 表示，即

$$\gamma_x = \frac{\Delta x}{x} \times 100\% \qquad (1-6)$$

3）满度相对误差

（1）满度相对误差和仪表等级

满度相对误差又称引用相对误差，是指绝对误差与仪器满量程 x_m 的百分比，通常用 γ_m 表示，即

$$\gamma_m = \frac{\Delta x}{x_m} \times 100\% \qquad (1-7)$$

满度相对误差公式的分母始终不变，这给定性分析带来了方便，因此满度相对误差表示法应用较广。电工仪表就是按照满度相对误差 γ_m 进行准确度分级的。指针式电工仪表的准确度等级通常分为 0.05、0.1、0.2、0.5、1.0、1.5、2.5、5.0 几个等级，分别表示仪表满度误差所不能超过的百分比。如式（1-8）所示，S 为仪表等级。

$$S\% = \pm\gamma_m \qquad (1-8)$$

例如，某模拟式万用表表头上记有"～5.0"，表示该型号的万用表交流挡准确度等级为 5.0 级，测量交流量时最大满度误差为±5.0%。仪表的等级越小，其满度相对误差就越小，测量的准确度就越高。

（2）仪表量程的选择

当仪表的等级 S 确定后，各量程内绝对误差的最大值 Δx_m 也确定了，有

$$\Delta x_m = \gamma_m \cdot x_m \qquad (1-9)$$

实际测量的绝对误差 Δx 应该小于该量程的绝对误差的最大值 Δx_m，即

$$\Delta x \le \Delta x_m \qquad (1-10)$$

将式（1-8）代入式（1-9）得

$$\Delta x \leqslant \Delta x_{\mathrm{m}} = \gamma_{\mathrm{m}} \cdot x_{\mathrm{m}} = S\% \cdot x_{\mathrm{m}} \tag{1-11}$$

示值相对误差为

$$\gamma_{\mathrm{x}} = \frac{\Delta x}{x} \times 100\% \leqslant \frac{S\% \cdot x_{\mathrm{m}}}{x} \times 100\% = \frac{S \cdot x_{\mathrm{m}}}{x}\% \tag{1-12}$$

可见，当仪表的准确度等级确定后，x 越接近 x_{m}，测量的示值相对误差越小，测量准确度越高。因此，选择合适的仪表量程有利于减小误差。对于正向线性刻度的一般电工仪表，选择量程时，应尽量使指针接近满偏，一般使指针指在满度值的 2/3 以上区域。而对于万用表电阻挡等非线性刻度的电工仪表，由于设计或检定仪表时均以中值电阻为基准，故该类仪表选择量程时，应尽可能使表针指在中心位置附近区域，这样准确度最高。

实例 1-1　两个电压的实际值分别为 100 V、50 V，测量值分别为 90 V、40 V。求两次测量的绝对误差、修正值和实际相对误差。

解　$U_{1\mathrm{A}}=100$ V，$U_{2\mathrm{A}}=50$ V，$U_{1\mathrm{x}}=90$ V，$U_{2\mathrm{x}}=40$ V

$\Delta U_1 = U_{1\mathrm{x}} - U_{1\mathrm{A}} = 90-100 = -10$ V

$C_1 = -\Delta U_1 = 10$ V

$\Delta U_2 = U_{2\mathrm{x}} - U_{2\mathrm{A}} = 40-50 = -10$ V

$C_2 = -\Delta U_2 = 10$ V

两者的绝对误差相等，实际相对误差分别为

$$\gamma_{\mathrm{A1}} = \frac{\Delta U_1}{U_{1\mathrm{A}}} = -\frac{10}{100} \times 100\% = -10\%$$

$$\gamma_{\mathrm{A2}} = \frac{\Delta U_2}{U_{2\mathrm{A}}} = -\frac{10}{50} \times 100\% = -20\%$$

$|\gamma_{\mathrm{A1}}| < |\gamma_{\mathrm{A2}}|$，说明第二次测量的测量准确度低于第一次测量。

实例 1-2　已知某被测量电压为 8 V 左右，现有 100 V、1.0 级和 10 V、1.5 级两块电压表，问选用哪块表测量更为合适？

解　判断哪块电压表更合适，即判断哪块表的测量准确度更高。根据式（1-12）有

$$\gamma_{\mathrm{x}} = \frac{\Delta x}{x} \times 100\% \leqslant \frac{S \cdot x_{\mathrm{m}}}{x}\%$$

对于 100 V、1.0 级电压表，有

$$\gamma_{\mathrm{x1}} = \frac{\Delta x}{x} \times 100\% \leqslant \frac{x_{\mathrm{m}} \cdot S}{x}\% = \frac{100 \times 1.0}{8}\% = 12.50\%$$

对于 10 V、1.5 级电压表，有

$$\gamma_{\mathrm{x2}} = \frac{\Delta x}{x} \times 100\% \leqslant \frac{x_{\mathrm{m}} \cdot S}{x}\% = \frac{10 \times 1.5}{8}\% = 1.875\%$$

显然，应选用 10 V、1.5 级电压表。

由此可见，在测量中，应根据被测量的大小，合理选择仪表量程，并兼顾准确度等级。本题根据一般电工仪表选择量程，应使指针指在满度值的 2/3 以上区域这一规律，也选用 10 V、1.5 级电压表。

扫一扫看测量结果的表示及数据处理教学课件

1.4 测量结果的表示及数据处理

在电子产品的检验流程中，电气性能的检测是最重要的检验内容，对电参数的测量需要用专门的测量仪器和方法，对测量数据的处理和测量结果的表示也有相应要求。

1. 测量结果的表示

测量结果通常用数字和图形两种形式表示。用图形方式表示测量结果时，可以由测量数据绘制图形，也可以是直接显示在仪器屏幕上的图形，如频谱仪的图形显示。此处仅讨论测量结果的数字形式。

用数字形式表示测量结果，可以是一个数据或一组数据。数据由确定的数值（大小及符号）和相应计量单位组成，如 2.50 mA、1008 kHz。有时为了说明测量结果的可信度，表示测量结果时还注明测量误差范围，如（2.50±0.01）mA、（1008±1）kHz。表达式为

$$A = \bar{x} \pm \Delta x$$

式中，$\bar{x}$ 为测量值的算术平均值；Δx 为绝对误差。

2. 有效数字的处理

1）有效数字

一般数据的最后一位是欠准确度的估计字，称为存疑数字。有效数字是指测量数据中，从最左边一位非零数字算起，到含有存疑数字为止的所有数字。如 0.023 4 V，其中"2、3、4"三个数字就是有效数字，最后一位有效数字"4"是估测出来的存疑数字。

在测量过程中，应合理确定有效数字位数，以便正确地写出测量结果。对有效数字应掌握以下内容。

（1）左起第一个非零数字前的"0"，仅用来表示小数点的位置，因此不是有效数字。在两非零数字中间或数据末尾的"0"，都是有效数字。如 0.020 30 V，左边两个 0 不是有效数字，当单位转换为 mV 时就消失了，后边两个 0 是有效数字，该数据有效数据位数为四位。

（2）有效数字不因选用的单位变化而变化。如测量结果是 2.0 A，其有效数字为两位。如改成 mA 做单位，若写成 2000 mA，则有效数字变为四位，显然发生了错误。应该写成 $2.0×10^3$ mA，这样有效数字仍为两位。

（3）由有效数字推断测量误差。电子测量中，如果未标明测量误差或分辨力，一般规定误差不超过有效数字末位单位的一半（0.5 误差原则），故可从有效数字的位数估计出测量误差。如 1.00 A，其测量误差不超过±0.005 A。

（4）不得在数据后面随意添加或删除"0"，多写则夸大了测量准确度，少写则夸大了误差。如 1.00 A，若写成 1.000 A 或 1.0 A，则表示相应误差极限由±0.005 A 变为±0.000 5 A 或 ±0.05 A。

2）数字舍入规则

测量数据中超过保留位数的数字应予以删略。删略原则是"四舍六入五凑偶"法则，具体如下。

（1）删略部分最高位数字大于 5 时，进 1。

（2）删略部分最高位数字小于 5 时，舍去。

（3）删略部分最高位数字等于 5 时，5 后面只要有非零数字则进 1；如果 5 后面全为零或无数字，则采用凑偶法则，若 5 前面为偶数则舍 5 不进，若 5 前面为奇数则进 1。

实例 1-3　将下列数据保留三位有效数字：34.79、44.713 4、32 000、18.35、18.45、0.003 125。

解　$34.79 \rightarrow 34.8$，$44.713\ 4 \rightarrow 44.7$，$32\ 000 \rightarrow 3.20 \times 10^4$，$18.35 \rightarrow 18.4$，$18.45 \rightarrow 18.4$，$0.003\ 125 \rightarrow 3.12 \times 10^{-3}$

3）有效数字位数的取舍

对于带有绝对误差的数字，有效数字的末位应和绝对误差对齐，即两者的欠准数字所在的数字位相同。例如，某电压测量值为 $U = 43.852\ \text{V}$，绝对误差为 $\pm 0.01\ \text{V}$，则根据上述原则，有效位数应保留到小数点后两位，测量结果表示为 $U = 43.85 \pm 0.01\ \text{V}$。

4）有效数字的近似运算

近似运算中，为了保证最后结果有尽可能高的精度，所有参与运算的数据，在有效数字后可多保留 1 位作为参考数字，又称安全数字。近似运算所遵循的规则如下。

（1）加减运算

在近似数加减运算时，各运算数据以小数位数最少的数据位数为准，其余各数据可多取 1 位小数，但最终结果应与小数位数最少的数据小数位相同。

实例 1-4　求 965.3+4 572.1+5.128+0.457 8 的值。

解　965.3+4 572.1+5.128+0.457 8=965.3+4 572.1+5.13+0.46=5 542.99≈5 543.0

（2）乘除运算

在近似数乘除运算时，各运算数据以有效位数最少的数据位数为准，其余各数据可多取 1 位有效数字，但最终结果应与有效位数最少的数据位数相同。

实例 1-5　求 789.45×0.45/6.125 的值。

解　789.45×0.45/6.125=789×0.45/6.12=58.014 7≈58

（3）乘方、开方运算

运算结果比原数多保留一位有效数字。

实例 1-6　求 $(34.8)^2$、$\sqrt{7.8}$ 的值。

解　$(34.8)^2 \approx 1\ 211$，$\sqrt{7.8} \approx 2.79$

（4）三角函数、对数和指数运算

三角函数、对数和指数运算，其结果的有效数字位数一般与变量的位数相同。

实例 1-7　$\theta=60°\ 00'$，求 $y=\sin\theta$ 的值。

解　$y=\sin\theta=\sin 60°\ 00'=0.866\ 025\ 403 \approx 0.866\ 0$

3．测量数据的处理

等精度测量获得若干数据后，一般需经数据整理和数据处理，得到最终的测量结果。

数据处理应建立在误差分析的基础上，以减小误差对最终结果的影响。

（1）列出测量数据 $x_1, x_2, x_3, \cdots, x_n$。如存在系统误差则列出修正后的数据。

（2）求测量值的算术平均值：

$$\bar{x} = \frac{1}{n} \sum_{i=1}^{n} x_i$$

（3）求每一次测量值的剩余误差：

$$v_i = x_i - \bar{x}$$

（4）用贝塞尔公式计算剩余误差的标准偏差的估计值 $\hat{\sigma}$：

$$\hat{\sigma} = \sqrt{\frac{1}{n-1} \sum_{i=1}^{n} v_i^2}$$

（5）利用莱特准则判别是否存在粗差，根据 $|v_i| = |x_i - \bar{x}| > 3\hat{\sigma}$，剔除坏值。剔除坏值后再按上述步骤重新计算，直到不存在坏值，并且剔除坏值后的测量次数不少于 10 次，若不满 10 次则重新测量。

（6）求算术平均值的标准偏差估计值：

$$\hat{\sigma}_{\bar{x}} = \hat{\sigma} / \sqrt{n}$$

（7）给出测量结果的表达式：

$$A = \bar{x} \pm 3\hat{\sigma}_{\bar{x}}$$

实例 1-8 下面是某电源适配器空载输出电压的 18 次等精度测量值，数据已修正，单位为 V：16.27、16.28、16.29、16.25、16.06、16.34、16.41、16.40、16.36、16.38、16.21、16.41、16.32、16.42、16.41、16.42、16.43、16.41。试对测量数据进行处理，写出测量结果。

解 按上述测量数据处理步骤进行处理。

（1）将修正后的数据按序列表，见表 1-1。

表 1-1 测量数据的第 1 次处理

i	U_i（V）	v_i（V）	v_i^2（V²）	i	U_i（V）	v_i（V）	v_i^2（V²）
1	16.27	−0.07	0.004 9	10	16.38	0.04	0.001 6
2	16.28	−0.06	0.003 6	11	16.21	−0.13	0.016 9
3	16.29	−0.05	0.002 5	12	16.41	0.07	0.004 9
4	16.25	−0.09	0.008 1	13	16.32	−0.02	0.000 4
5	16.06	−0.28	0.078 4	14	16.42	0.08	0.006 4
6	16.34	0.00	0.000 0	15	16.41	0.07	0.004 9
7	16.41	0.07	0.004 9	16	16.42	0.08	0.006 4
8	16.40	0.06	0.003 6	17	16.43	0.09	0.008 1
9	16.36	0.02	0.000 4	18	16.41	0.07	0.004 9

（2）求算术平均值：

$$\bar{U} = \frac{1}{18} \sum_{i=1}^{18} U_i = 16.34 \text{ V}$$

（3）求每一次测量值的剩余误差及其平方值：

$$v_i = U_i - \overline{U}$$

将上述三项结果列入表 1-1 中。

（4）计算标准偏差的估计值 $\hat{\sigma}$：

$$\hat{\sigma} = \sqrt{\frac{1}{18-1} \sum_{i=1}^{18} v_i^2} = \sqrt{\frac{0.160\ 9}{17}} = 0.10\ \text{V}$$

（5）按莱特准则 $|v_i| > 3\hat{\sigma}$ 判断不存在粗差，没有坏值。

（6）求算术平均值的标准偏差估计值：

$$\hat{\sigma}_{\overline{U}} = \frac{\hat{\sigma}}{\sqrt{n}} = \frac{0.10}{\sqrt{18}} = 0.02\ \text{V}$$

（7）写出测量结果的表达式：

$$U = \overline{U} \pm 3\hat{\sigma}_{\overline{U}} = 16.34 \pm 0.06\ \text{V}$$

1.5　电子元器件的测量与仪器应用

扫一扫看电子
元器件的测量
教学课件

电子元器件是最基本的电子产品，是构成电子电路系统、电子整机的基础。它主要分为电子元件，如电阻器、电容器、电感器；半导体器件，如晶体二极管、晶体三极管、场效应管、晶闸管；集成电路器件，如运算放大器、数字逻辑电路、半导体存储器、混合集成电路等类型。

电子元器件的性能好坏直接影响电路的性能，因此在设计、使用、生产和维修过程中，需要对这些元器件进行测量。各种元器件按其在电路中的作用和使用条件的不同，其参数的测量应采用不同的测量方法和测量仪器。但不管采用何种测试方法和手段，都必须保证元器件的测试条件，即测量时所加电压、电流、频率及环境条件等符合实际工作条件，否则，测量结果很可能没有价值。

对于电子器件的测量，如用万用表、晶体管特性图示仪测量二极管、三极管、场效应管等的参量，这里不再详述。下面就电阻、电容、电感的测量做详细介绍。

1.5.1　电阻的测量

电阻元件是电子电路中应用最多的元件之一，其在电路中的作用有限流、分压、分流及阻抗匹配等。

1. 电阻的等效

理想的电阻为纯电阻元件 R。实际的电阻还存在串联寄生电感 L 和并联分布电容 C。在低频状态下测量电阻的参数，由于感抗很小，容抗很大，故 L 和 C 的影响可以忽略不计。而在高频状态下测量时，由于感抗很大，容抗很小，因此必须考虑 L 和 C 的因素，其高频时的等效电路如图 1-2 所示。

2. 电阻的伏安法测量

1）伏安法测量原理

伏安法是一种间接测量法，理论依据是欧姆定律 $R = U/I$。具体方法是直接测量被测电阻上的端电压和流过的电流，再根据公式计算出电阻值。该方法简单易行，适于测量非线性电阻的伏安特性。其测量原理图如图1-3所示。

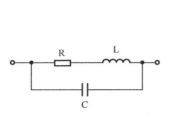

图1-2 高频时电阻的等效电路

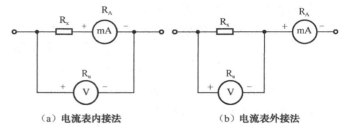

（a）电流表内接法　　　　（b）电流表外接法

图1-3 伏安法测电阻原理图

图1-3（a）所示为电流表内接法，电流表所测为流过被测电阻R_x的电流，电压表所测电压为被测电阻R_x上的电压和电流表上的电压之和。根据$R=U/I$可知，所得电阻值大于被测电阻实际值。图1-3（b）所示为电流表外接法，电压表所测电压是被测电阻R_x上的电压，电流表所测电流为被测电阻R_x上的电流和电压表上的电流之和，根据$R=U/I$可知，所得电阻值小于被测电阻实际值。

综上所述，用伏安法测电阻，由于仪表的接入方式不同，测量值和实际值始终存在差异，这种误差为系统误差，可以通过加修正值的方法来减小。具体操作时，一般当$R_x \geq R_A$（R_A为电流表内阻）时，即R_x介于千欧（kΩ）和兆欧（MΩ）之间时，可采用电流表内接法；当$R_x \leq R_U$（R_U为电压表内阻）时，即R_x介于几欧姆到几百欧姆之间时，可采用电流表外接法。另外，伏安法低频（50～100 Hz）状态下的测量结果与直流状态下的测量结果相差很小，故不必选用交流仪表，直接采用直流电源作为激励，用直流电压表和电流表测量其响应值，计算电阻值。

2）伏安法扩展应用

伏安法的理论依据基于阻抗的定义，下面介绍的阻抗测量方法，原理上都属于伏安法。

（1）模拟万用表的欧姆挡

图1-4（a）所示为模拟万用表欧姆挡电原理图，图1-4（b）所示为模拟万用表欧姆挡刻度。红表笔连接表内电池的负极，黑表笔连接表内电池的正极。当$R_x = \infty$时，相当于开路，表头中电流值为0，指针指在表盘刻度"∞"位置。当$R_x = 0$时，相当于红、黑表笔短路，调节欧姆调零电阻R，使表头中的电流最大，指针指在刻度盘"0"位置。

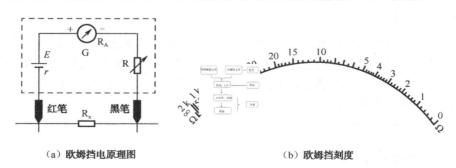

（a）欧姆挡原理图　　　　（b）欧姆挡刻度

图1-4 模拟万用表的欧姆挡

测量时，先选择模拟万用表电阻挡的倍率，然后将两表笔短接，调节欧姆零位，最后将万用表并接在被测电阻两端，测量其阻值。此时，通过电流表的电流为

$$I = \frac{E}{R_A + r + R + R_x} \qquad (1\text{-}13)$$

式中，R_A 为表头内阻；r 为电源内阻；R 为欧姆调零电位器阻值。可见 R_x 改变，I 随着改变。每一个 R_x 值都有一个对应的电流值 I，在刻度盘上直接标出与 I 对应的电阻值即可，由于 I 和 R_x 是非线性关系，故欧姆挡刻度不均匀。

当 $R_x = R_A + r + R$ 时，流过表头的电流为满度的 1/2，指针指在表盘中央，故 $R_A + r + R$ 的值称为中值电阻。可以证明，此时测量误差最小。因此，测量前先估算一下被测阻值，选择合适的倍率挡，尽量使指针指在 1/2 左右区域。

由式（1-13）可知，模拟万用表测量电阻，更换倍率挡即更换内阻（中值电阻）。由于电阻刻度的非线性，加上电池的电动势和内阻一直在变化，故模拟万用表测量电阻虽然方便，但只能粗略地测量电阻值。

（2）数字万用表的欧姆挡

图 1-5 所示为电阻的数字化测量，给出了大多数便携式数字万用表测量电阻的原理，利用运算放大器组成多值恒流源，实现多量程的电阻测量，各量程电流、电压值如表 1-2 所示。恒流 I 通过被测电阻 R_x 产生电压，由数字电压表（DVM）测得其端电压 U_x，则 $R_x = U_x / I$。

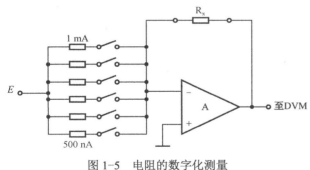

图 1-5　电阻的数字化测量

表 1-2　电阻量程与测试电流、满度电压关系表

电 阻 量 程	测 试 电 流	满 度 电 压
200 Ω	1 mA	0.2 V
2 kΩ	1 mA	2.0 V
20 kΩ	100 μA	2.0 V
200 kΩ	10 μA	2.0 V
2 MΩ	5 μA	10.0 V
20 MΩ	500 nA	10.0 V

数字万用表测量电阻的误差比模拟万用表的误差小，但由于便携式数字万用表只有 $3\frac{1}{2} \sim 4\frac{1}{2}$ 位量程，且不含微处理器，故相对测量精度不太高，尤其测量微小电阻和特大电阻时需采用其他测量方法。

（3）微小电阻的测量

在一般的电阻测量中，都采用两线法测试，如图 1-6（a）所示。DVM 内部提供的测试电流 I 通过 $H_i - L_o$ 端和测试馈线送至被测电阻 R_x，电压取样端 S_1、S_2 经短路片与 H_i、L_o 相连。当测量微小电阻时，测试线本身的电阻 R_{11}、R_{12}（典型阻值为 0.5～2 Ω）引起的误差不可忽视。由图可知 $S_1 - S_2$ 两端测得的电压包含测试线上的压降 $I(R_{11} + R_{12})$，测量所得电阻值为 $R_x + R_{11} + R_{12}$。

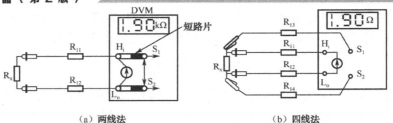

（a）两线法 　　　　　　　　　　　　　（b）四线法

图1-6　微小电阻测试法

为减小测试线电阻对测量结果的影响，在微小电阻的测量中采用四线法，如图1-6（b）所示。四线法中测试电流的馈送与电压测量是分开的，分别用两组测试线完成。这样电压测试端子 $S_1 - S_2$ 测得的是 R_x 上的压降 IR_x，而 R_{11}、R_{12} 的压降不包含在内。由于DVM是高输入阻抗，故测试线电阻 R_{13} 和 R_{14} 不会影响电压的测量准确度。另外，在较远距离的测量中，测试线越长，线路电阻越大；在自动测试系统中，长距离测试还要经过有接触电阻的继电器等，这时四线法测量具有重要意义。

（4）高值电阻的测量

对于绝缘电阻等高值电阻的测量，采用摇表或兆欧表，其测量原理如图1-7所示。依据欧姆定律，在高值电阻 R_x 上加上很高的电压 U，测得此时回路中的电流 I，即可计算出 $R_x = U / I$。电工用的摇表内的高压发生器是手摇发电机，高级兆欧表内的是电子高压发生器，可输出几千伏的高压，能测高达 $1\ \text{T}\Omega$（$10^6\ \text{M}\Omega$）的绝缘电阻。

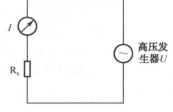

图1-7　兆欧表测量原理

3. 电阻的电桥法测量

当对电阻值的测量精度要求很高时，可用直流电桥法进行测量，如图1-8所示，它是一种四臂直流电桥。R_1、R_2 是固定电阻，称为比率臂，比例系数 $k = R_1 / R_2$，可通过量程开关调节；R_n 为标准电阻，称为标准臂；G为检流计。

测量时，接上被测电阻 R_x，接通电源，调节 k 和 R_n，使检流计指示为0，电桥平衡，则有 $R_x R_2 = R_n R_1$，因此求得 R_x 为

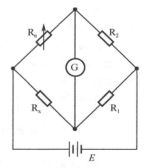

图1-8　用直流电桥法测量电阻

$$R_x = \frac{R_1}{R_2} \times R_n = kR_n$$

直流电桥法的测量误差主要取决于各桥臂的阻值误差。

4. 电阻的阻抗变换法测量

电阻的阻抗变换法测量见后续章节。

1.5.2　电容、电感的测量

电容和电感在电路中常用于存储能量，电容有耦合交流信号、隔离直流信号的作用，

可以与电感元件一起构成选频回路等。

1. 电容的等效

电容的等效电路如图 1-9（a）所示，除理想电容外，还有各种损耗电阻 R 及电感 L。当工作频率较低时，L 的影响可忽略，电容的等效电路可以简化为如图 1-9（b）所示。

2. 电容的主要测量参数

电容的介质并不是绝缘体，或多或少总有些漏电。若仅考虑介质损耗和泄漏因数，则电容的品质因数为

$$Q_C = \frac{1}{\omega RC}$$

实际应用中，常用损耗因数 D 来衡量电容的质量。损耗因数定义为 Q_C 的倒数，即

$$D = \frac{1}{Q_C} = \omega RC$$

因此，对电容的测量主要是对电容量 C 和损耗因数 D 的测量。

3. 电感的等效

电感一般由金属丝绕制而成，故存在线绕电阻 R 及线圈匝与匝之间的分布电容 C，其等效电路如图 1-10（a）所示。当工作频率较低时，分布电容可忽略不计，电感的等效电路可以简化为如图 1-10（b）所示。

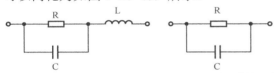

（a）电容的等效电路　　　　（b）电容的简化等效电路

图 1-9　电容的等效电路和简化等效电路

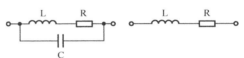

（a）电感的等效电路　　（b）电感的简化等效电路

图 1-10　电感的等效电路及简化等效电路

4. 电感的主要测量参数

通常用品质因数来衡量电感的质量，它是电感线圈在某一频率的交流电压下工作时，所呈现的感抗与其等效损耗电阻 R 之比，即

$$Q_L = \frac{\omega L}{R}$$

因此，对电感的测量主要是对电感量 L 和品质因数 Q_L 的测量。

5. 电容、电感的测量

1）谐振法

谐振法是阻抗测量的基本方法，是利用调谐回路的谐振特性而建立的测量方法。其测量精度虽说不如交流电桥法高，但由于高频元器件大多用于调谐回路，且谐振法测量线路简单易行，干扰小，所以谐振法是模拟式测量仪器测量高频电路参数，如电容、电感、品质因数等的重要手段。

谐振法测量原理如图 1-11 所示，U_s 为交流激励

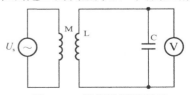

图 1-11　谐振法测量原理

信号源，它与测量回路之间采用弱耦合，故激励源对测量回路的影响忽略不计。交流电压表为谐振指示器，并联在谐振回路上，其内阻对回路影响极小。当回路达到谐振时，依据谐振回路关系式和已知元器件的数值，可求出未知元器件的参量。谐振时，有

$$\omega_0^2 = \frac{1}{LC}$$

故

$$C = \frac{1}{\omega_0^2 L}$$

$$L = \frac{1}{\omega_0^2 C}$$

　　谐振法测量电子元器件参数的典型仪器是高频 Q 表，典型型号是 QBG-3 型。为减小分布电容引起的测量误差，常用并联替代法、串联替代法等方法测量，详见教材第 1 版或其他电子测量与仪器教材。

　　2）电桥法

　　交流电桥的工作原理与直流电桥基本相同，所不同的是电桥采用纯正弦交流信号作为激励，检流计为交流电表，桥臂由电阻和电抗元件组成。模拟交流电桥的工作频率较宽，测量精度较高，适合低频阻抗元件的测量，可以测量电容的容量和损耗因数、电感的电感量和品质因数。

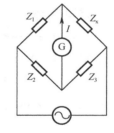

　　如图 1-12 所示，当检流计电流 $I=0$ 时，电桥平衡。平衡条件为 $\dot{Z}_x \dot{Z}_2 = \dot{Z}_1 \dot{Z}_3$，即满足

图 1-12　用交流电桥法测量电抗

振幅平衡条件　　　　$|Z_x||Z_2| = |Z_1||Z_3|$　　　　（1-14）

相位平衡条件　　　　$\varphi_x + \varphi_2 = \varphi_1 + \varphi_3$　　　　（1-15）

式中，$\dot{Z}_1$、$\dot{Z}_2$、$\dot{Z}_3$、$\dot{Z}_x$ 为四个桥臂的复阻抗；$|Z_1|$、$|Z_2|$、$|Z_3|$、$|Z_x|$ 为四个桥臂的阻抗模值；φ_1、φ_2、φ_3、φ_x 为四个桥臂的阻抗辐角。要使交流电桥完全平衡，必须同时满足振幅平衡条件和相位平衡条件。

　　当相邻两桥臂为纯电阻时，另外两个桥臂应呈现同性电抗；当相对桥臂为纯电阻时，另一相对桥臂应呈现异性电抗。设 Z_1、Z_2 为纯电阻 R_1、R_2 时，满足关系

$$\dot{Z}_x = \frac{R_1}{R_2} \dot{Z}_3$$　　　　（1-16）

此时的电桥称为臂比电桥，它比较适合测量电容。

　　设 Z_1、Z_3 为纯电阻 R_1、R_3 时，满足关系

$$\dot{Z}_x = \frac{R_1 R_3}{\dot{Z}_2}$$　　　　（1-17）

此时的电桥称为臂乘电桥，它比较适合测量电感。

　　交流电桥中的信号源必须为纯正弦波信号，否则由于信号源中的其他频率成分，会使电桥产生假平衡，从而产生很大的测量误差。由于杂散耦合的影响，交流电桥不适合高频段的测量。

实例 1-9 如图 1-13 所示，用交流电桥法测量低损耗电容参量。C_x 为被测电容，R_x 为被测电容的等效串联损耗电阻，C_n 为可调标准电容，R_n 为可调标准电阻，R_1、R_2 为可调电阻。求被测电容的参量。

解 调节桥体中的可调元件使电桥平衡，根据电桥平衡条件，得

$$R_1\left(R_n + \frac{1}{j\omega C_n}\right) = R_2\left(R_x + \frac{1}{j\omega C_x}\right)$$

经推导得

电容容量 $\quad C_x = \dfrac{R_2}{R_1} C_n$

等效串联损耗电阻 $\quad R_x = \dfrac{R_1}{R_2} R_n \qquad (1\text{-}18)$

损耗因数 $\quad D_x = \omega C_x R_x = \omega R_n C_n$

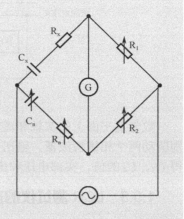

图 1-13 用交流电桥法测量电容

用交流电桥法测量电感参数原理同上。用模拟电桥法测量电子元器件参数的典型仪器是万用电桥，典型型号是 QS18A 型，详见其他电子测量与仪器教材。

3）阻抗变换法

用谐振法和电桥法测量，都需要反复调节测量仪器，不易实现自动化。阻抗变换法能将被测阻抗直接变换为相应的电压，若再经过 A/D 转换实现数字化，就能实现阻抗快速、精确、自动化的测量。因此，现代的 LCR 自动测试仪器多采用阻抗变换法。

（1）阻抗变换法原理

阻抗变换法的测量原理如图 1-14 所示。U_O 是测试信号源电压，Z_x 为被测阻抗，R_s 是与 Z_x 串联的标准电阻，通过测量 R_s 两端的电压 U_s 可知流经 Z_x 上的电流 I_O 的大小，再通过测量 Z_x 两端的电压 U_x，便可通过计算得到阻抗 Z_x。

由于 U_x 和 U_s 是矢量电压，无法直接测量，需分别测量其对应的实部和虚部电压分量 U_1、U_2、U_3、U_4，进而合成

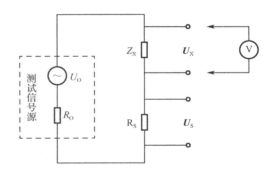

图 1-14 阻抗变换法测量原理

对应的矢量电压。因此，阻抗变换法的关键是实现矢量电压 U_x 和 U_s 实部和虚部的分离。

$$Z_x = \frac{U_x}{U_s} \times R_s = \frac{U_1 + jU_2}{U_3 + jU_4} \times R_s \qquad (1\text{-}19)$$

（2）矢量电压实部和虚部的分离方法

相敏检波器的功能是完成被测电压（矢量电压）实部与虚部的分离。相敏检波器内部是模拟乘法器和低通滤波器，它把被测电压 u_x 与代表坐标轴方向的参考电压 u_r 相乘，实现被测电压实部与虚部的分离，如图 1-15 所示。

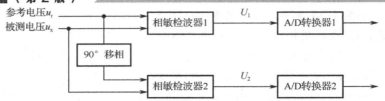

图 1-15　被测电压实部与虚部分离原理图

数学复平面上的实轴和虚轴相差 90°，图 1-15 中，两个相位差为 90° 的参考信号分别驱动两个相敏检波器，输出 U_1 即为被测电压的实部，U_2 即为被测电压的虚部。同理，测得 U_3、U_4 的值。实部电压和虚部电压再经过 A/D 转换，即可实现测量数字化。

1.5.3　LCR 测试仪的应用

扫一扫看 LCR 测试仪的应用教学课件

LCR 测试仪又称 LCR 数字电桥，主要用来测量电阻的阻值、电感的电感量及品质因数 Q、电容的电容量及损耗因数 D 等。它是电子产品生产企业用来进货检验，以及电子元器件生产企业用于产线上快速检测的仪器。

LCR 测试仪是以微处理器为核心的电子元件测量仪，具有多功能、多参量、多频率、高速度、高精度等特点，正向着宽量程、高准确度、智能化和兼有测量与分选两种功能方向发展。当前参数可测范围及准确度如表 1-3 所示。

表 1-3　LCR 测试仪当前参数可测范围及准确度

元 件 参 数	可 测 范 围	准 确 度
电阻 R	$0.01\ \mu\Omega \sim 10^{18}\ \Omega$	±0.001%
电容 C	$10^{-19} \sim 20$ F	$\pm 10^{-6}$
电感 L	0.01 nH ~ 20 mH	±0.05%

1. LCR 测试仪工作原理

LCR 测试仪原理框图如图 1-16 所示。开关 S 以左是前端测量电路，其作用是分别测出流经被测件的电压 U_x 和代表恒定电流大小的电压 U_s。开关 S 由微处理器控制，用来选择 U_x 和 U_s。缓冲放大器通过开关 S 对每一个 U_x 和 U_s 都要分别进行两次测量，两次测量的相位参考信号保持精确的 90° 相位关系，经相敏检波器得到诸多实部、虚部电压，然后由 A/D 转换器转换为数字量送至微处理器，经数学计算得到待测参数，由显示器显示测量结果。

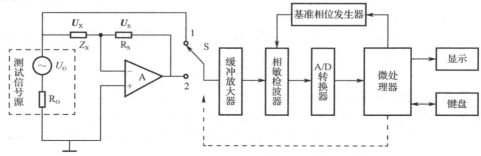

图 1-16　LCR 测试仪原理框图

2. 测量误差的处理

LCR 测试仪引入计算机技术后，不仅实现了测量的自动化，而且还可以有效地处理各种误差，使测量精度大幅度提高。LCR 测试仪在测量中除含有随机误差外，还有内部固定偏移、输入端的各种杂散参数及测试信号源中谐波分量等因素所引起的系统误差。下面分别讲述 LCR 测试仪减弱上述误差所采用的方法。

1）随机误差的处理

根据随机误差的特性，可通过多次测量求平均值的方法予以削弱。仪器设置了"平均"工作方式，测试程序使仪器对被测参量连续测量 10 次，然后求其算术平均值作为最后的显示结果。

2）固定偏移的校正

固定偏移主要由有源器件的零漂引起，其结果是在待测交流信号上等效叠加了某一固定的直流电压，可以通过减法予以扣除。

3）开路校准和短路校准

LCR 测试仪的测量端、测量馈线及测量夹具总是存在残余阻抗和残余导纳，这些残余量对小电容、小电感或高电阻的测量会造成较大的误差。LCR 测试仪通过软件引入自动的开路校准和短路校准，迅速完成修正工序，给使用带来很大方便。

校正的基本原理是先通过理论分析建立系统的误差模型，求出误差修正公式，然后通过简单的"开路"、"短路"等校准技术记录各误差因子，最后程序利用修正公式和误差因子自动计算修正结果。

4）谐波误差的校正

测试信号如果不是单一频率的信号，而是含有各种谐波的信号，则会给测量结果带来谐波误差。测试信号通过相敏检波器及双积分 A/D 转换器后，有效抑制了各次谐波。

3. 被测件的接入方式

LCR 测试仪提供五个测试端子，其中四个端子分别是 Hcur、Hpot、Lpot、Lcur，用于连接四端测试夹具或测试电缆，对被测件进行测量。具体为 Hcur：电流激励高端；Hpot：电压取样高端；Lpot：电压取样低端；Lcur：电流激励低端。另外一个为机壳接地端，用于与仪器的机壳相连，起到保护或屏蔽接地的作用。LCR 测试仪的测试夹和夹具如图 1-17 所示。

（a）通孔元件测试夹　　　　　　　　（b）贴片元件测试夹　　　　　　　　（c）测试夹具

图 1-17　LCR 测试仪的测试夹和夹具

1）两端测量法

将测量端子中的电压取样高端与电流激励高端、电压取样低端与电流激励低端用两个短路片分别短路，将被测元件接到测试夹上，如图 1-18（a）所示。采用两端测量法由于存在引线电感和电阻、引线间电容及金属外壳引入的误差，通常用于测量高阻抗。在被测阻抗很高时，外壳的悬浮电导引入的误差不应忽视。

2）四端测量法

四端测量法接法如图 1-18（b）所示。它可以消除引线电阻、电感和接触电阻的影响，可对小阻抗进行较准确的测量，但它也存在外壳悬浮的影响。

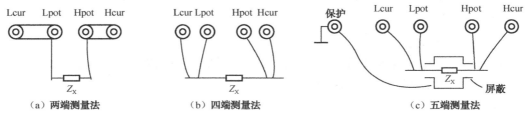

图 1-18　LCR 数字电桥测试电缆的连接

3）五端测量法

五端测量法在四端测量法的基础上增加了一个保护端，如图 1-18（c）所示。保护端与仪器机壳相连，可以用于保护或屏蔽接地连接，将被测元件屏蔽以解决外壳悬浮的影响。

典型仪器 1　TH2811D 型 LCR 测试仪

LCR 测试仪的工作原理如前所述，这里以 TH2811D 为例对 LCR 测试仪的应用做进一步介绍。

1. 面板

TH2811D 型 LCR 测试仪如图 1-19（a）所示，前面板示意图如图 1-19（b）所示，各部分含义如下。

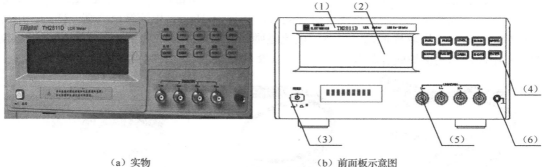

（a）实物　　　　　　　　　　　（b）前面板示意图

图 1-19　TH2811D 型 LCR 测试仪

（1）仪器商标及型号。

（2）LCD 液晶显示屏：显示测量结果、测量条件等信息。

（3）电源开关（POWER）：开关处于位置"1"时，接通仪器电源；开关处于位置

"0"时，切断仪器电源。

（4）测试按键：具体如下。

$\boxed{\text{PARA}}$ 键：测量参数选择键。　　　　$\boxed{\text{FREQ}}$ 键：频率设定键。

$\boxed{\text{LEVEL}}$ 键：电平选择键。　　　　　$\boxed{\text{30/100}}$ 键：信号源内阻选择键。

$\boxed{\text{SPEED}}$ 键：测量速度选择键。　　　$\boxed{\text{SER/PAR}}$ 键：串并联等效方式选择键。

$\boxed{\text{RANGE}}$ 键：量程锁定/自动设定键。　$\boxed{\text{OPEN}}$ 键：开路清零键。

$\boxed{\text{SHORT}}$ 键：短路清零键。　　　　　$\boxed{\text{ENTER}}$ 键：开路/短路清零确认键。

（5）测试端：四个测试端用于连接四端测试夹具或测试电缆。

（6）机壳接地端。

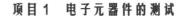
扫一扫看 TL2812D 型 LCR 测试仪使用方法视频教学课件

2. 显示屏的显示内容

TH2811D 显示屏的显示内容如图 1-20 所示，各部分含义如下。

注意： 操作视频所展示的 TL2812D 型 LCR 测试仪与 TH2811D 型 LCR 测试仪相比，没有比较器分选报警功能，也没有 RS-232 通信接口，其他功能都一样。

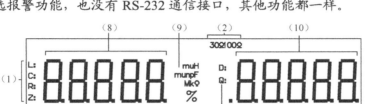

图 1-20　TH2811D 显示屏的显示内容

（1）主参数指示。　　　　　　　　（2）信号源内阻显示。

（3）量程指示。　　　　　　　　　（4）串并联模式指示。

（5）测量速度显示。　　　　　　　（6）测量信号电平指示。

（7）测量信号频率指示。　　　　　（8）主参数测试结果显示。

（9）主参数单位显示。　　　　　　（10）副参数测试结果显示。

（11）副参数指示。

3. TH2811D 型 LCR 测试仪的主要性能指标

1）测量精度

TH2811D 型 LCR 测试仪的主要性能指标如下。

C：$0.2\% (1+ C_x/C_{max}+ C_{min}/C_x)(1+D_x)(1+k_s+k_v+k_f)$；

L：$0.2\% (1+ L_x/L_{max}+ L_{min}/L_x)(1+1/Q_x)(1+k_s+k_v+k_f)$；

Z：$0.2\% (1+ Z_x/Z_{max}+ Z_{min}/Z_x)(1+k_s+k_v+k_f)$；

R：$0.2\%(1+ R_x/R_{max}+ R_{min}/R_x)(1+Q_x)(1+k_s+k_v+k_f)$；

D：$\pm0.0020(1+ Z_x/Z_{max}+ Z_{min}/Z_x)(1+D_x+D_x^2)(1+k_s+k_v+k_f)$；

Q：$\pm0.0020(1+ Z_x/Z_{max}+ Z_{min}/Z_x)(Q_x+1/Q_x)(1+k_s+k_v+k_f)$。

其中：

（1）D、Q 为绝对误差，其余均为相对误差，$D_x=1/Q_x$。

（2）下标为 x 者为该参数测量值，下标为 max 的为最大值，下标为 min 的为最小值。

（3）k_s 为测量速度误差因子，慢速、中速，$k_s=0$；快速，$k_s=10$。

（4）k_v 为测试电平误差因子，仪器所设定的参数信号电平为 V（有效值），当 $V=1$ V 时，$k_v=0$；当 $V=0.3$ V 时，$k_v=1$。

（5）k_f 为测试频率误差因子，当 $f=100$ Hz、120 Hz、1 kHz 时，$k_f=0$；当 $f=10$ kHz 时，$k_f=0.5$。

（6）为保证测量精度，在准确度校准时应在当前测量条件、测量工具的情况下进行可靠的开路、短路清零。

（7）影响准确度的测量参数最大值、最小值见表1-4。

2）测试信号频率准确度

TH2811D 提供以下四个测试频率：100 Hz、120 Hz、1 kHz 和 10 kHz，频率准确度为0.02%。

3）测试信号电平稳定度

0.3 $V_{rms}\pm10\%$；1.0 $V_{rms}\pm10\%$。

4）输出阻抗

30 $\Omega\pm5\%$；100 $\Omega\pm5\%$。

5）测量显示范围

TH2811D 型 LCR 测试仪测量显示范围如表1-5所示。

表1-4 影响准确度的测量参数最大值、最小值

参数	频率			
	100 Hz	120 Hz	1 kHz	10 kHz
C_{max}	800 μF	667 μF	80 μF	8 μF
C_{min}	1500 pF	1250 pF	150 pF	15 pF
L_{max}	1590 H	1325 H	159 H	15.9 H
L_{min}	3.2 mH	2.6 mH	0.32 mH	0.032 mH
Z_{max}、R_{max}	1 MΩ			
Z_{min}、R_{min}	1.59 Ω			

表1-5 TH2811D 型 LCR 测试仪测量显示范围

参数	频率	测量范围
L	100 Hz、120 Hz	1 μH～9999 H
	1 kHz	0.1 μH～999.9 H
	10 kHz	0.01 μH～99.99 H
C	100 Hz、120 Hz	1 pF～19 999 μF
	1 kHz	0.1 pF～1 999.9 μF
	10 kHz	0.01 pF～19.99 μF
R		0.1 mΩ～99.99 MΩ
Q		0.000 1～9999
D		0.000 1～9.999

4. TH2811D 型 LCR 测试仪操作说明

扫一扫看典型仪器 TH2811D 型 LCR 测试仪教学课件

1）测量速度的选择

TH2811D 提供 FAST、MED 和 SLOW 三种测试速度供用户选择。一般情况下测试速度越慢，仪器的测试结果越稳定、越准确。FAST：每秒约 12 次；MED：每秒约 5.1 次；SLOW：每秒约 2.5 次。通过"SPEED"键来进行测试速度的设定。

2）参数设定

TH2811D 在一个测试循环内可同时测量被测阻抗的两个不同的参数组合。主要有以下四种测量参数组合（主参数-副参数）：*L-Q*、*C-D*、*R-Q* 和 *Z-Q*。通过"PARA"键来选择相应的测量参数。

3）频率的设定

TH2811D 提供四种常用测试频率：100 Hz、120 Hz、1 kHz 和 10 kHz。通过"FREQ"键来选择相应的频率。

4）测试信号电压的选择

TH2811D 提供两个常用测试信号电压：0.3 V 和 1.0 V。当前测试信号电压显示在 LCD 下方的信号电压指示区域。通过"LEVEL"键，测试信号电压在 0.3 V 和 1.0 V 之间切换。

5）信号源内阻的选择

TH2811D 可提供 30 Ω 和 100 Ω 两种信号源内阻供用户选择，通过"30/100"键切换。在相同的测试电压下，选择不同的信号源内阻，将会得到不同的测试电流。当被测件对测试电流敏感时，测试结果将会不同。提供两种不同的信号源内阻，可方便用户与国内外其他仪器生产厂家进行测试结果对比。

6）等效电路方式

TH2811D 可选择串联（SER）或并联（PAR）两种等效电路来测量。通过"SER/PAR"键使等效方式在串联与并联之间切换。

对于小电容，应该选择并联等效方式进行测量，而对于大电容，则采用串联等效方式进行测量。一般来说，电容等效电路可根据以下规则选择：阻抗大于 10 kΩ 时，选择并联方式；阻抗小于 10 Ω 时，选择串联方式；介于上述阻抗之间时，根据元件制造商的推荐采用合适的等效电路。

对于大电感，应该选择并联等效方式进行测量，而对于小电感，则采用串联等效方式进行测量。一般来说，电感等效电路可根据以下规则选择：阻抗大于 10 kΩ 时，选择并联方式；阻抗小于 10 Ω 时，选择串联方式；介于上述阻抗之间时，根据元件制造商的推荐采用合适的等效电路。

7）量程设定

在 100 Ω 内阻时，TH2811D 可使用五个量程（30 Ω、100 Ω、1 kΩ、10 kΩ、100 kΩ），各量程的有效测量范围如表 1-6 所示；在 30 Ω 内阻时，TH2811D 可使用六个量程（10 Ω、30 Ω、100 Ω、1 kΩ、10 kΩ、100 kΩ），各量程的有效测量范围如表 1-7 所示。测试量程根据被测元件的阻抗值大小和各量程的有效测量范围确定。

表 1-6　100 Ω内阻各量程的有效测量范围

量程电阻	有效测量范围	量程挡级
100 kΩ	100 kΩ～100 MΩ	0
10 kΩ	10～100 kΩ	1
1 kΩ	1～10 kΩ	2
100 Ω	50 Ω～1 kΩ	3
30 Ω	0～50 Ω	4

表 1-7　30 Ω内阻各量程的有效测量范围

量程电阻	有效测量范围	量程挡级
100 kΩ	100 kΩ～100 MΩ	0
10 kΩ	10～100 kΩ	1
1 kΩ	1～10 kΩ	2
100 Ω	100 Ω～1 kΩ	3
30 Ω	15～100 Ω	4
10 Ω	0～15 Ω	5

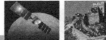

通过"RANGE"键，量程可在自动和保持之间切换。当量程被保持时，LCD 下方不再显示"AUTO"字符，仅显示当前保持的量程号。当量程为自动（AUTO）状态时，LCD 下方显示"AUTO n"，"n"为当前自动选择的量程号。

注意：量程保持时，若测试元件大小超出量程测量范围或超出仪器显示范围，将显示过载标志"-----"。

实例 1-10 电容量 C=210 nF，D=0.001 0，测量频率 f=1 kHz 时，求 TH2811D 应选择的量程。

解
$$Z_{\mathrm{x}} = R_{\mathrm{x}} + \frac{1}{\mathrm{j}2\pi f C_{\mathrm{x}}}$$

$$|Z_{\mathrm{x}}| \approx \frac{1}{2\pi f C_{\mathrm{x}}} = \frac{1}{2 \times 3.141\,6 \times 1\,000 \times 210 \times 10^{-9}} \approx 757.9\ \Omega$$

由上可知，该电容正确测量量程为 3。

8）开路清零

TH2811D 开路清零功能能够消除与被测元件并联的杂散导纳，如杂散电容的影响。按"OPEN"键选择开路清零功能，LCD 显示闪烁的"OPEN"字样，将测试端开路，按"ENTER"键开始清零测试，按其他键取消清零操作返回测试状态。TH2811D 对所有频率下各量程自动扫描开路清零测试，LCD 下方显示当前清零的频率和量程号。如果当前测试结果正确，则在 LCD 副参数显示区显示"PASS"字符，并接着对下一个频率或量程进行清零。如果当前清零结果不正确，则在 LCD 副参数显示区显示"FAIL"字符并退出清零操作返回测试状态。开路清零结束后仪器返回测试状态。

9）短路清零

TH2811D 短路清零功能能够消除与被测元件串联的剩余阻抗，如引线电阻或引线电感的影响。按"SHORT"键选择短路清零功能，LCD 显示闪烁的"SHORT"字样，用低阻短路片将测试端短路，按"ENTER"键开始短路清零测试，按其他键取消清零操作返回测试状态。TH2811D 对所有频率下各量程自动扫描短路清零测试，LCD 下方显示当前清零的频率和量程号。如果当前测试结果正确，则在 LCD 副参数显示区显示"PASS"字符，并且接着对下一个频率或量程进行清零。如果当前清零结果不正确，则在 LCD 副参数显示区显示"FAIL"字符，并退出清零操作返回测试状态。短路清零结束后仪器返回测试状态。

注意：仪器清零过后如改变了测试条件（更换夹具，温/湿度环境变化）请重新清零。清零数据保存在非易失性存储器中，在相同测试条件下测试，不需要重新进行清零。

实训 1　TH2811D 型 LCR 测试仪的使用

1. 实训目的

（1）熟悉 TH2811D 型 LCR 测试仪的面板装置及其操作方法。

（2）掌握用 TH2811D 型 LCR 测试仪测 R、L、C 的方法。

2. 实训器材

（1）TH2811D 型 LCR 测试仪 1 台。

（2）阻值在几欧至几十欧的电阻若干。

（3）高 Q 和低 Q 的电感若干。

（4）标称值在几十皮法至几微法的电容若干。

3. 实训内容

（1）为保证测量准确度，测量电阻、电感前可进行"短路清零"，测量电容前可进行"开路清零"。

（2）按 PARA 键选择测量参数。

（3）按 FREQ 键设定测量频率。对于电容量较小的电容和电感量较小的电感，要选择较高的频率进行测量。

（4）按 SER/PAR 键选择串、并联等效方式。

（5）按 LEVEL 键选择测试电平。

（6）按 30/100 键选择信号源内阻。

（7）按 SPEED 键选择测量速度。

（8）在测试夹上接入被测元件，按 RANGE 键选择自动和保持量程，即可得被测主副参量的值。将结果填入表 1-8 中。

表 1-8　R、L、C 的测量

元　件	标称值	测量值	D 值（或 Q 值）	相对误差
电阻	1 Ω			
	10 Ω			
电容	0.01 μF			
	0.1 μF			
电感	1 μH			
	10 μH			

4. 实训报告

（1）记录实训步骤和实训结果，分析所得数据的正确性。

（2）记录过程中遇到的问题，分析原因并写出解决方法。

5. 思考题

LCR 测试仪适合测量的电子元件有哪些？

知识拓展 1　集成电路测试知识

1. 集成电路测试的发展历程

任何一块集成电路（IC）都是为完成一定的电特性功能而设计的单片模块，集成电路测试的目的就是运用各种方法，检测出那些在制造过程中由于物理缺陷而引起的不符合要求的样品。由于材料本身或多或少存在缺陷，以及制作过程中的各种问题，使得无论怎样

完美的工程都会产生不良的个体，因而测试也就成为集成电路制造中不可缺少的工程之一，是保证集成电路性能、质量的关键手段。

近 50 年来，随着集成电路的发展，集成电路测试仪也从最初测试小规模集成电路发展到测试中规模、大规模和超大规模集成电路。集成电路测试仪的发展过程大致如下。

第一代始于 1965 年，测试对象是小规模集成电路，可测引脚数达 16 个。用导线连接、拨动开关、按钮插件、数字开关或二极管矩阵等方法，编制自动测试序列，仅仅测量 IC 外部引脚的直流参数。

第二代始于 1969 年，此时计算机的发展已达到适用于控制测试仪的程度，测试对象扩展到中规模集成电路，可测引脚数达 24 个，不但能测试 IC 的直流参数，还可用低速图形测试 IC 的逻辑功能。这是一个飞跃。

第三代始于 1972 年，这时的测量对象扩展到大规模集成电路（LSI），可测引脚数达 60 个，最突出的进步是把功能测试图形速率提高到 10 MHz。不但能有效测量 CMOS 电路，也能有效测量 TTL、ECL 电路。此时作为独立发展的半导体自动测试设备（ATE），无论其软件还是硬件都相当成熟。

1980 年，测试仪进入第四代，测量对象为 VLSI，可测引脚数高达 256 个，功能测试图形速率高达 100 MHz，测试图形深度可达 256 KB 以上。测试仪的智能化水平进一步提高，具备与计算机辅助设计（CAD）连接能力，可以自动生成测试图形向量，并加强了数字系统与模拟系统的融合。自动测试设备（ATE）更趋成熟。

2000 年以后，随着半导体制造业的迅猛发展，大规模数字集成电路出现，芯片体积不断减小。同时，制造成本不断下降，测试所占比重不断增加，占总成本的 35%～50%。此外，测试集成电路时间消费也在增大，约占整个设计周期的一半。ATE 的发展很难跟得上芯片的发展步伐（系统时钟、信号精度、存储数据量等），且高性能 ATE 的价格令人望而却步。因此，可测性设计技术（Design For Testability，DFT）应运而生，即要求设计工程师在设计集成电路时就考虑芯片的测试，设计易于测试的集成电路，以降低测试的难度。目前，DFT 测试主要指通过内部扫描测试、内建自测试（BIST）、边界扫描测试和静态电流（IDDQ）测试的方法来测试器件。它基本上不再关心被测器件传统意义上的功能特性，取而代之的是专注于一种有次序的过程，或者早晚会引起器件失效的随机缺陷。基于 DFT 的测试仪平均每引脚的成本大约只占传统测试系统的 1/70 或更小。

2. 集成电路测试仪的分类

集成电路测试仪按测试门类可分为数字集成电路测试仪、存储器测试仪、模拟与混合信号电路测试仪、在线测试系统和验证系统等。由于这些测试仪的测试对象、测试方法及测试内容都存在差异，因此各系统的结构、配置和技术性能差别较大。

3. 简易集成电路测试仪

下面以能够测试一般数字电子技术教材中所介绍的 TTL54/74 系列集成电路的 ICT33C+模拟与数字集成电路功能测试仪（简称 ICT33C+测试仪）为例，介绍集成电路测试仪的使用。

1）ICT33C+测试仪适用范围

ICT33C+测试仪具有以下主要用途。

（1）维修各类电子产品，判断其集成电路故障。

（2）破译被抹去型号集成电路的真实型号。

（3）烧写各类 EPROM、EEPROM、FLASH ROM、单片机片内 ROM。

（4）开发各类智能电子产品，调试程序。

（5）检验新购器件的质量。

2）ICT33C+测试仪主要测试内容

ICT33C+测试仪可测器件包含以下各大系列。

（1）TTL74、54 系列。

（2）TTL75、55 系列。

（3）CMOS40、45、14 系列。

（4）单片机系列。

（5）EPROM、EEPROM、RAM、FLASH ROM 系列。

（6）光耦合器、数码管系列。

（7）常用微机外围电路系列。

（8）其他常用电路及用户提供系列。

（9）运算放大器系列（单运放、双运放、四运放）。

（10）三端稳压器系列（78××、79××、317、337）。

3）ICT33C+测试仪主要功能

（1）器件好坏判别：当不知被测器件的好坏时，仪器可判别其逻辑功能好坏。

（2）器件型号识别：当不知被测器件的型号时，仪器可依据其逻辑功能来判断其型号。

（3）器件老化测试：当怀疑被测器件的稳定性时，仪器可对其进行连续老化测试。

（4）器件代换查询：仪器可显示有无逻辑功能一致、引脚排列一致的器件型号。

（5）内部 RAM 缓冲区修改：仪器可对内部缓冲区进行多种编辑。

（6）微机通信：仪器可通过串行口接收来自微机的数据或将内部 RAM 缓冲区的数据传送到微机。

（7）ROM 器件读入：仪器可将 128 KB 以内的 ROM 器件内的数据读入并保存。

（8）ROM 器件写入：仪器可将内部缓冲区的数据写入 128 KB 以内的 ROM 器件中。

4）ICT33C+测试仪面板

ICT33C+测试仪面板如图 1-21 所示。

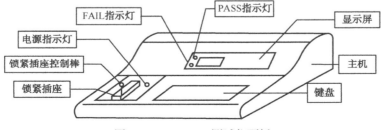

图 1-21 ICT33C+测试仪面板

5）键盘操作键功能

（1）"0～9"键为数字键，用于输入被测器件型号、引脚数目。

（2）"PASS/FAIL/EMPT"键为多功能键。若输入的型号为 EPROM、单片机器件，则它使仪器对被测器件进行查空操作；在其他型号时，它使仪器对被测器件进行好坏判别。若第一次按下了数字键，则至少要在输入三位型号数字后，输入该键才能被仪器接受；若在没有输入型号数字的时候输入该键，则仪器将对前一次输入的器件型号进行好坏测试。此功能用于测试多只相同的器件。

（3）"SEARCH"键为功能键，用于判别被测器件的型号，在未输入任何数字的前提下才有效。

（4）"SHIFT"键为功能键，用于查询是否有相同逻辑功能、相同引脚排列的器件，至少在输入三位型号数字后，输入该键才能被仪器接受。

（5）"LOOP/COMP"键为多功能键，用于对被测器件进行连续老化测试，至少在输入三位型号数字后才能被仪器接受。当输入的型号是 EPROM、EEPROM、FLASH ROM、单片机器件时，它将被测器件内部的数据与机内 RAM 中的数据进行比较。

（6）"READ"键为功能键，当输入的型号是 EPROM、EEPROM、FLASH ROM、单片机器件时才有效，它将被测器件内部的数据读入机内 RAM 中并保存。

（7）"WRITE"键为功能键，与"READ"键相似，它将机内 RAM 中的数据写入被测器件中并自动校验。

（8）"EDIT/OUT"键为多功能键，它可对机内 RAM 中的数据进行编辑（填充、复制、查找、修改）；当对单片机及具有数据软件保护功能的 FLASH ROM 器件进行写入时，该键也是加密功能键；当在进行老化测试时，按该键可退出老化测试；当对运算放大器进行测试时，该键可设定测试参数。

（9）"F1/UP"键为多功能键，当开机后或测试完成后，按该键可选择测试电压；而在 RAM 数据编辑时，按该键使地址减1。

（10）"F2/DOWN"键为多功能键，当开机后或测试完成后，按该键进入与微机通信状态；而在 RAM 数据编辑时，按该键使地址加1。

（11）"CLEAR"键为功能键，用于结束错误操作，或清除已输入的型号。

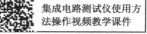
扫一扫看 ICT33C+型集成电路测试仪使用方法操作视频教学课件

6）ICT33C+测试仪基本操作（以测试集成电路 74LS00 为例）

接通电源，"POWER"指示灯亮。进入自检状态，自检正常，有两声低音提示，显示屏显示"PLEASE"，可进行正常测试操作。

注意：自检时锁紧插座上不能放有集成块，否则将会损坏该集成块，仪器自检将失效。

（1）器件好坏判别。输入"7400"，显示"7400"；确认无误后，将被测器件 74LS00 放上锁紧插座并锁紧，如图 1-22 所示；按"PASS/FAIL"键：

若显示 PASS，并伴有高音提示，则表示器件逻辑功能完好，黄色 LED 灯点亮；若显示

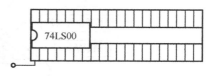

图 1-22　被测器件锁紧图

FAIL，同时伴有低音提示，则表示器件逻辑功能失效，红色 LED 灯点亮。

（2）器件型号判别。将被测器件插于锁紧插座并锁紧，按"SEARCH"键，仪器显示 P，请用户输入被测器件引脚数目，如有 14 只脚，即输入"14"，仪器显示"P14"；再次按"SEARCH"键：

若被测器件功能完好，并且其型号在本仪器容量以内，此时仪器直接显示被测器件的型号，如"7400"；若被测器件已损坏，或其型号不在本仪器测试容量以内，仪器将显示"FAIL"。

（3）器件代换查询。先输入器件的型号，如"7400"，再按"SHIFT"键：

若在各系列内存在可代换的型号，则仪器将依次显示这些型号，如"7403"，以后每按一次"SHIFT"键，就换一种型号显示，直至显示"NODEVICE"；若不存在可代换的型号，则直接显示"NODEVICE"。

（4）器件老化测试。输入"7400"，显示"7400"；将 74LS00 放上锁紧插座并锁紧，按"LOOP"键，仪器即对被测器件进行连续测试。若用户想退出老化测试状态，只要按下"EDIT/OUT"键即可。

4. 超大规模集成电路（VLSI）的测试类型

根据测试的具体目的，VLSI 测试可以分为以下四种类型。

（1）特性测试（验证测试）：此类测试在生产之前进行，目的在于验证设计的正确性，并且器件要满足所有的需求规范。需要进行功能测试和全面的 AC/DC 测试。

（2）生产测试：不考虑故障诊断，只做通过、不通过的判决。主要考虑因素是测试时间即成本。

（3）老化测试：在实际应用中，通过测试的芯片有些很快失效，有些则会正常工作很久。老化测试就是通过一个长时间的连续或周期性的测试使不好的器件失效，从而确保通过老化测试后的器件的可靠性。

（4）成品检测：在将采购的器件集成到系统之前，系统制造商进行的测试。

5. ATE 自动测试设备

ATE（Automatic Test Equipment）自动测试设备是根据客户的测试要求、图纸及参考方案，采用 MCU、PLC、PC 基于 VB、VC 开发平台，利用 TestStand & LabVIEW 和 JTAG/Boundary Scan 等技术开发、设计出的各类自动化测试设备。如图 1-23（a）所示为一台 ATE 设备实体，如图 1-23（b）所示为 ATE 设备系统结构。

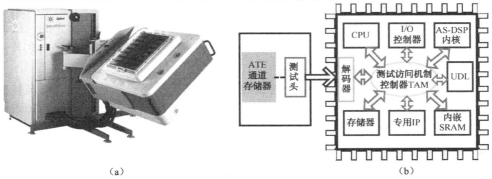

（a） （b）

图 1-23 ATE 自动测试设备

装备了 ATE 自动测试设备的系统可以达成以下几项目标。

（1）合并了多种测试手段，并使其成为一个一体化的测试平台及站位。

（2）将整个测试过程完全自动化，操作人员可以很容易地将被测器件放入装配架，然后只需按下"开始"按钮，核对测试结果即可。

（3）在大规模生产和测试环境中，提供可信赖和稳定的测试结果。

（4）提供一个测试上下限可改变的、测试功能可选择的测试系统。

（5）提供软件的升级及测试性能提高等功能。

6. 内建自测试技术

内建自测试技术（Built-In-Self Test，BIST）属于结构化可测试性设计（DFT），其主要思想是：从可测试性的观点出发，对电路结构提出一定的设计规则，使得所设计的电路更容易测试。它将测试激励生成和测试响应分析集成到被测电路或系统中，在测试结束后，通过比较被测电路的实际特征和预先计算获得的无故障电路特征，决定被测电路是否存在故障。

对数字电路进行测试的过程分为两个阶段：①把测试信号发生器产生的测试矢量加到被测电路 CUT（Circuit Under Test）中；②由测试响应分析器检查 CUT 的输出序列，以确定该电路有无故障。如果 CUT 具有自己产生测试信号和检查输出信号的能力，则称该电路具有内建测试功能。

如图 1-24 所示为基于时钟的内建自测试结构。每个时钟周期完成一次测试矢量的施加和测试响应的捕获。通常采用伪随机序列发生器作为测试矢量生成器，并用一个多输入特征寄存器 MISR 作为测试响应分析器。被测电路的所有输出点和观测点并行与 MISR 相连，每个时钟周期皆有测试响应送入 MISR 分析。BIST 中除测试激励源和测试响应分析器外，一般还应包含一个 BIST 控制单元，以完成对测试过程的控制。

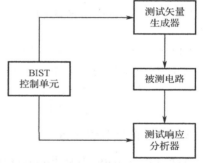

图 1-24 基于时钟的内建自测试结构

7. 边界扫描测试技术

边界扫描测试技术的主要思想是：通过芯片引脚和芯片内部逻辑电路之间，即芯片的边界上增加边界扫描单元，实现对芯片引脚状态的串行设定和读取，从而提供芯片级、板级、系统级的标准测试框架。

边界扫描测试技术适用于集成度比较高的电路，它提供了一种完整的、标准化的可测试性设计方法，起到了"虚拟探针"的作用，有效提高了被测器件的可控性和可观测性，提升了故障覆盖率，减少了故障诊断时间，具有附加测试资源少，对器件和电路本身的性能影响小，性价比良好的特点。自从边界扫描标准出现以来，解决了现代电子技术发展带来的测试问题，市场上支持边界扫描机制的芯片及设计开发软件与日俱增，其应用越来越广泛。

1）边界扫描测试逻辑结构

边界扫描测试技术在芯片引脚和芯片内部逻辑之间，即紧挨器件的每个输入、输出引脚处，增加移位寄存器组。在电路板的测试模式下，寄存器单元在相应的指令作用下，控制输出引脚的状态，读入输入引脚的状态，从而允许用户对电路板上的互连进行测试。

边界扫描测试逻辑结构如图 1-25 所示，主要由测试访问端口（Test Access Port，TAP）、TAP 控制器、指令寄存器、测试数据寄存器及边界扫描单元（Boundary Scan Cell，BSC）组成。

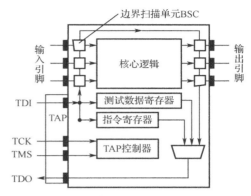

图 1-25　边界扫描测试逻辑结构

测试访问端口 TAP 为测试控制器访问被测芯片提供了数据存取通道，分别是：

（1）测试时钟（Test Clock，TCK）：TCK 信号控制测试指令和数据串行移入寄存器单元或从寄存器单元串行移出，从 TDI 移入的数据必须在 TCK 上升沿进行，向 TDO 移出的数据必须在 TCK 下降沿进行。

（2）测试方式选择（Test Mode Select，TMS）：TAP 控制器在 TCK 上升沿时采样 TMS 信号，译码后产生相应的控制信号，控制不同的测试操作。

（3）测试数据输入（Test Data Input，TDI）：测试指令和数据均由 TDI 串行移入，由 TAP 控制器的状态决定是移入指令寄存器还是数据寄存器。

（4）测试数据输出（Test Data Output，TDO）：由 TAP 控制器决定将指令寄存器或数据寄存器中的数据串行经 TDO 移出。

TAP 控制器为测试逻辑结构中的核心，接收测试控制器产生的 TCK、TMS 信号，通过状态译码，产生内部控制信号，以允许测试指令/数据的移位及装入，实现测试数据的捕获与更新，以执行测试操作。指令寄存器主要用来存储串行输入的边界扫描测试指令，测试数据寄存器用来存储测试数据。

芯片正常工作时，扫描单元不影响芯片功能；测试时，在不同测试指令下，可以通过边界扫描单元设置输出引脚逻辑状态，并获取输入引脚的逻辑状态。

2）边界扫描测试技术的应用

边界扫描测试技术提供了一整套面向芯片级、板级和系统级的解决方案，随着支持边界扫描芯片的增加，以及电路板的集成度不断提高，边界扫描测试技术在板级、系统级测试中的应用越来越广泛。

边界扫描测试系统连接示意图如图 1-26 所示，它由测试控制器、测试软件和被测电路板构成，测试控制器通过 USB 等接口连接计算机，通过 JTAG 接口与被测电路板连接。

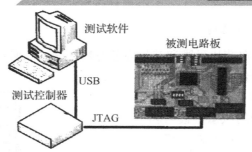

测试软件

被测电路板

USB

测试控制器

JTAG

图1-26 边界扫描测试系统连接示意图

项目实施1 简易金属探测器制作与调试

工作任务单：

（1）制订工作计划。

（2）熟悉分立元器件构成的简易金属探测器的工作原理。

（3）设计布线图（可以先设计制作PCB，然后安装；也可以用多孔板制作）。

（4）完成元器件的测量与筛选。

（5）根据布线图制作实物。

（6）完成简易金属探测器的功能检测和故障排除。

（7）编写项目报告。

1. 实训目的

（1）熟悉来料检验（IQC）过程。

（2）掌握用LCR测试仪、数字万用表检验电子元器件的方法。

（3）掌握简易金属探测器的安装技能和调试技能。

2. 实训设备与器件

（1）实训设备：LCR测试仪、数字万用表、恒温电烙铁。

（2）实训器件：金属探测器材料套件。

3. 电路工作原理

金属探测器是一种专门用来探测金属的仪器，不仅可以探测埋藏在地下的金属物体，还可以用来探测隐蔽在墙壁内的电线、埋在地下的水管和电缆，甚至能够地下探宝。电路原理图如图1-27所示，实物参考图如图1-28所示。

Q_1、L_1、L_2、C_2、C_3、R_1、W组成高频振荡电路，调节电位器W，可以改变振荡增益，使振荡器处于临界振荡状态（刚好起振）。Q_2、Q_3组成检测电路，电路正常振荡时，Q_2导通，Q_3截止。当探测线圈L_1靠近金属物体时，会在金属导体中产生涡电流，使振荡回路中的能量损耗增大，正反馈减弱，处于临界状态的振荡器振荡减弱，甚至因无法维持振荡所需的最低能量而停振，使Q_2截止，Q_3导通，给Q_4、Q_5组成的音频振荡电路供电，使其工作，推动蜂鸣器发声。根据蜂鸣器是否鸣叫，可以判断探测线圈下面是否存在金属物体。

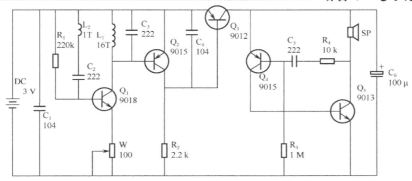

图 1-27 简易金属探测器电路原理图

4. 元器件测量与筛选

根据元器件清单，清点元器件。按元器件性能参数要求测量和筛选元器件，测量结果填入表 1-9 中。

表 1-9 元器件检测表

序号	配图号	规格和型号	数量	测量值	是否合格
1	R_1	220 kΩ	1		
2	R_2	2.2 kΩ	1		
3	R_3	1 MΩ	1		
4	R_4	10 kΩ	1		
5	C_1、C_4	0.1 μF	2		
6	C_2、C_3、C_5	2200 pF	3		
7	C_6	100 μF	1		
8	L_1	16 T	1		
9	L_2	1 T	1		
10	W	100	1		
11	Q_1	9018	1		
12	Q_2、Q_4	9015	2		
13	Q_3	9012	1		
14	Q_5	9013	1		
15	SP	蜂鸣器	1		

图 1-28 金属探测器实物参考图

5. 金属探测器制作与调试

L_1、L_2 可以通过印制板蚀出线圈，也可以通过 $\phi 0.41$ mm 的漆包线在 $\phi 40$ mm 的圆棒上分别缠绕 1 圈和 16 圈制成。将元器件分别焊接到电路板上，并完成电池盒的装配。（可制成印制电路板，也可直接在多孔板上制作。）

制作完成，调试电路，使电路远离金属时不发声，靠近金属时应该发声。若远离金属不能停止发声，应该把电位器逆时针方向调一点点再试，直到满足要求为止。适当改变 C_5 的容量可以改变发声的频率。

若不能实现探测金属的功能，应查找并排除故障。先判断故障范围是高频振荡部分电路、检测电路，还是音频振荡电路，然后再检查相应元器件和线路，直到制作成功。

6. 整理相关资料，完成电路的制作与调试并填写项目报告

简易金属探测器制作与调试项目报告如表 1-10 所示。

表 1-10　简易金属探测器制作与调试项目报告

项目名称					
测量仪器		名　称		型 号 规 格	编　号
仪 器 设 备					
元器件测量与筛选	配 图 号	规格和型号	数　量	测 量 值	结　论
金属探测器调试	调 试 步 骤			结　论	
备　注		若有故障，请在调试结论中进行故障描述，并设法排除故障			
操作人：					
				日期：	

7. 项目考核

项目考核表如表 1-11 所示。

表 1-11　项目考核表

评 价 项 目	评 价 内 容	配　分	教师评价	学 生 评 价		总　分
				互　评	自　评	
工作态度	（1）工作的主动性、积极性； （2）操作的安全性、规范性； （3）遵守纪律情况	10 分				师评 50%+互评 30%+自评 20%
元器件的检测	用 LCR 测试仪、数字万用表等仪器检测元器件的质量，筛选不良元器件	20 分				
电路的安装	（1）安装图的绘制情况； （2）电路的安装情况	30 分				

续表

评价项目	评价内容	配　分	教师评价	学生评价		总　分
				互　评	自　评	
功能测试和故障分析	（1）电路功能验证； （2）按不同情况分析故障现象，并排除故障	30 分				师评 50%+互评 30%+自评 20%
5S 规范	整理工作台，离场	10 分				
合　计	—	100 分				

自评人：　　　　　　　互评人：　　　　　　　教师：

日期：

知识梳理与总结

（1）电子测量是测量学的一个重要分支，泛指以电子技术为基本手段的一种测量技术。除了能对各种电参量、电信号进行测量外，还能对非电量进行测量。按照测量性质，电子测量可分为时域测量、频域测量、数据域测量和随机量测量四种类型；按照测量方法的不同，电子测量分为直接测量、间接测量和组合测量三类。

（2）电子测量仪器通常分为通用和专用两大类。通用电子测量仪器又可分时域测量仪器、频域测量仪器、数据域测量仪器、随机域测量仪器、调制域测量仪器、电子元器件测量仪器等。电子测量仪器发展迅速，智能仪器和虚拟仪器都得到广泛应用。

（3）根据测量误差的性质和特点，可分为系统误差、随机误差和粗大误差三类。系统误差越小，测量准确度越高；随机误差越小，测量精密度越高。系统误差和随机误差共同决定测量的精确度。

（4）测量误差通常采用绝对误差、相对误差两种表示方法。绝对误差表明误差测量结果偏离实际值的情况，有大小、正负和量纲。相对误差能确切反映测量的准确度，只有大小和正负，没有量纲。电工仪表的准确度等级用满度相对误差表示。

（5）测量结果常用有效数字表示，应根据实际情况，遵循有效数字位数的取舍和有效数字舍入规则进行操作。

（6）电子元器件是构成电子电路系统、电子整机的基础，主要分为电子元件、半导体器件、集成电路器件。

（7）电阻的测量方法有伏安法、电桥法、阻抗变换法。电容、电感的测量方法有谐振法、电桥法和阻抗变换法。

（8）LCR 测试仪是电子元器件数字化测量的主要仪器。

（9）集成电路测试仪按测试门类可分为数字集成电路测试仪、存储器测试仪、模拟与混合信号电路测试仪、在线测试系统和验证系统等。其测试方法随着科技的进步而不断发展。

习题 1

1-1　电子测量与其他测量相比，主要具有哪些特点？

1-2 在测量电压时，如果测量值为 100 V，实际值为 95 V，则测量绝对误差和修正值分别是多少？如果测量值是 100 V，修正值是 -10 V，则实际值和绝对误差是多少？

1-3 根据误差理论，在使用电工仪表时如何选用量程？为什么？

1-4 用量程为 500 mA 的电流表测量实际值为 400 mA 的电流，如果读数为 380 mA，试求测量的绝对误差、实际值相对误差、示值相对误差。

1-5 如果要测量一个 8 V 左右的电压，现有两块电压表，其中一块量程为 10 V、1.5 级，另一块量程为 20 V、1.0 级。应选用哪一块表测量较为准确？

1-6 根据舍入规则，将下列各数据保留四位有效数字。

　　3.141 59　2.717 29　4.510 50　3.215 50　6.378 501　7.691 499　5.434 60

1-7 电子元器件主要有哪些分类？

1-8 电阻、电容、电感的测量方法有哪些？

1-9 交流电桥平衡时要满足哪两个条件？

1-10 什么是臂比电桥和臂乘电桥？两者各适合测量什么元件？

1-11 LCR 测试仪接入被测件时的连线有哪三种？

（1）场效应管属于电子元件还是电子器件？

（2）生产生活中有哪些场合可能会使用 LCR 测试仪？

项目 2

简单电子产品的性能测试

案例引入

　　检验一台音响音质的优劣，一般会输送一段音质很好的音乐给音响，用感官（耳朵）听音响输出音乐的音质，从而判断音响性能。采用正规的检测手段，要求输送一个正弦波激励信号给音响，用仪器在音响输出端检测输出信号的性能。那么，这个激励信号如何产生？输出波形是否失真？怎么观测？怎么才能知道输入信号和输出信号的幅度？

学习目标

1．理论目标

　　1）基本了解

　　数字式电压表的组成及工作原理；

　　合成信号发生器的组成及工作原理；

　　数字示波器的组成及工作原理。

　　【知识拓展】电子测试工装；在线测试仪；示波器探头。

　　2）重点掌握

　　交流电压的表征，数字式电压表显示位数和分辨力、测量误差的计算；

　　合成信号发生器的主要功能；

　　数字示波器的主要功能。

2．技能目标

　　能操作数字式电压表；

　　能操作合成信号发生器；

　　能操作数字示波器；

　　会测量声频功率放大器的性能参数。

2.1 电压测量与仪器应用

扫一扫看电压的测量教学课件

2.1.1 交流电压的表征量

交流电压的表征量包括平均值 $\overline{U}$、峰值 U_p、有效值 U，以及波形因数 K_F、波峰因数 K_P。

1. 平均值 $\overline{U}$

平均值又称为均值，指波形中的直流成分，因此，纯交流电压的平均值为 $\overline{U}=0$，含有直流分量的交流电压的平均值为 $\overline{U}=U_0$，其中 U_0 为其直流分量的值。为了更好地表征交流电压的大小，交流电压的平均值特指交流电压经过检波（即整流）后波形的平均值。

$$\overline{U}=\frac{1}{T}\int_0^T |u(t)|\,\mathrm{d}t \quad 0\leqslant t<T$$

式中，$\overline{U}$ 为全波平均值；T 为被测电压 $u(t)$ 的周期。

2. 峰值 U_p

周期性交变电压 $u(t)$ 在一个周期内偏离零电平的最大值称为峰值，用 U_p 表示，正、负峰值不等时分别用 $U_\text{p+}$ 和 $U_\text{p-}$ 表示；$u(t)$ 在一个周期内偏离直流分量 $\overline{U}$ 的最大值称为幅值或振幅，用 U_m 表示，正、负幅值不等时分别用 $U_\text{m+}$ 和 $U_\text{m-}$ 表示，如图 2-1（a）所示。

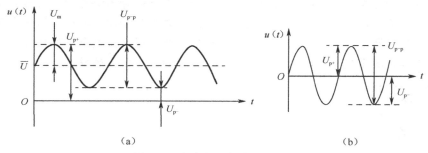

图 2-1　交流电压的峰值与幅值

对于双极性对称的纯交流电压，如图 2-1（b）所示，$\overline{U}=0$ 且正、负幅值相等，数值上存在关系：

$$U_\text{p+}=U_\text{p-}=U_\text{p}=U_\text{m}$$

经常用到的交流电压表征量还有谷值和峰–峰值 $U_\text{p-p}$。

3. 有效值 U

在电工理论中曾定义：当该交流电压和数值为 U 的直流电压分别施加于同一电阻上时，在一个周期内两者产生的热量相等，则某一交流电压的有效值等于直流电压的数值 U。用数学式可表示为

$$U=\sqrt{\frac{1}{T}\int_0^T u^2(t)\mathrm{d}t}$$

交流电压的大小通常是指其有效值 U，有效值又称为均方根值（rms），用 U 或 U_rms 表示。

4. 波形因数 K_F、波峰因数 K_P

交流电压的有效值、平均值和峰值间有一定的关系，可分别用波形因数及波峰因数表示。

波形因数 K_F 定义为交流电压的有效值 U 与平均值 $\bar{U}$ 之比，即

$$K_\mathrm{F} = \frac{U}{\bar{U}} \tag{2-1}$$

波峰因数 K_P 定义为交流电压的峰值 U_p 与有效值 U 之比，即

$$K_\mathrm{P} = \frac{U_\mathrm{p}}{U} \tag{2-2}$$

不同波形的波形因数和波峰因数具有不同的定值，利用波形因数和波峰因数可以实现某种波形的峰值、有效值、平均值之间的转换。表 2-1 列出了几种常见波形的波形因数和波峰因数。

表 2-1　常见波形的波形因数和波峰因数

波　　形	峰　　值	平　均　值	有　效　值	波形因数 K_F	波峰因数 K_P
正弦波	U_p	$\dfrac{2}{\pi}U_\mathrm{p}$	$\dfrac{U_\mathrm{p}}{\sqrt{2}}$	1.11	$\sqrt{2} \approx 1.414$
三角波	U_p	$\dfrac{U_\mathrm{p}}{2}$	$\dfrac{U_\mathrm{p}}{\sqrt{3}}$	1.15	$\sqrt{3} \approx 1.732$
方波	U_p	U_p	U_p	1	1

实例 2-1　已知正弦波、方波、三角波的峰值都是 20 V，试分别计算三种波形的有效值、平均值。

解　根据表 2-1 中给出的 K_P 的值，可得三种波形的有效值为

$$U_{正弦波} = U_\mathrm{p} / K_{\mathrm{P}正弦波} = 20\,\mathrm{V} / 1.414 \approx 14.1\,\mathrm{V}$$

$$U_{三角波} = U_\mathrm{p} / K_{\mathrm{P}三角波} = 20\,\mathrm{V} / 1.732 \approx 11.5\,\mathrm{V}$$

$$U_{方波} = U_\mathrm{p} / K_{\mathrm{P}方波} = 20\,\mathrm{V} / 1 = 20\,\mathrm{V}$$

根据表 2-1 中给出的 K_F 的值，以及上述有效值，可得三种波形的平均值为

$$\bar{U}_{正弦波} = U_{正弦波} / K_{\mathrm{F}正弦波} = 14.1\,\mathrm{V} / 1.11 \approx 12.7\,\mathrm{V}$$

$$\bar{U}_{三角波} = U_{三角波} / K_{\mathrm{F}三角波} = 11.5\,\mathrm{V} / 1.15 = 10\,\mathrm{V}$$

$$\bar{U}_{方波} = U_{方波} / K_{\mathrm{F}方波} = 20\,\mathrm{V} / 1 = 20\,\mathrm{V}$$

2.1.2　电压测量的基本要求

电压测量广泛存在于科学研究与生产生活中，它是许多电参量测量与非电参量测量的基础，是电子测量的重要内容。

在电子测量领域，电压、电流、功率是表征电信号能量的三个基本参数，而电流、功率往往可转换为电压进行间接测量。电子电路和电子设备的各种工作状态和特性都可以通过电压量表现出来，如频率特性、调制特性、增益与衰减特性、灵敏度、线性工作范围、失真度、电路的饱和与截止状态等。一个系统的输入和输出的信号幅度常常是衡量系统性能的关键指标。例如，通信系统中，通过测量发射机的发射功率以确定其覆盖地域范围；

通过测量接收机接收微弱信号的能力，获知其接收远地电台信号的能力。

在非电参量测量中，许多物理量，如温度、压力、振动、速度、加速度等，都可以通过传感器转换为电压，通过电压测量即可方便地实现对这些物理量的测量。

由于电子电路测量中的待测电压具有频率范围宽、幅度差别悬殊、波形形式多样等特点，所以对电压测量提出了一系列的要求，主要概括如下。

1. 足够宽的电压测量范围

电子电路中待测电压的大小，低至纳伏级（10^{-9} V）或皮伏级（10^{-12} V），高到兆伏级（10^6 V）。测量之前，应对被测电压有大概的估计，所用电压表应具有相当宽的量程或具有针对性。测量小信号时应选用高灵敏度电压表，测量高电压时应选用绝缘强度高的电压表。

2. 足够宽的频率范围

电子电路中电压信号的频率范围相当宽，包括直流（零频）和交流频率从微赫（10^{-6} Hz）到吉赫（10^9 Hz）或更高。频段不同，测量方法各异，所用电压表也必须具有足够宽的频率范围。

3. 足够高的测量准确度

电压测量仪器的测量准确度一般用以下三种方式之一表示。

（1）$\pm\beta\%U_{\mathrm{m}}$，即满度值的百分数，$\pm\beta\%$ 为满度相对误差，U_{m} 为电压表满量程值。线性刻度的模拟电压表都采用这种方式。

（2）$\pm\alpha\%U_x$，即读数值的百分数，$\pm\alpha\%$ 为读数相对误差，U_x 为电压表测量读数值。对数刻度电压表中较多采用该方式。

（3）$\pm(\alpha\%U_x+\beta\%U_{\mathrm{m}})$，这是一种用于线性刻度电压表的较严格的准确度表征，数字电压表都采用这种方式。

在直流电压的测量中，各种分布参量的影响极小，因此，直流电压的测量可获得很高的准确度。例如，目前直流数字电压表可达 10^{-7} 量级。交流电压的测量一般要通过 AC/DC 变换电路，且测量高频电压时，分布性参量的影响不容忽视，即使采用数字电压表，交流电压的测量准确度目前也只能达到 $10^{-2}\sim10^{-4}$ 量级。

4. 足够高的输入阻抗

测量电压时，电压表等效为输入电阻 R_i 和输入电容 C_i 的并联，如图 2-2 所示，其输入阻抗 Z_i（$R_i//C_i$）是被测电路的额外负载。为尽量减小测量仪器对被测电路的影响，要求仪器具有高输入阻抗，即 R_i 应尽量大，C_i 应尽量小。

直流数字电压表的输入电阻在小于 10 V 量

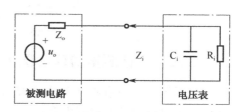

图 2-2　电压表测量电压等效电路

程时可达 10 GΩ，甚至更高（1000 GΩ）；高量程时一般可达 10 MΩ。低频测量时，交流电压表输入阻抗的典型值为 1 M$\Omega//15$ pF；高频测量时，输入电阻 R_i 和输入电容 C_i 的容抗将变小，二者对被测电路的影响变大，电压表输入阻抗的影响不可忽略，必要时应对测量结果进行修正。

5. 足够高的抗干扰能力

电压测量易受外界干扰影响，当信号电压较小时，干扰往往成为影响测量准确度的主要因素，相应要求高灵敏度电压表必须具有较高的抗干扰能力，测量时也要特别注意采取相应措施（如正确的接线方式、必要的电磁屏蔽等），以减小外界干扰的影响。

2.1.3　电压测量仪器的分类

常见的测量电压的仪器是电压表和示波器。一般的电压测量仪器主要指各类电压表。在工频（50 Hz）和要求不高的低频测量中，可使用万用表电压挡，其他情况大都使用电子电压表。按测量结果的显示方式，电子电压表分为模拟式电压表和数字式电压表。

模拟式电压表的准确度和分辨力不及数字式电压表，但结构相对简单，价格较为便宜，频率范围也宽。另外，在某些不需要准确测量电压大小，只需要知道电压范围或变化趋势的场合，如作为零示器（即零电压指示器）或者用于谐振电路调谐时峰值、谷值的观测时，用模拟式电压表则更为直观。数字式电压表的优点表现在测量准确度高、测量速度快、输入阻抗大、过载能力强、抗干扰能力强和分辨力高等。

1. 模拟式电压表的分类

1）按测量功能分类

可分为直流电压表、交流电压表。

2）按工作频段分类

可分为超低频电压表（低于 10 Hz）、低频电压表（低于 1 MHz）、视频电压表（低于 30 MHz）、高频或射频电压表（低于 300 MHz）和超高频电压表（高于 300 MHz）。

3）按测量电压量级分类

可分为电压表和毫伏表。电压表的主量程为 V（伏）量级，毫伏表的主量程为 mV（毫伏）量级。主量程是指不加分压器或外加前置放大器时电压表的量程。

4）按电压测量准确度等级分类

可分为 0.05、0.1、0.2、0.5、1.0、1.5、2.5、5.0 等级，其满度相对误差分别为 0.05%、0.1%、0.2%、0.5%、1.0%、1.5%、2.5%、5.0%。

5）按刻度特性分类

可分为线性刻度、对数刻度、指数刻度和其他非线性刻度。

6）按测量原理分类

按测量原理分类有均值电压表、峰值电压表、有效值电压表。

按现行国家标准，模拟式电压表的主要技术指标有固有误差、电压范围、频率范围、频率特性误差、输入阻抗、波峰因数、等效输入噪声、零点漂移等。

模拟式电压表的原理与应用详见教材第 1 版。

2. 数字式电压表分类

数字式电压表一般按测量功能分为直流数字电压表和交流数字电压表。直流数字电压表按其 A/D 变换原理分为比较型、积分型和复合型三类；交流数字电压表按其 AC/DC 变换原理分为峰值型、平均值型和有效值型三类。

数字式电压表的技术指标较多，包括准确度、基本误差、工作误差、分辨力、读数稳定度、输入阻抗、输入零电流、带宽、串模干扰抑制比（SMR）、共模干扰抑制比（CMR）、波峰因数等。

扫一扫看数字式电压表教学课件

2.1.4 数字式电压表的应用

数字式电压表（Digital VoltMeter，DVM）是采用模数（A/D）转换原理，将被测模拟电压转换为数字量，并将转换结果以数字形式显示出来的一种电子测量仪器。与模拟式电压表相比，数字式电压表具有精度高、测速快、抗干扰能力强等优点。由于微处理器的应用，目前中高档数字式电压表已普遍具有数据存储、自检等功能，并配有标准接口，可以方便地构成自动测试系统。

1. 数字式电压表的结构分类

数字式电压表按结构形式分为台式、便携式和面板式，如图 2-3 所示。

（a）台式　　　　　　　（b）便携式　　　　　　（c）面板式

图 2-3　各类数字式电压表

1）台式

台式数字电压表通常为 $5\frac{1}{2}$ 位以上的数字式电压表，各厂家都有自己的专利技术，近年已做到 $8\frac{1}{2}$ 位的精度了。其特点是测量精度和自动化程度较高，结构复杂，体积较大，售价较高。故一般做成机箱形式，置于固定工作台上使用，如图 2-3（a）所示。

2）便携式

便携式数字电压表通常为 $3\frac{1}{2}$ 及 $4\frac{1}{2}$ 位数字式电压表，精度不高，其技术融入数字多用表。数字多用表由于精度一般，故可做成便于携带的袖珍结构，简称便携式，如图 2-3（b）所示。

3）面板式

面板式也称数字表头，多为 $3\frac{1}{2}$ 及 $4\frac{1}{2}$ 位直流电压表，只有一个基本量程，如 0～5 V 的表头，用于嵌入仪器面板，告知测量数据，如图 2-3（c）所示。

2. 数字式电压表的组成

数字式电压表的组成框图如图 2-4 所示，主要由模拟电路部分和数字电路部分组成。模拟电路部分包括输入电路（如阻抗变换器、放大器和量程转换器等）和 A/D 转换器。A/D 转换器是数字式电压表的核心，完成模拟量到数字量的转换。电压表的技术指标，如准确度、分辨率等主要取决于 A/D 转换器。数字电路部分包括时钟发生器、逻辑控制电路、计数器、数字显示器等，完成逻辑控制、译码和显示功能。其中，逻辑控制电路在统一时钟作用下，控制整个电路协调有序工作。

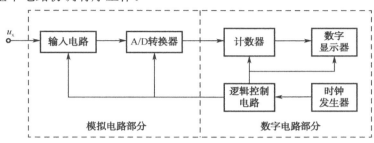

图 2-4　数字式电压表的组成框图

3. A/D 转换原理

A/D 转换器（ADC）的作用是把模拟量变成数字量，它是数字式电压表的核心，决定了数字式电压表的主要性能指标。各类 DVM 之间最大的区别也在于 A/D 变换的方法不同，从而表现出不同的特性。有的高档数字式电压表采用几种 A/D 转换原理相结合进行特别设计，以获得高精度测量。

A/D 转换器按其实现原理和方法，分为直接比较式和间接比较式两类，分别以逐次逼近比较式和双积分式 A/D 转换器为典型代表。

1）逐次逼近比较式 A/D 转换器

图 2-5 所示为天平称重的平衡过程示意图。设有 8 g、4 g、2 g、1 g 四种标准砝码，被测砝码 W_x 置于盘 2，称重时，在盘 1 上依次从最大砝码开始对分比较，大则弃，小于和等于则留，最终天平平衡，依据盘 1 中的砝码重量和得出被测砝码重量。表 2-2 记录了对分比较过程，若弃记作"0"，留记作"1"，则 W_x 即被量化为"0110"，即被测重量为 6 g。

表 2-2　对分比较过程

砝码 W_0	比　　较	结 果 处 理	数 据 记 录
8 g	$W_0 > W_x$	弃	0
4 g	$W_0 < W_x$	留	1
2 g	$W_0 = W_x$	留	1
1 g	$W_0 > W_x$	弃	0

逐次逼近比较式 A/D 转换器的基本原理类似天平称重，其结构框图如图 2-6 所示，包括四个部分：比较器、D/A 转换器、逐次逼近寄存器和控制逻辑。

将大小不同的参考电压 U_o 与输入模拟电压 U_i 逐步进行比较，比较结果以相应的二进制代码表示。转换前先将寄存器清零。转换开始后，控制逻辑将寄存器的最高位置 1，使其输出为 100…0。这个数码被 D/A 转换器转换为相应的模拟电压 U_o，送到比较器与输入

电子测量与仪器（第 2 版）

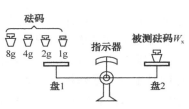

图 2-5 天平称重的平衡过程示意图

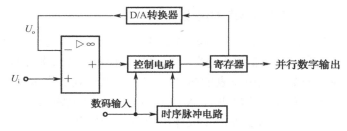

图 2-6 逐次逼近比较式 A/D 转换器结构框图

电压 U_i 进行比较。若 $U_o > U_i$，说明寄存器输出数码过大，故将最高位的 1 变为 0，同时将次高位置 1；若 $U_o \leq U_i$，说明寄存器输出数码还不够大，则应将这一位的 1 保留，依次类推将下一位置 1 进行比较，直到最低位为止。比较结束，寄存器中的状态就是转化后的数字输出。

实例 2-2 一个四位逐次逼近型 A/D 转换电路，输入满量程电压为 5 V，现加入的模拟电压 $U_i = 4.58$ V。求：（1）A/D 转换器输出的数字是多少？（2）转换误差是多少？

解 （1）第一步：使寄存器的状态为 1000，送入 D/A 转换器，由 D/A 转换器转换为输出模拟电压：

$$U_o = \frac{U_m}{2} = \frac{5}{2} = 2.5 \text{ V}$$

因为 $U_o < U_i$，所以寄存器最高位的 1 保留。

第二步：寄存器的状态为 1100，由 D/A 转换器转换输出的电压：

$$U_o = \left(\frac{1}{2} + \frac{1}{4}\right)U_m = 3.75 \text{ V}$$

因为 $U_o < U_i$，所以寄存器次高位的 1 也保留。

第三步：寄存器的状态为 1110，由 D/A 转换器转换输出的电压：

$$U_o = \left(\frac{1}{2} + \frac{1}{4} + \frac{1}{8}\right)U_m \approx 4.38 \text{ V}$$

因为 $U_o < U_i$，所以寄存器第三位的 1 也保留。

第四步：寄存器的状态为 1111，由 D/A 转换器转换输出的电压：

$$U_o = \left(\frac{1}{2} + \frac{1}{4} + \frac{1}{8} + \frac{1}{16}\right)U_m \approx 4.69 \text{ V}$$

因为 $U_o > U_i$，所以寄存器最低位的 1 去掉，只能为 0。

所以，A/D 转换器输出数字量为 1110。

（2）转换误差为

$$4.58 - 4.38 = 0.2 \text{ V}$$

逐次逼近比较式 A/D 转换器的数码位数越多，转换结果越精确，但转换时间也越长。其缺点是抗干扰能力差，因为电压比较器的输入是被测电压瞬时值，易受外界干扰的影响，通常在输入端设置低通滤波器来抑制串模干扰。

2）双积分式 A/D 转换器

双积分式 A/D 转换器属于间接型 A/D 转换器，它把待转换的输入模拟电压先转换为一个中间变量（如时间 T、频率 f），然后再对中间变量进行量化编码，得出转换结果。若中间变量为时间，则称为电压—时间变换型（简称 VT 型）。图 2-7 给出的是 VT 型双积分式 A/D 转换器的原理框图。

转换开始前，先将计数器清零，并接通 S_0 使电容 C 完全放电。转换开始，断开 S_0。整个转换过程分两个阶段进行。

第一阶段称为定时积分过程，令开关 S_1 置于输入信号 U_I 一侧。积分器对 U_I 进行固定时间 T_1 的积分。积分结束时积分器的输出电压为

$$U_{O1} = \frac{1}{C} \int_0^{T_1} \left(-\frac{U_I}{R} \right) dt = -\frac{T_1}{RC} U_I$$

可见积分器的输出 U_{O1} 与 U_I 成正比。这一过程称为转换电路对输入模拟电压的采样过程。在采样开始时，逻辑控制电路将计数门打开，计数器计数。当计数器达到满量程 N 时，计数器由全 "1" 复 "0"，这个时间正好等于固定的积分时间 T_1。计数器复 "0" 时，同时给出一个溢出脉冲（即进位脉冲），使控制逻辑电路发出信号，令开关 S_1 转换至参考电压 $-V_{REF}$ 一侧，采样阶段结束。

第二阶段称为定速率积分过程，将 U_{O1} 转换为成比例的时间间隔。采样阶段结束时，一方面因参考电压 $-V_{REF}$ 的极性与 U_I 相反，积分器向相反方向积分。计数器由 0 开始计数，经过 T_2 时间，积分器输出电压回升为零，过零比较器输出低电平，关闭计数门，计数器停止计数，同时通过逻辑控制电路使开关 S_1 与 U_I 相接，重复第一步，如图 2-7 所示。因此得到

$$\frac{T_2}{RC} V_{REF} = \frac{T_1}{RC} U_I$$

即

$$T_2 = \frac{T_1}{V_{REF}} U_I$$

可见，反向积分时间 T_2 与输入模拟电压 U_I 成正比。

在 T_2 期间计数门 G 打开，对标准频率 f_{CP} 计数，计数结果为 D，则计数的脉冲数为

$$D = \frac{T_2}{T_{CP}} = \frac{T_1}{T_{CP} V_{REF}} U_I = \frac{N}{V_{REF}} U_I$$

计数器中的数值就是 A/D 转换器转换后的数字量，计数结果 D 与输入电压 U_I 成正比，至此即完成了 U-T 转换。若输入电压 $U_{I1} < U_I$，$U'_{O1} < U_{O1}$，则 $T'_2 < T_2$，它们之间也都满足固定的比例关系，如图 2-8 所示。

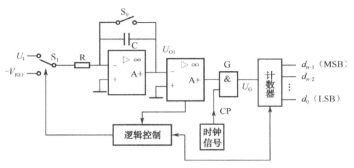

图 2-7　VT 型双积分式 A/D 转换器的原理框图

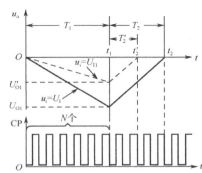

图 2-8　双积分式 A/D 转换器波形图

与逐次逼近比较式 A/D 转换器相比，双积分式 A/D 转换器由于存在积分器，而积分器的输出只对输入信号的平均值有所响应，所以其突出的优点是工作性能比较稳定且抗干扰能力强。由以上分析可以看出，只要两次积分过程中积分器的时间常数相等，计数器的计数结果即与 RC 无关。所以，该电路对 RC 精度的要求不高，而且电路的结构也比较简单。双积分式 A/D 转换器属于低速型 A/D 转换器，一次转换时间为 1～2 ms，而逐次逼近比较式 A/D 转换器一次转换时间可达 1 μs。

4. 数字式电压表的主要性能指标

1）测量范围

测量范围包括量程的划分、各量程的测量范围及超量程能力。此外，还应写明量程的选择方式，如手动、自动或遥控。

（1）量程：DVM 的量程按输入被测电压范围划分。信号未经衰减器衰减和放大器放大的量程称为基本量程，基本量程的测量误差最小，通常为 1 V 或 10 V，也有的为 2 V 或 5 V。在基本量程基础上，借助于衰减器和放大器，扩展出其他量程。例如，基本量程为 2 V 的 DVM 可扩展出 200 mV、2 V、20 V、200 V、1000 V 五挡量程。

（2）显示位数：显示位数是表示数字式电压表精密程度的参数。DVM 的显示位分为完整显示位和非完整显示位。一般的显示位均能显示 0～9 十个数码，称为完整显示位（满位），否则称为非完整显示位（半位）。例如，最大显示数字为 9.999 的称为 4 位数字式电压表；最大显示数字为 19.999 的称为 $4\frac{1}{2}$ 位数字式电压表。

（3）超量程能力：超量程能力是指数字式电压表在一个量程上所能测量的最大电压超出量程值的能力，是数字式电压表的一个重要指标。数字式电压表有无超量程能力，要根据其量程分挡情况及能够显示的最大数字情况来决定。例如，最大显示数字分别为 9.999、19.999、5.999、11.999，对应量程分别为 10 V、20 V、5 V、10 V 的数字式电压表的超量程能力分别为 0%、0%、20%、20%。

有了超量程能力，在有些情况下可以提高测量精度，例如，被测电压为 10.001 V，若采用不具有超量程能力的 4 位 DVM 10 V 挡测量，读数为 9.999 V；若用 100 V 挡测量，读数为 10.00 V，这样就丢掉了 0.001 V 的信息。若改用有超量程能力的 $4\frac{1}{2}$ 位 DVM 10 V 挡测量，均可读出 10.001 V，显然提高了精度。

2）分辨力（灵敏度）

分辨力表示数字式电压表所能显示的被测电压的最小变化值。不同的量程上分辨力是不同的，最小的量程上分辨力最高。通常以最小量程上的分辨力作为数字式电压表的分辨力，用每个字对应的电压值来表示，即 V/字。例如，对于 $3\frac{1}{2}$ 位的 DVM，在 200 mV 量程上可测最大被测电压为 199.9 mV，其分辨力为 0.1 mV/字。即被测电压变化量小于 0.1 mV 时，测量结果的显示值不会发生变化，而显示值跳变"1 个字"，所需电压变化量为 0.1 mV。

3）测量误差

当前数字式电压表厂家在技术指标中大多给出最大允许的绝对误差 ΔU，其表示方式为

$$\Delta U = \pm(\alpha\% \times U_x + \beta\% \times U_m)$$

式中，α 为相对项系数；β 为固定项系数；U_x 为示值（读数）；U_m 为量程的满度值。$\alpha\% \times U_x$ 称为读数误差，是相对项，其值随读数而变化。$\beta\% \times U_m$ 称为满度误差，与当前选用的量程有关，是固定项，其值恒定。由于满度误差不随读数变化而改变，因此可用"n 个字"来表示，n 等于满度误差与分辨力的比值，即

$$\Delta U = \pm(\alpha\% U_x + n\text{个字})$$

实例 2-3　5 位 DVM 在 5 V 量程测得电压为 2 V，已知测量误差计算公式 $\Delta U=\pm(0.005\%U_x+0.004\%U_m)$，求此时 DVM 的读数误差、满度误差和绝对误差各是多少？满度误差相当于几个字？

解　经分析得知，电压表分辨力为 ±0.000 1 V。

读数误差为：　　±0.005%U_x=±0.005%×2 V=±0.0001 V

满度误差为：　　±0.004%U_m=±0.004%×5 V=±0.0002 V

满度误差相当于：　$\pm\dfrac{0.000\ 2\ \text{V}}{0.000\ 1\ \text{V}}=\pm2$字

绝对误差为：　　±（0.0001 V+0.0002 V）=±0.000 3 V

4）测量速率

测量速率用数字式电压表每秒完成的测量次数或一次测量所需要的时间来表示。它主要取决于 A/D 转换器的类型，不同类型的 DVM 的测量速率差别很大，测速较快的是比较式 DVM，测速较慢的是积分式 DVM。测量速率是描述数字式电压表的一项重要技术指标。一般低速高精度的 DVM 测量速率为几次/s 至几十次/s。例如，PZ-8 型数字式电压表的测量速率为 50 次/s 或 20 ms/次。

5）输入阻抗

输入阻抗取决于输入电路，并与量程有关。输入阻抗越大，对测量精度的影响越小。对于直流 DVM，输入阻抗用输入电阻表示，一般为 10～1000 MΩ。对于交流 DVM，输入阻抗用输入电阻并联电容来表示，电容量一般为几十至几百皮法。

6）抗干扰能力

DVM 的测量准确度和分辨力是在忽略内外干扰的条件下提出的。由于 DVM 灵敏度很高，在实际测量中，会受到内部元器件的噪声或外部电磁感应及电源等的影响，因而抗干扰能力是 DVM 的一项重要指标。根据干扰信号的加入方式不同，DVM 的干扰分为共模干扰和串模干扰两种，如图 2-9 所示。在图 2-9（a）中，干扰电压 U_{nm} 与被测电压 U_x 串联加到 DVM 两个输入端 H（电位高端）和 L（电位低端）之间，故称为串模干扰。在图 2-9（b）中，干扰电压 U_{cm} 同时作用于 DVM 的 H、L 端，故称为共模干扰。串模干扰一般来自信号本身，如电源纹波、测量接线上的工频干扰等。共模干扰往往是由于系统的接地问题，被测电压与 DVM 相距较远，以致两者地电位不一样而引起干扰。仪器中采用共模抑制比和串模抑制比来表示 DVM 的抗干扰能力。一般共模抑制比为 80～150 dB，串模抑制比为 50～90 dB。

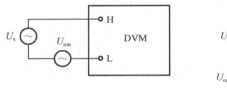
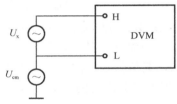

（a）串模干扰 　　　　　　　　　　（b）共模干扰

图 2-9　数字式电压表的串模干扰和共模干扰示意图

DVM 抑制串模干扰的措施有两种，一是在输入端设置滤波器；二是从 A/D 转换原理上采用双积分电路来消除干扰。DVM 抑制共模干扰主要采用输出浮置的办法。

5. 数字多用表的组成与特点

1）组成框图

具有测量直流电压、直流电流、交流电压、交流电流及电阻等多种功能的数字测量仪器称为数字多用表（Digital MultiMeter，DMM），

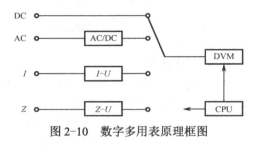

又称数字万用表。其原理框图如图 2-10 所示。以测直流电压的 DVM 为基础，通过各种转换器，如 AC/DC 变换、I-U 变换、Z-U 变换等，将这些物理量转换为直流电压再进行测量，从而可以组成多用型数字电压表。有的 DMM 内置 CPU，可实现自动化测量。

图 2-10　数字多用表原理框图

2）数字多用表的特点

近年来，DMM 得到迅速普及，在便携式和台式两种分类上性能都有很大提高。其主要特点如下。

（1）功能扩展。DMM 可进行直流电压、交流电压、电流、阻抗等的测量，有的还可进行频率的测量。

（2）测量分辨力和精度有低、中、高三个挡级，位数为 $3\frac{1}{2}\sim 8\frac{1}{2}$。

（3）一般内置微处理器。可实现开机自检、自动校准、自动量程选择，以及测量数据的存储、处理（求平均、均方根值）等自动测量功能。

（4）一般具有外部通信接口，如 RS-232、USB、GPIB 甚至网络接口，易于组成自动测试系统。

扫一扫看典型仪器 UT632 型数字交流毫伏表教学课件

典型仪器 2　UT632 型数字交流毫伏表

扫一扫看 UT632 型数字交流毫伏表使用方法视频

UT630 系列数字交流毫伏表采用了单片机控制和液晶显示技术，可两通道同时测量同时显示，适用于测量频率 5 Hz～2 MHz，电压 400 μV～400 V 的正弦波有效值电压。它具有量程自动/手动转换功能；4 位数显，小数点自动定位，单位自动变换；测量精度高，最高分辨力 1 μV；具有过压和欠压指示；输入、输出都悬浮，使用安全。

1. 前面板

UT632 型数字交流毫伏表前面板如图 2-11 所示，面板具体内容如下。

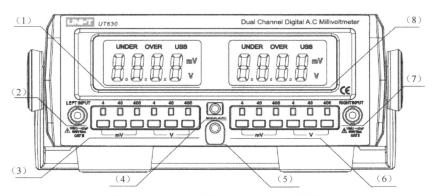

图 2-11　UT632 型数字交流毫伏表前面板

（1）左通道显示窗口。

（2）左通道输入插座。

（3）左通道手动量程选择按键与指示灯。

（4）左通道按下自动、弹起手动量程转换开关。

（5）右通道按下自动、弹起手动量程转换开关。

（6）右通道手动量程选择按键与指示灯。

（7）右通道输入插座。

（8）右通道显示窗口。

2. 后面板

UT632 型数字交流毫伏表后面板如图 2-12 所示，面板具体内容如下。

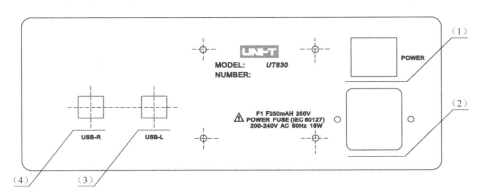

图 2-12　UT632 型数字交流毫伏表后面板

（1）电源开关。　　　　　　　　（2）电源插座。

（3）左通道 USB 接口。　　　　　（4）右通道 USB 接口。

USB 接口用于将数字电压表与计算机相连，传输数据。

3. 主要技术指标

（1）测量电压范围：400 μV～400 V，分辨率 1 μV，四位 LCD 数显，最大显示 4040。分六个量程：4 mV、40 mV、400 mV、4 V、40 V、400 V。

（2）频率响应范围：5 Hz～2 MHz。

（3）固有误差（以 1 kHz 为基准，环境温度 23±5℃，相对湿度<60%，大气压力 86～106 kPa）：

电压测量误差：4 mV 挡时为±（1%+15 个字）；400 V/1 kHz 挡时为±（3%±20 个字）；其余挡位±（0.5%+15 个字）。

频率响应误差：4 mV 挡，200 Hz～500 kHz 时为±（1%+0.1 mV）；

10～200 Hz、500 kHz～2 MHz 时为±（2%+0.1 mV）；

5～10 Hz 时为±（4%+0.1 mV）。

其他挡，200 Hz～500 kHz 时为±（3%+20 个字）；

5～200 Hz、500 kHz～2 MHz 时为±（5%+20 个字）。

（4）输入阻抗：输入电阻≥10 MΩ，输入电容≤47 pF。

（5）最大输入电压：600 V（DC+ACp–p）。

（6）噪声电压：在输入端良好短路时小于 18 个字。

（7）挡位选择：自动/手动。

（8）过载显示：低于量程电压的 8%显示"UNDER"，低于量程电压的 5%自动清零；超出量程电压的 5%显示"OVER"，超出量程电压的 10%显示"O.L"。

4. 使用方法

（1）按下面板上的电源按钮，接通电源，仪器进入初始状态，预热 15 min，输入信号。

（2）UT632 有两个输入端，可以通过左通道或右通道单独输入被测信号，也可以两个通道同时输入两个被测信号。两通道的测量方法、量程大小都可以分别设置，互不影响。

（3）手动测量。"L"、"R"按键弹起时，量程处于手动状态，可用量程选择按键选择相应的量程，同时对应的指示灯亮。使用手动量程时，在输入测试信号大小未知时，应先选"400V"量程，然后再根据"过压"和"欠压"指示手动选择相应的量程。

（4）自动测量。"L"、"R"按键按下时，量程处于自动状态，此时所有量程选择按键均不起作用。当显示电压超出满量程的 5%时，自动跳到上一量程测试，同时对应的量程指示灯亮；当显示电压低于满量程的 8%时，自动跳到下一量程测试，对应的量程指示灯亮。

实训 2　UT632 型数字交流毫伏表的使用

1. 实训目的

（1）熟悉 UT632 型数字交流毫伏表的面板装置及其操作方法。

（2）掌握不同频率、不同幅值正弦波的电压测量。

2. 实训器材

（1）UT632 型数字交流毫伏表 1 台。

（2）信号发生器 1 台。

（3）数字示波器 1 台。

3．实训内容

（1）调节信号发生器，按表 2-3 输出不同频率、不同幅值的正弦波，用数字示波器监测，记录数字示波器显示的被测信号有效值。

（2）接着用 UT632 型数字交流毫伏表的合适量程，测量正弦波的电压值，将测量数据记录在表 2-3 内。

表 2-3　UT632 型数字交流毫伏表的电压测量

频　率	峰-峰值	数字示波器有效值读数	UT632电压读数	由峰-峰值计算出的有效值
100 Hz	1 V			
1 kHz	3.8 V			
465 kHz	150 mV			
1 MHz	800 μV			

（3）比较数字示波器和数字交流毫伏表的测量结果是否接近。

4．实训报告

（1）记录实训步骤和实训结果，分析所得数据的正确性。

（2）针对记录过程中遇到的问题，分析原因并写出解决方法。

5．思考题

所使用的数字万用表的电压挡各量程的分辨力分别是多少？

知识拓展 2　电子测试工装

1．电子测试工装的内涵

扫一扫看电子测试工装图片

工装即工艺装备，指制造过程中所用的各种工具和附加装置的总称，包括刀具、夹具、模具、量具、检具、辅具等。电子测试工装是为了方便电子半成品、成品的测试而制作的工装。测试工装的使用对保证电子产品检验质量、提高测试效率和改善劳动条件等起到重要作用。

对生产线上的电子产品进行性能指标测试是一种大批量的重复性测试工作，尤其对于需要全数检验的工序，在保证检测质量的前提下，检测速度也要跟上生产速度，才能使生产顺利进行。因此，专门用于电子产品调试和检测的工装应运而生。比较常见的电子测试工装有各种夹具（又称治具）、测试针床、专用测试仪器等。如二极管测试夹具，用来固定被测二极管，测试装备周围接上仪器，实现二极管性能参数测试，可同时测量多个参数；再如 ICT 测试夹具，用来和测试仪器组合成 ICT 测试仪，对焊接完成后的 PCBA 进行自动化的性能测试。目前，电子行业过程调试和检测岗位大多采用机电一体化的工装，通过计算机控制，实现自动化或半自动化测试，并且对被测件完成自动分拣，分离出良品和不良品。

2. 电子测试工装的基本要求

电子测试工装用于满足电子半成品、成品的性能检测，其设计与制作要满足一定的要求，主要有以下几个方面。

（1）制作上，要求简单方便，便于拆装。

（2）操作时，要求定位准确，具有唯一性。

（3）测试时，要求电路板受力分布适当，不得损坏被测件。

（4）要求有利于快捷测试，提高测试效率。

3. 电子测试工装的标准化

随着科技的日新月异，电子制造业新品不断涌现，针对新型电子产品（元器件、电路板、半成品、成品、整机）的检测工装必须在尽量短的时间内设计制造出来。为缩短测试工装设计和制作的周期，节约人力物力，企业测试工装应尽可能标准化，其具体内容有以下几方面。

（1）压缩测试工装的品种规格，提高工艺装备的通用性。

（2）尽量采用标准的测试工装，如国家标准、行业标准或企业标准的测试工装。

（3）自行设计测试工装时，应尽量采用标准零部件，提高零部件的标准化系数。

（4）扩大已有测试工装的应用范围，提高工装的重复利用率。

4. 电子测试工装的设计内容

对于自主研发并生产电子产品的企业，很多情况下针对所设计的电路板的测试工装是非标准的，需要自行设计与制作。设计检验测试工装前，需准备相关 QCP 接线图资料、线路图、空白 PCB、PCBA、成品机，如有必要应提供产品规格书及相关的设计输出调试说明，以及与工装设计有关的国家标准、行业标准、企业标准、典型工艺装备图册及企业设备样本等。下面简单介绍电路板性能指标测试中，测试工装的设计内容。

1）测试点的选取

首先依据产品的调试和检验文件，确定需要检测的内容。根据检测内容找到对应的元器件引脚或测试点，通常测试点为电路板的输入、输出、电源等节点。测试点应挑选探针易于可靠接触的位置，分析相邻待测点间的工作电压，确定合适的安全测试点。

2）定位点的选取

定位点的选取要保证电路板装入测试工装时位置的唯一性，保证电路板装入时的便利性及安全性。定位点位置通常选取电路板最外围的安装孔。图 2-13 所示为装有定位支架和平头探针的测试工装。

3）支架材料的选取

支架是测试工装的主体，用于固定工装上的器件、探针与连接线。根据电路板结构、受力状态及各种材料的特性，选取合适的支架材料。支架材料包括有机玻璃、胶木板、玻璃纤维、金属板材等，最常见的材料为 10 mm 厚的有机玻璃，其优点是便于加工。图 2-14 所示为有机玻璃材料经精密铣床加工而成的支架，上面安装了探针针管套。

图 2-13　装有定位支架和平头探针的测试工装

图 2-14　装有探针针管套的支架局部

4）探针的选取

探针是测试工装的重要部件，它直接接触被测电路板上的测试点，用以输入或取出信号。探针主要由针管、弹簧、针头三部分组成，如图 2-15（a）所示。针管主要以铜合金为材料，外面镀金。弹簧主要是琴钢线和弹簧钢，外面镀金。针头主要是工具钢镀镍或者镀金。三部分组装成一根探针。另外还有外套管，可以连接焊接线。当测试电路板未嵌入工装时，探针头完全露出；当测试电路板嵌入工装后，探针会被压下一定高度，探针内弹簧弹力释放，使探针头很好地与测试点接触。

通常电路板的测试探针有很多的规格，探针的选取原则是：信号类、小电流类测试类型，且有平坦测试点的宜选取探头尖锐的探针；元器件焊脚类测试点，宜选用梅花探针；测试点是焊盘孔时宜选用圆锥探针；测试点为大电流焊脚时宜选用内凹形探针；测试点为大电流平坦焊盘时，宜选用平头探针。图 2-15（b）所示为各种形状的探针头。

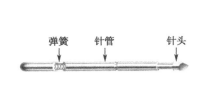

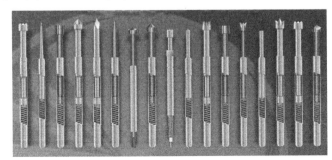

（a）探针结构图　　　　　　　　　　　（b）各种形状的探针头

图 2-15　探针

5）按压点（区）的选取

测试电路板要被稳定地固定在工装上以便测试，通常采用具有联动装置的固定夹具，夹具的施力点（区）即按压点（区）。通常应选取能承压并能平衡探针弹力的器件顶部作为按压点（区）。如图 2-16 所示，按压点（区）加在测试电路板上的向下的力，与探针施予测试板的向上的力正好平衡。

6）测试机架结构的选取

以操作灵活性、联动性、结构牢固耐用性、安全性为结构设计原则。根据 PCBA 组件及需配合的外围器件数量、尺寸及生产工位大小、测试工艺安排，确定测试机架具体尺寸和结构。要综合考虑按压部件的行程、测试电路板放入和取下的方便性、测试线路的布局等方面。如图 2-17 所示为扣压式结构，图 2-18 所示为插座式结构。

图 2-16　按压点（区）选取实例

图 2-17　测试机架结构选取实例——扣压式结构

另外，以作业员双手作业为原则，在工装上设置开关、电源接线柱、输入信号和输出信号等控制端子和连接端子，用以控制测试及连接外围设备。有时为了读取数据更便捷，甚至将仪表的表头做在工装上，如图 2-17 所示。

5. 测试工装的使用

（1）将测试工装放置在铺有绝缘橡胶的测试台上，检查各组成部件的功能是否正常，如定位柱、接线柱、探针等与支架间的紧密程度。

（2）根据操作的合理性，正确放置测试仪器，并将电源线和信号线接入测试工装。例如，图 2-19 所示为声频放大电路测试工装与检测仪器的连接示意图。

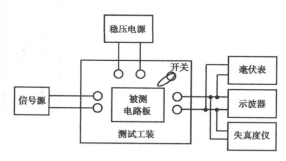

图 2-18　测试机架结构选取实例——插座式结构　图 2-19　声频放大电路测试工装与检测仪器的连接示意图

（3）将测试电路板嵌入测试工装，检查其固定状况以及探针和测试点的接触是否良好。

（4）根据检验规程，加电测试，观察并记录测试数据。

6. 电子测试工装的发展趋势

随着电子产品面向的领域越来越广泛，电子制造业的测试工装也越来越多样化、系统化。目前电子测试工装的发展趋势有如下几个特点。

（1）用于成品检测的工装增多。

（2）随着环境试验（高低温试验）的增多，用于高低温测试的工装将增多。

（3）连续试验型工装增多。

（4）特殊行业用试验工装增多。

（5）向高效率、低劳动强度的全自动工装方向发展。

2.2　测量用信号源基础

扫一扫看测量
用信号源基础
教学课件

2.2.1　测量用信号源的用途与分类

1. 测量用信号源的用途

测量用信号源又称信号发生器，是最基本和应用最广泛的电子测量仪器之一。如图 2-20 所示，它可以产生波形、频率、幅值、调制特性都可以调节的电压、电流信号来激励被测电路与设备，用其他测量仪器观察和测量被测对象的输出响应，以分析确定被测对象的性能参数。

图 2-20　测量用信号源的用途

测量用信号源的用途一般有以下几个方面。

（1）测量元件参数，如用正弦信号作为激励，测量电感及 Q 值、电容及损耗角等。

（2）在正弦信号的激励下，测量网络的幅频特性、相频特性等。

（3）测试接收机的性能，如用调制信号作为激励，测试接收机的灵敏度、选择性等。

（4）测量网络的瞬态响应，如用方波或窄脉冲作为激励，测量网络的阶跃响应、冲激响应和时间常数等。

（5）校准仪表，用输出频率、幅度准确的信号校准仪表的衰减器、增益及刻度等。

（6）信号仿真，利用信号源产生模拟实际环境特性的信号，如干扰信号、噪声信号等，对电子设备进行仿真测量。

除了在电子测量方面的应用外，信号发生器在其他领域也有广泛应用，如医学上的超声波探伤、机械部门的超声波探测裂缝、中低频家用理疗仪器等。

2. 测量用信号源的分类

信号发生器用途广泛、种类繁多，它分为通用信号发生器和专用信号发生器两大类。专用仪器是为某种专用目的而设计制作的，能够提供特殊的测量信号，如调频立体声信号发生器、电视信号发生器等。通用信号发生器具有广泛而灵活的应用性，可以按以下类别进行分类。

1）按输出信号波形分类

根据所输出信号波形的不同，信号发生器可分为正弦信号发生器和非正弦信号发生器。非正弦信号发生器又可以分为函数信号发生器、脉冲信号发生器、扫频信号发生器、数字序列信号发生器、噪声信号发生器等。正弦信号发生器在线性电子系统的测试中应用最广；脉冲信号发生器主要用来测量数字电路的工作特性和模拟电路的瞬态响应。典型信号波形及其主要特性如表 2-4 所示。

表 2-4　典型信号波形及其主要特性

名　称	波形示意图	主　要　特　性
正弦波信号		正弦波信号是电子系统中最基本的测试信号，频率从微赫兹至几十吉赫兹。多数信号源都具备正弦波输出功能
函数信号		通常包含正弦波、方波、三角波三种，有的还包含锯齿波、脉冲波、梯形波、阶梯波等波形，频率从几赫兹至上百兆赫兹
扫频信号		频率可在某区间有规律地扫动，多数扫频源以正弦波扫频，也有以方波、三角波扫频的。扫频方式有线性扫频，还有非线性的对数扫频
脉冲信号		输出的脉冲信号可按需要设置其重复频率、脉冲宽度、占空比、上升及下降时间等参数。有的脉冲信号还有双脉冲输出
数字序列信号		可按编码要求产生 0/1 逻辑电平（多为 TTL 或 ECL 电平），也称数据发生器、图形或模式发生器。通常是具备多路数字输出的
噪声信号		提供随机噪声信号，具有很宽的均匀频谱。常用于测量接收机的噪声系数或调制到高频、射频载波上作为干扰源
伪随机信号		它是一串 0/1 电平随机编码的数字序列信号，因其序列周期相当长（在足够宽的频带内产生相当平坦的离散频谱），故有点类似随机信号
任意波形		能产生任意形状的模拟信号，例如，模仿产生心电图、雷电干扰、机械运动等形状复杂的波形
调制信号		将模拟信号或数字信号调制到射频载波信号上，以便于远程传输。调制方式通常包括调幅、调频、调相、脉冲调制、数字调制等
数字矢量信号		通过正交调制（I-Q 调制），可以同时传递幅度和相位信息，故称为数字矢量信号源

2）按输出信号的频率覆盖范围分类

根据输出信号的频率覆盖范围，信号发生器可分为超低频、低频、视频、高频、甚高频、超高频信号发生器。它们的频率范围及应用如表 2-5 所示。其中，超高频信号发生器产生的信号工作在厘米波或更短波长，常被称为微波信号发生器。

表 2-5 各种信号发生器的频率范围及应用

类 型	频 率 范 围	主 要 应 用
超低频信号发生器	0.000 1～1000 Hz	电声学、声呐
低频信号发生器	1 Hz～1 MHz	低频电子技术
视频信号发生器	20 Hz～10 MHz	无线电广播
高频信号发生器	200 kHz～30 MHz	高频电子技术
甚高频信号发生器	30～300 MHz	电视、调频广播
超高频信号发生器	300 MHz 以上	雷达、导航、气象

3）按产生频率的方法分类

根据产生频率的方法不同，信号发生器可分为谐振式信号发生器和频率合成式信号发生器两种。传统信号源大多采用谐振法，利用谐振回路产生正弦振荡，并选择所需频率的信号。合成信号发生器是一种基于频率合成技术，能产生准确而稳定频率的高质量信号发生器。它一般采用微处理器作为控制电路，智能化、自动化程度高，是目前应用最广泛的信号发生器。

4）按应用领域分类

根据应用领域的不同，信号发生器在广义上分为混合信号发生器和逻辑信号发生器两大类。混合信号发生器针对模拟信号的应用，又分为任意函数发生器和任意波形发生器。逻辑信号发生器针对数字信号的应用，又可以分为脉冲发生器和码型发生器。

5）按调制方式分类

按调制方式的不同，信号发生器可分为调频、调幅、调相、脉冲调制等类型。

2.2.2 测量用信号源的主要性能指标

测量用信号源的技术指标主要有频率特性、输出特性、调制特性三大指标。

1. 频率特性

1）有效频率范围

各项指标均能得到保证时的输出频率范围称为信号发生器的有效频率范围。

2）频率准确度

频率准确度是指输出信号频率的实际值 f 与其标称值 f_0 的相对偏差，一般用相对误差表示，表达式为

$$a = \frac{f - f_0}{f_0} \times 100\% = \frac{\Delta f}{f_0} \times 100\% \qquad (2-3)$$

式中，f 为信号源实际输出的频率，由频率计等其他仪器测得；f_0 是信号源输出信号的标称值，是仪器度盘或数字显示的输出信号频率。

3）频率稳定度

频率稳定度是指在预热后，信号源在规定时间内频率的相对变化，它表征信号源维持

工作于某一恒定频率的能力。频率稳定度分为长期稳定度和短期稳定度。频率长期稳定度是指长时间内频率的变化，如 3 h、24 h。频率短期稳定度定义为信号发生器经规定的预热时间后，频率在规定的时间间隔（15 min）内的最大变化。频率短期稳定度 δ 的表达式为

$$\delta = \frac{f_{max} - f_{min}}{f_0} \times 100\% \tag{2-4}$$

式中，f_{max} 和 f_{min} 分别为信号频率在任意 15 min 时间间隔内的最大值和最小值；f_0 为被测信号频率的标称值。频率长期稳定度计算公式与式（2-4）类似。

2. 输出特性

信号发生器的输出特性指标一般包括输出电平范围、输出电平的频率响应、输出电平准确度、输出阻抗及输出信号的频谱纯度等。

1）输出电平范围

输出电平范围是指信号发生器输出信号幅度的有效范围，即最大电平与最小电平间的可调范围。输出电平幅度可用电压（V、mV、µV）和分贝（dB）两种方法表示。

2）输出电平的频率响应

输出电平的频率响应即输出信号的平坦度，指在有效频率范围内调节频率时，输出电平的变化程度。

3）输出电平准确度

输出电平准确度指输出电压的实际值与标称值之间的偏差。

4）输出阻抗

若负载与信号发生器输出阻抗不匹配，则信号发生器输出电压的读数是不准确的，故信号发生器的输出阻抗一般有多个数值供选择。信号发生器的输出阻抗视信号发生器类型不同而不同，合成信号发生器的输出阻抗一般有"50 Ω"和"高阻"两种选择。

5）输出信号的频谱纯度

输出信号的频谱纯度反映输出信号接近理想标准信号的程度，一般用杂散分量和相位噪声来衡量。杂散分量又称寄生信号，分为谐波分量和非谐波分量两种，主要由频率形成过程中的非线性失真产生。相位噪声实际是指正弦信号频率的短期稳定性，是衡量输出信号相位抖动大小的参数。

3. 调制特性

信息一般是待传输的基带信号，即调制信号，其特点是频率较低、频带较宽且相互重叠，为了适合单一信道传输，需要进行信号调制，将待传输的基带信号加载到高频载波信号上，合成便于传输的已调信号。现代信号发生器除能输出正弦波、三角波等信号外，还能输出已调信号，是测试通信设备不可缺少的仪器。

信号发生器的调制特性包括调制方式、信源类型、调制线性等。

1）调制方式

调制方式指基带信号加载到高频载波信号的方式。信号发生器能输出调幅信号（AM）、调频信号（FM）、调相信号（PM）、脉冲调制信号（PWM）、频移键控信号

（FSK）、幅度键控信号（ASK）等。

2）信源类型

信源类型指调制信号的来源。当调制信号由信号发生器内部产生时，称为内调制；当调制信号由外部加到信号发生器进行调制时，称为外调制。调制信号的频率可以是固定的，也可以是连续变化的。

3）调制线性

按照传输特性，调制过程可分为线性调制和非线性调制。线性调制指已调波中被调参数随调制信号成线性变化的调制过程。

2.3　信号发生器与仪器应用

扫一扫看信号发生器与仪器应用教学课件

2.3.1　合成信号发生器的组成

通用信号发生器采用谐振等方法产生信号波形，其中低频信号发生器常以 RC 文氏电桥振荡器做主振器，高频信号发生器常以 LC 振荡器做主振器。这种以 RC、LC 振荡器为主振器的信号源，其频率准确度和频率稳定度只能达到 $10^{-2} \sim 10^{-4}$ 量级。这类仪器主要由模拟电路组成，其输出信号频率和幅度的调节一般需要通过调节旋钮、开关来实现，操作自动化程度不高。由于单一主振器的频率覆盖系数（即最高频率与最低频率之比）低，波形种类有限，故通用信号发生器分为低频信号发生器、高频信号发生器、函数信号发生器、脉冲信号发生器等多种信号发生器。谐振式信号发生器详见教材第 1 版。

合成信号发生器基于频率合成技术，以一个或几个石英晶体振荡器产生的信号频率为基准频率，通过进行频率的加、减（混频）、乘（倍频）、除（分频）运算，从而合成所需的一系列频率。通过合成产生的各种频率信号，其频率稳定度可以达到与基准频率源相同的量级，即与石英晶体振荡器的稳定度 10^{-8} 量级相同。

频率合成技术支持信号发生器方便地实现在很宽的范围内对输出频率进行精细的调节，可实现多种调制功能，可产生多种波形输出，故一台合成信号发生器能具备通用信号发生器中的低频信号发生器、高频信号发生器、函数信号发生器、脉冲信号发生器等多种信号发生器的功能，还具有任意波形的编辑和输出功能，可实现与其他仪器或计算机的连接，实现远程控制等功能。现代测量和现代通信技术对信号发生器频率的准确度和稳定度的要求越来越高，对信号发生器的波形种类和参数设置要求也越来越高，故合成信号发生器应用日益广泛。

合成信号发生器具有很强的频率精度和长期稳定度，一般都采用微处理器系统作为控制器，协调各部分工作。合成信号发生器的基本组成框图如图 2-21 所示。

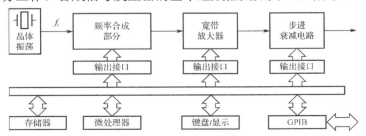

图 2-21　合成信号发生器的基本组成框图

这是一个典型的智能仪器结构。通过操作仪器面板上的键盘，形成一定格式的指令，再由微处理器按指令去控制信号发生器中相应的功能部件。合成信号发生器操作简便、准确，信号频率和幅度的分辨力小。当信号发生器备有 GPIB 接口时，还可以进行自动测试和远程通信。

合成信号发生器的核心部件可大致分为频率合成部分和输出部分（含宽带放大器和步进衰减电路等）。频率合成部分用于产生用户设定的频率；输出部分用于控制用户设定的输出幅度。使用时，用户只要通过仪器面板的按键输入数据，对需要合成的信号频率和输出幅度值进行设定，便能在输出端得到所需信号。

2.3.2　频率合成的方法

频率合成技术产生于 20 世纪 60 年代，随着集成电路技术的发展还在不断发展和完善。当前频率合成方法可分为直接模拟频率合成法、锁相频率合成法和直接数字频率合成法三种。

1．直接模拟频率合成法

早期的频率合成利用倍频、分频、混频及滤波等技术，对一个或多个基准频率进行算术运算来产生所需要的频率。由于倍频器、分频器、混频器及滤波器大多采用模拟电路来实现，所以这种方法称为直接模拟频率合成法。

直接模拟频率合成法原理框图如图 2-22 所示。它可以根据需要选择各种输出频率，图中输出频率为 5.937 MHz。工作时，晶振产生 1 MHz 的基准频率，经谐波发生器产生相关的 1 MHz，2 MHz，…，9 MHz 等基准频率，然后通过多级十进制分频器、混频器的运算，最后产生 5.937 MHz 的输出信号。可见，只要选取不同挡的谐波进行组合，就能获得所需高稳定度的频率信号。

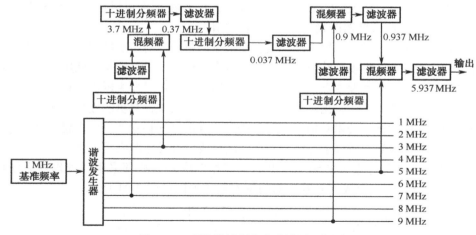

图 2-22　直接模拟频率合成法原理框图

由于频率合成器中只有一个 1 MHz 的基准频率，其他频率都是通过谐波发生器分频得到的一组组相干的频率，因此，这种频率合成器称为相干式频率合成器。

用多个石英晶体振荡器产生多个基准频率，再对这些基准频率通过混频等运算产生输出信号的频率合成器称为非相干式频率合成器。

直接模拟频率合成法的优点是工作可靠，频率切换速度快，相位噪声低。但它需要大量的倍频器、分频器、混频器，以及可调的窄带滤波器，难以集成，体积庞大，价格昂贵。

2. 锁相频率合成法

锁相频率合成法利用锁相环（PLL）把压控振荡器（VCO）的输出频率锁定在基准频率上，同时，利用一个基准频率，通过不同形式的锁相环合成所需的各种频率。由于锁相频率合成的输出频率间接取自 VCO，所以该方式也称间接频率合成法。

锁相频率合成法原理框图如图 2-23 所示。石英晶体振荡器提供基准频率源 f_r，参考分频器将基准频率源经 N_1 分频后送入鉴相器，而压控振荡器输出的频率经分频器 N_2 分频后也送入鉴相器，鉴相器将这两个信号的相位差以电压形式输送给环路滤波器，滤除高频分量和噪声后，送压控振荡器，压控振荡器根据输入电压大小，改变输出信号的频率，完成频率跟踪功能。最后得到 $f_r / N_1 = f_o / N_2$，$f_o = (N_2 / N_1)f_r$，可见输出信号 f_o 具有与晶振信号 f_r 相同的稳定度，且可通过分频器调整输出频率大小。

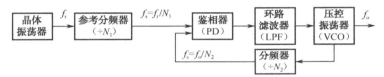

图 2-23　锁相频率合成法原理框图

锁相环路相当于一个窄带跟踪滤波器，它代替了大量的可调窄带滤波器，简化了结构，且易于集成和用计算机进行控制。不足之处是其频率切换时间相对较长，相位噪声大。

3. 直接数字频率合成法

直接数字频率合成法于 1971 年被首次提出，又称 DDS 或 DDFS（Direct Digital Frequency Synthesis），是从相位概念出发，直接合成所需波形的一种全数字式的频率合成技术。它利用相位累加器提供一定增量的地址，去读取数据存储器中的正弦采样值，再经 D/A 转换得到一定频率的正弦信号。该方法不仅可以直接产生正弦信号的频率，而且可以给出初相位，甚至可以给出不同形状的任意波形，这是前两种方法无法实现的。

1）直接数字频率合成法原理

直接数字频率合成法原理框图如图 2-24 所示。电路由相位累加器、波形存储器、D/A 转换器及低通滤波器组成。

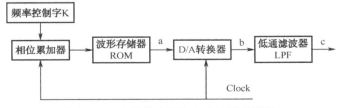

图 2-24　直接数字频率合成法原理框图

（1）波形存储器

以合成正弦波为例，波形存储器的作用是把正弦信号的相位值转换为对应的幅度值。

在正弦信号的一个周期（360°）内，按相位划分为若干等份 $\Delta\phi$，将各相位所对应的幅值按二进制编码存入 ROM 中。设 $\Delta\phi=6°$，则一个周期共有 60 等份。由于正弦波对 180° 为奇对称，对 90° 和 270° 为偶对称，因此 ROM 中只需存储 0°～90° 范围的幅值码。若以 $\Delta\phi=6°$ 计算，在 0°～90° 之间共有 15 等份，其幅值在 ROM 中占 16 个地址单元。又因为 $2^4=16$，所以可按 4 位地址码对 ROM 进行寻址。现设幅值码为 5 位，则在 0°～90° 范围内的编码关系如表 2-6 所示。

表 2-6　正弦信号相位与幅度的关系

地址码	相位	幅度（满度值为 1）	幅值编码
0000	0°	0.000	00000
0001	6°	0.105	00011
0010	12°	0.207	00111
0011	18°	0.309	01010
0100	24°	0.406	01101
0101	30°	0.500	10000
0110	36°	0.588	10011
0111	42°	0.669	10101
1000	48°	0.743	11000
1001	54°	0.809	11010
1010	60°	0.866	11100
1011	66°	0.914	11101
1100	72°	0.951	11110
1101	78°	0.978	11111
1110	84°	0.994	11111
1111	90°	1.000	11111

（2）相位累加器

波形存储器 ROM 中存有正弦波的幅值码，相位累加器在时钟 Clock 的触发下，对频率控制字 K 进行相位累加，即每来一个时钟，相位累加器输出的数值就在当前结果上增加 K，通过改变相位增量来改变 DDS 的输出频率值。相位累加器输出的相位序列（相码）即波形存储器的地址，按此地址去寻址 ROM，得到一系列离散的幅度编码（幅码），如图 2-25（a）所示，这样就可以把存储在波形存储器中的波形数据送出，完成相位到幅值的转换。当相位累加器加满时，就会产生一次溢出，完成一个周期性的过程，同时开始进入下一个周期的过程，从而可以连续输出周期性的信号波形。

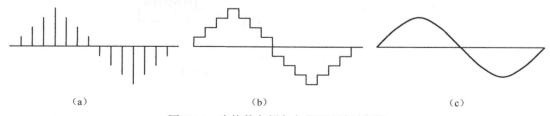

（a）　　　　　　　　　　（b）　　　　　　　　　　（c）

图 2-25　直接数字频率合成正弦波过程图

（3）D/A 转换器

D/A 转换器的作用是把合成的正弦波幅码值转换成包络为正弦波的阶梯波，如图 2-25（b）所示。D/A 转换器的位数应该与波形存储器的数据位数一致。D/A 转换器的分辨率越高，合成正弦波的台阶就越多，输出波形的精度就越高。

（4）低通滤波器

经 D/A 转换器后得到模拟的阶梯电压，再经过低通滤波器滤除许多非谐波分量，从而将包络为正弦波的阶梯波变为平滑的正弦波，如图 2-25（c）所示。

由此可知，直接数字频率合成的信号，其输出波形取决于波形存储器中存放的数据。因此，只需将要产生的任意波形数据存入存储器中，即可产生所需的任意波形。

2）直接数字频率合成（DDS）技术的特点

与传统的频率合成技术相比，DDS 技术具有如下明显的特点。

（1）频率分辨率高，频点数多。DDS 输出频率的分辨率和频点数随相位累加器的位数 N 呈指数增长，分辨力可达毫赫兹数量级甚至更小，可以认为 DDS 的最低合成频率为零频。因而 DDS 频率合成信号源输出频率的变化可以逼近连续变化。

（2）频率转换时间短。与锁相环的闭环反馈系统相比，DDS 是一个开环系统，无任何反馈环节，这种结构使得 DDS 的频率转换时间极短。DDS 频率转换时间可达纳秒数量级，比锁相频率合成法低几个数量级。

（3）信号相干。DDS 产生的所有频率都可以由标准的同一时钟源控制，因而很容易实现相干信号频率的产生和变换，在通信、雷达、导航等设备中有极宽广的应用前景。

（4）输出波形多样性。只要在 DDS 内部加上控制，就可以方便灵活地实现 AM、FM、PM、FSK、PSK、ASK 等调制。另外，只要在 DDS 的波形存储器中放入不同的波形数据，就可以输出各种函数波形，甚至是任意的波形。

（5）采用大规模数字集成，体积小，功耗低，重量轻，频率和相位易于程控。

除此之外，DDS 技术在相对带宽、相位连续性、相位噪声、正交输出及集成化等一系列指标方面都有良好的优势。近年来，DDS 技术获得了长足的进步，在跳频通信、电子对抗、自动控制和仪器设备等领域得到广泛的应用。

2.3.3　任意波形发生器的应用

在许多应用及研究领域，不但需要一些规则的信号，同时还需要一些不规则的信号，用于系统特性的研究，如某些电子设备的性能指标测试、系统中各种瞬变波形和电子设备中出现的各种干扰的模拟研究，以及自然界中的雷电、地震等无规律现象的研究。直接数字频率合成（DDS）技术的重要特点，就是可以产生任意波形。利用 DDS 技术设计的 DDS 信号发生器，分为任意波形发生器（Arbitrary Waveform Generator，AWG）或任意函数发生器（Arbitrary Function Generator，AFG）。这类仪器不仅可以产生可变频的载频信号、各种调制信号，同时还能与计算机配合，产生用户自定义的有限带宽的任意信号。DDS 信号发生器以其突出的优越性能，已成为现代电子测量中应用最广泛的信号发生器。

1. 任意波形发生器的功能

任意波形发生器的主要功能包括以下几方面。

1）函数发生功能

任意波形发生器能替代函数发生器提供正弦波、方波、三角波、锯齿波等波形，还具有各种调制和扫频能力。利用任意波形发生器的这一基础功能就能满足一般实验的信号需求。

2）任意波形生成

由于各种干扰的存在及环境的变化，实际电路中往往存在各种缺陷信号和瞬变信号，如过脉冲、尖峰脉冲、阻尼瞬变信号、频率突变信号等。任意波形发生器的一个重要功能就是产生这类波形信号，提供给待检测的设备或电路系统，以检测电路或芯片系统的实际性能。

3）信号还原功能

在军事、航空等领域，电路设计完成之后，需要做实验验证，而有些实验的成本很高或者风险性很大，如飞机试飞时发动机的运行情况。此时，可以利用任意波形发生器的信号还原功能，将现实环境下的各种不确定的信号采集下来，并通过计算机收集后发送给任意波形发生器存储，利用任意波形发生器不断地重复产生各种条件下无法预知或较难把握的信号波形，模拟相同的条件与环境，为电路的测试和验证提供稳定的信号源。

2. 任意波形发生器的组成

由于直接数字频率合成（DDS）技术的突出优点，目前大量的任意波形发生器是采用DDS技术的合成信号发生器，简称DDS信号源。实现DDS信号源的方法很多，有基于可编程逻辑器件（FPGA、CPLD）的方案，还有基于专用DDS芯片的方案。

基于功能强大的DDS芯片的DDS信号源，其组成框图如图2-26所示，由波形合成部分和波形输出部分组成。它可以产生正弦波、方波、锯齿波、脉冲波、噪声波、调制波、指数上升与下降波、sinc波、心电波等，也可由用户自己产生任意波。

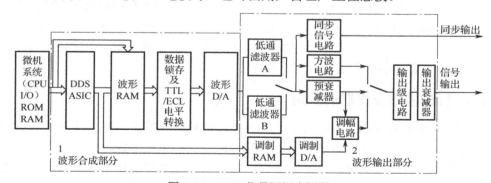

图2-26 DDS信号源组成框图

任意波形发生器基本都采用菜单显示、按键输入、手轮调节。微处理器通过接口电路控制键盘及显示部分，当有键按下时，微处理器识别出被按键的编码，然后转去执行该键的命令程序。显示电路使用菜单字符将仪器的工作状态和各种参数显示出来。

3. 任意波形的产生方法

任意波形发生器的核心是RAM中的波形数据，首先需要把欲产生的波形数据装入RAM中，即可产生相应的信号波形。装入波形数据的方法有：

1）表格作图法

表格作图法示意图如图 2-27 所示，将波形画在小方格纸上。纵坐标按幅度相对值进行二进制数量化，横坐标按时间间隔编制地址，然后制成对应的数据表格，按序放入 RAM 中。对常用的标准波形，可将数据固化于 ROM 或存入非易失性 RAM 中，以便反复使用。

若用计算机配备的电子绘图板、手写板等工具直接绘出所需波形存入波形存储器中，则更方便快捷。

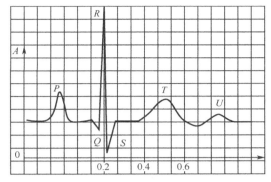

图 2-27　表格作图法示意图

2）用数学表达式

对能用数学方程描述的波形，先将其方程（算法）存入计算机中，使用时，再输入方程中的有关参量，计算机经过计算后提供波形数据；也可用多个表达式分段连接成一个组合的波形。

3）复制法

复制法是指将其他仪器（如数据采集器、数字示波器、X-Y 绘图仪等）获得的波形数据通过微机系统总线传输给波形数据存储器。该法适用于已采集的信号波形。有的任意波形发生器已配备了下载波形的相应软件，可以方便地复制各种波形。这为存储和再现自然界中的无规律信号提供了可能。

4. 任意波形发生器的主要技术指标

1）输出幅度

输出幅度指的是在输出波形不失真时的输出峰-峰值，在最小输出时应该符合信噪比的要求。通常输出幅度为 1 mV～5 V，负载为 50 Ω。

2）幅度分辨率

幅度分辨率为任意波形发生器能表现幅度细小变化的能力，它主要取决于 D/A 转换器的位数。D/A 转换器的位数越多，信号发生器中可以编程的最小电压增量就越小，即幅度分辨率越高。因此不少厂家直接以 D/A 转换器的位数作为幅度分辨率的指标。但是由于其他因素的影响，实际幅度分辨率往往略低于 D/A 转换器的位数。

另外，D/A 转换器的位数多会降低其工作速度，不利于输出信号频率的提高，故幅度分辨率一般为 10 位或略高。

3）任意波形长度或波形存储器容量

因为任意波形发生器的波形实质上是由许多样点拼凑出来的，样点多则可拼凑较长的波形，所以用点数来表示波形长度。

波形存储器容量也称波形存储器深度，是指每个通道能存储的最大点数。容量越大，存储的点数越多，表示波形随时间变化的内容越丰富，当然存储器的成本也相应越高。

4）采样率

任意波形发生器的采样率是指 D/A 转换器从波形存储器中读取数据的时钟频率。目前，任意波形发生器的采样率为 10～300 MSa/s，有的甚至达 2 GSa/s（Sa/s 为每秒采集点数）。

5）输出通道数

由于多通道输出更容易表现复杂波形间的相关关系，因此任意波形发生器大多采用两通道或多通道输出。例如，两路输出可以表现一组正交的信号波形，或表现发射出的雷达信号及接收到的反射波。若要表现地震波传送至不同位置的信号波形，鉴于各信号之间的幅度、相位甚至波形都发生了变化，需要多路任意波形发生器来模拟地震信号波形。

另外，任意波形发生器还有时钟准确度和稳定度、噪声系数、非线性失真、接口总线等技术指标。

5. 任意波形发生器的使用

各仪器生产厂家生产的任意波形发生器尽管面板设置各不相同，性能互有差异，但一些常规功能和波形参数设置内容都有其一致性，下面就一些信号波形的参数设置，以及一些功能的相关设置做简单介绍。

1）基本波形参数设置

任意波形发生器能输出的基本波形有正弦波（Sine）、方波（Square）、脉冲波（Pulse）、三角波/锯齿波（Ramp）、噪声波（Noise）等，除对信号的频率（周期）、幅值、偏移量进行设置外，针对不同波形的特点，还有各自特殊的参数可以设置，如图 2-28 所示。正弦波可以设置初相位，方波可以设置占空比，脉冲波可以对脉冲宽度和延迟时间进行设置，三角波可以通过设置对称性而成为锯齿波（斜波），噪声波可以设置其均值和方差。

（注：噪声波没有频率设置。仪器一般提供带宽为 50 MHz 的高斯白噪声。）

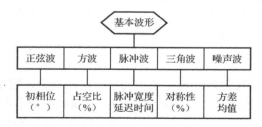

图 2-28　基本波形参数设置示意图

其中，三角波对称性数值的设置，可改变锯齿波处于上升周期的时间所占周期的百分比。脉冲波的脉宽分为正脉宽和负脉宽。正脉宽指上升沿的 50% 到相邻下降沿的 50% 的时间间隔；负脉宽指下降沿的 50% 到相邻上升沿的 50% 的时间间隔，可以设置为 ns、μs、ms、s 等多种数量级。

2）特殊波形参数设置

任意波形发生器除能产生基本信号波形外，还能产生一些特殊波形，如扫频信号、脉冲串、调制信号及任意波信号等。

（1）扫频信号（Sweep）

如图 2-29（a）所示，扫频信号是正弦波信号的频率随时间在一定范围内反复扫描，用于测试设备的频率特性。扫频信号的参数设置要点是触发选择、频率边界、扫描类型、扫描时间、扫描方向等，如图 2-29（b）所示。其中频率边界可使用起始频率和终止频率，或使用中心频率和频率范围两种方式来设置，频率设置单位有μHz、mHz、Hz、kHz、MHz 等多种数量级。

注意：当选择外部触发源时，每收到一个从后面板"Trigger"输入端输入的触发脉冲（TTL），信号发生器就输出一个扫描输出信号，如图 2-29（c）所示。

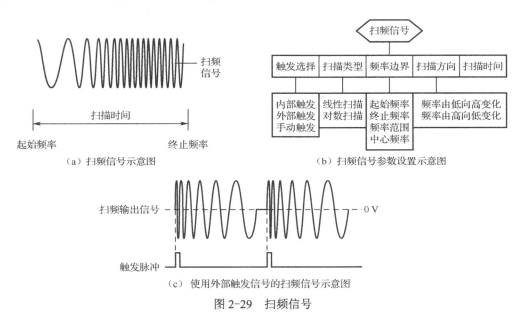

（a）扫频信号示意图　　　　　　　　（b）扫频信号参数设置示意图

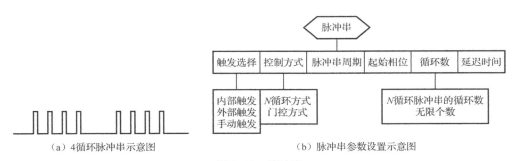

（c）使用外部触发信号的扫频信号示意图

图 2-29　扫频信号

（2）脉冲串（Burst）

任意波形发生器提供多种波形的函数脉冲串输出，可持续输出特定数目的波形循环（N循环脉冲串）或应用外部门信号控制（门控脉冲串），也可使用任意波形函数来生成脉冲串。如图 2-30（a）所示为 4 循环脉冲串示意图。

脉冲串的参数设置要点是触发选择、控制方式、脉冲串周期、起始相位、循环数（或无限个）、延迟时间等，还可以选择波形为正弦波、脉冲波等，如图 2-30（b）所示。

（a）4循环脉冲串示意图　　　　　　　（b）脉冲串参数设置示意图

图 2-30　脉冲串

（3）调制信号（MOD）

调制就是将有用信号加载到高频信号上的过程。任意波形发生器提供丰富的调制功能，一般包括 AM、FM、PM、FSK、ASK 和 PWM 等。根据不同的调制类型，需要设置不同的调制参数。

① 幅度调制：即调幅，AM。AM 波形由载波和调制波组成，调幅信号的幅值与调制波幅值有关。如图 2-31 所示为调制信号是三角波的调幅信号波形。

② 频率调制：即调频，FM。FM 波形由载波和调制波组成，调频信号的频率随调制波的幅度而变化。如图 2-32 所示为调制信号是正弦波的调频信号波形。

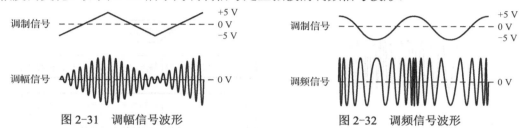

图 2-31　调幅信号波形　　　　　　　　　图 2-32　调频信号波形

③ 频移键控调制（FSK）：存在载波频率和跳变频率，其输出在载波频率和跳变频率间跳变。内部触发信号是占空比为 50% 的方波，触发信号为逻辑低电平时，输出载波频率；触发信号为逻辑高电平时，输出跳变频率，如图 2-33 所示。当选择外部触发时，触发信号由后面板的"Trigger"输入端输入。

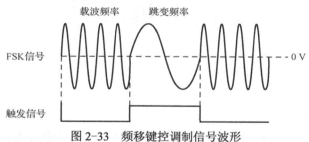

图 2-33　频移键控调制信号波形

④ 调制信号的参数设置：幅度调制（AM）时，可对调幅频率、调制深度、调制波形和信源类型等参数进行设置；频率调制（FM）时，可对调频频率、频率偏移、调制波形和信源类型等参数进行设置；相位调制（PM）时，可对调相频率、相位偏差、调制波形和信源类型等参数进行设置；频移键控调制（FSK）时，可对键控频率、载波频率、跳频和信源类型等参数进行设置；幅度键控调制（ASK）时，可对键控频率、载波频率和信源类型等参数进行设置；脉宽调制（PWM）时，可对调制频率、脉宽/占空比偏差、调制波形和信源类型等参数进行设置，如图 2-34 所示。

其中，调制波形可在正弦波、方波、三角波、锯齿波、任意波中选择；信源类型有内部和外部两种选择，调制信号为外部输入信号时，一般通过仪器后面板上的"MOD input"端子输入；幅度调制（AM）的调制深度为未调载波幅值与调制波形最小幅值偏差的比值，以百分比显示，可设置幅度变化的范围在 0%～120% 之间选择。

（4）任意波（ARB）信号

任意波形发生器可通过相应软件对任意波的波形参数进行设置，如设定频率、周期、

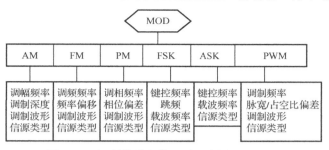

图 2-34　调制信号参数设置示意图（MOD）

幅值、高低电平、偏移量、相位等，获得想要的任意波形。还可以在仪器内部存储器中对任意波进行编辑波形和装载波形等的操作。任意波信号参数设置示意图如图 2-35 所示。

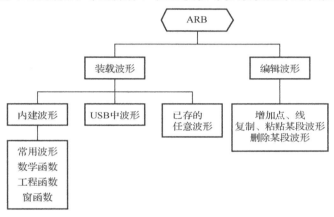

图 2-35　任意波信号参数设置示意图

　　任意波形发生器内部存储有多种函数波形，以供装载。还可以装载外插 U 盘中的波形。装载已存的任意波形即选择存储在非易失性存储器中的任意波形。编辑波形即可以对选中的波形进行增加点、线，复制、粘贴某段波形，删除某段波形等的操作。

　　3）频率计（Counter）

　　任意波形发生器内置高精度、高频带频率计，在"Utility"菜单中选择"频率计"进入频率计菜单，可以设置触发电平、耦合模式、门限时间等参数，可设置测量对象为频率、周期、占空比、正脉宽、负脉宽等，如图 2-36 所示。被测信号从相应的"Counter"端输入（有的仪器该端子在后面板上）。

图 2-36　频率计参数设置示意图

　　4）输出阻抗设置

　　任意波形发生器在输出设置菜单中可设置"负载"阻抗，内部提供"50 Ω"和"高阻

（High-Z）"两种输出阻抗选择。

负载值的设定是用户将外部负载值告知任意波形发生器的过程，提供此项选择的目的是使信号发生器输出的信号参数（如幅值和偏移量）与用户设定的期望值一致。当实际负载的阻抗与指定的阻抗不一致时，输出的信号参数与期望值是存在偏差的，此时，仪器面板上的显示值与实际输出值是不一致的。因此要保证实际负载的阻抗与指定的阻抗是一致的。

典型仪器 3　SDG1005 型函数/任意波形发生器

SDG1005 型函数/任意波形发生器采用直接数字合成（DDS）技术，双通道输出；能输出 5 种标准波形，内置 48 种任意函数波形；具有 AM、FM、PM、DSB-AM、FSK、ASK、PWM、Sweep、Burst，以及输出线性/对数扫描和脉冲串波形等多种调制功能；具有波形输出、同步信号输出、外接调制源、外接基准 10 MHz 时钟源、外触发输入等多种输入/输出功能；具有独特的通道耦合和通道复制功能；内置高精度、宽频带频率计；配置标准接口，支持 U 盘存储和软件升级；可选配 GPIB 接口，可与 SDS1000 系列数字示波器无缝互连；配置功能强大的任意波编辑软件，支持远程命令控制。

1. 主要性能特点

SDG1005 型函数/任意波形发生器的主要技术指标有：

（1）输出最高频率：5 MHz。

（2）输出通道数：2。

（3）波形：正弦波、方波、三角波、脉冲波、高斯白噪声、任意波，内置 48 种任意函数波形。

（4）采样率：125 MSa/s。

（5）任意波长度：16 Kpts。

（6）垂直分辨率：14 bit。

（7）频率特性：

扫一扫看 SDG1005 型函数/任意波形发生器教学课件

正弦波：1 μHz～5 MHz；　　　　锯齿波/三角波：1 μHz～300 kHz；

方波：1 μHz～5 MHz；　　　　　高斯白噪声：5 MHz（−3 dB）；

脉冲波：1 μHz～5 MHz；　　　　任意波：1 μHz～5 MHz。

（8）频率分辨率：1 μHz。

（9）调制功能：AM、FM、PM、DSB-AM、FSK、ASK、PWM、Sweep、Burst。

（10）频率计：测量范围为 100 mHz～200 MHz。频率计的设置分为自动和手动两种方式。

（11）标准接口：USB Host & Device，支持 U 盘存储和软件升级。

（12）选配接口：GPIB（IEEE-488）。

（13）可选配高精度时钟基准（1 ppm 和 10 ppm）。

（14）仪器内部提供 10 个非易失性存储空间以存储用户自定义的任意波形。支持远程命令控制，通过上位机软件可编辑和存储更多任意波形。

（15）支持中英文菜单显示及中英文嵌入式帮助系统。

2. 操作面板和显示界面

1）前面板

SDG1005 型函数/任意波形发生器的前面板包括 LCD 显示屏、菜单键、波形选择键、数字键、模式/辅助功能键、方向键、可调旋钮和通道切换键等，如图 2-37 所示。各主要按键功能说明如下。

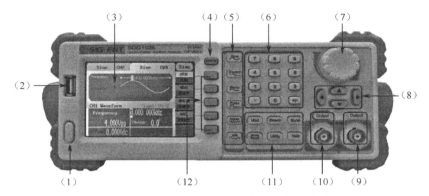

图 2-37　SDG1005 函数/任意波形发生器前面板

（1）电源键：开启/关闭仪器。

（2）USB 接口：用于外接 USB 设备。

（3）LCD 显示屏：3.5 英寸 TFT-LCD。

（4）通道切换键：用于切换两个通道。

（5）波形选择键：用于选择波形类型。

Sine 正弦波、Square 方波、Ramp 三角波、Pulse 脉冲波、Noise 噪声波、Arb 任意波。

（6）数字键：用于输入值和参数，常与方向键和可调旋钮一起使用。

（7）可调旋钮：在参数设置时，顺时针增大或逆时针减小当前显示的数值；在输入文件名时，用于切换软键盘中的字符。

（8）方向键：在使用可调旋钮设置参数时，用于切换数值的位；在输入文件名时，用于改变光标的位置；在存储或读取文件时，用于选择文件保存的位置或选择需要读取的文件。

（9）Output（CH1）：用于打开或关闭 CH1 波形输出。

（10）Output（CH2）：用于打开或关闭 CH2 波形输出。

（11）模式/辅助功能键：用于设定模式，设置辅助功能。

MOD 调制波、Sweep 扫频波、Burst 脉冲串、Store/Recall 存储/调出功能、Utility 辅助功能与系统设置、Help 帮助。

在"Store/Recall"操作界面中，有 4 个用于存储仪器状态的非易失性存储位置（STATE1～4）、4 个用于存储数据文件的非易失性存储位置（ARB1～4）。新的数据文件将会覆盖旧的数据文件。"Local"为内部存储器位置，当 U 盘插入 USB Host 接口时，存储菜单会显示"USB Device (A:)"，可将数据存入 U 盘。

在"Utility"操作界面中，可以设置检测/校准、频率计等功能；在系统设置中可以设置显示界面的语言（英文、中文）、蜂鸣器（开启、关闭）、出厂值、时钟来源；在输出设置中可以改变负载阻抗、波形反相、耦合方式、通道复制（打开、关闭）；还设有版本信息查询及固件升级菜单。

在"Help"界面，帮助用户不用打开仪器说明书，即能在仪器上找到相应操作方法。

（12）菜单键：位于 LCD 屏右侧，用于激活 LCD 屏上菜单的功能。

2）后面板

SDG1005 型函数/任意波形发生器的后面板提供多种接口，包括 10 MHz 时钟输入接口和同步输出接口、USB Device 接口、电源插口和专用的接地端子，如图 2-38 所示，具体功能如下。

（1）10 MHz 时钟输入接口。　　　　　　（2）同步输出接口。

（3）专用的接地端子。　　　　　　　　　（4）调制输入接口。

（5）"EXTTrig/Gate/Fsk/Burst"接口。　（6）USB Device 接口。

（7）电源插口。

3）显示界面

SDG1005 型函数/任意波形发生器的常规显示界面如图 2-39 所示，各部分具体功能如下。

（1）通道显示区；　　　　　　　　　　　（2）操作菜单区；

（3）波形显示区；　　　　　　　　　　　（4）参数显示区。

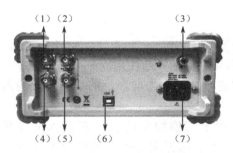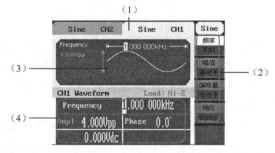

图 2-38　SDG1005 型函数/任意波形发生器后面板　　图 2-39　SDG1005 型函数/任意波形发生器的常规显示界面

在操作菜单区，通过数字键、旋钮、方向键和对应的功能键来选择需要更改的参数，如频率/周期、幅值/高电平、偏移/低电平、相位等，输出所需要的波形。

实训 3　SDG1005 型函数/任意波形发生器的使用

1．实训目的

（1）熟悉 SDG1005 型函数/任意波形发生器的面板装置及其操作方法。

（2）掌握用 SDG1005 型函数/任意波形发生器产生函数波形、调幅波、调频波、脉冲串、噪声信号等波形的方法。

（3）了解 SDG1005 型函数/任意波形发生器的频率计功能、存储/调用功能及其他辅助功能。

2．实训器材

（1）SDG1005 型函数/任意波形发生器 1 台。

（2）数字示波器 1 台。

3．实训内容

1）基本操作

按表 2-7 所示分别设置信号发生器输出信号参数，用示波器观察波形。

表 2-7　SDG1005 型函数/任意波形发生器信号输出设置

波　　形	频率	幅度 （V_{p-p}）	偏移量 （V）	相位 （°）	占空比 （%）	对称性 （%）	脉宽 （μs）
正弦波	100 Hz	1	0	30	—	—	—
	1 kHz	2	+1	0	—	—	—
三角波	10 kHz	2.5	0	45	—	—	—
	125 kHz	3	0	0	—	30	—
方波	500 kHz	5	0	—	50	—	—
	10 MHz	6	0	—	70	—	—
脉冲波	1 kHz	4	0	—	—	—	500
	50 kHz	5	0	—	—	—	18
噪声信号	—	4	0	—	—	—	—

（1）输出正弦波：按 Sine 键，通过菜单键、数字键、可调旋钮、方向键等，设置频率、幅值、偏移量、相位，可以得到不同参数的正弦波。

（2）输出方波：按 Square 键，通过菜单键、数字键、可调旋钮、方向键等，设置频率、幅值、偏移量、占空比，可以得到不同参数的方波。

（3）输出三角波（锯齿波）：按 Ramp 键，通过菜单键、数字键、可调旋钮、方向键等，设置频率、幅值、偏移量、相位、对称性，可以得到不同参数的三角波（锯齿波）。

（4）输出脉冲波：按 Pulse 键，通过菜单键、数字键、可调旋钮、方向键等，设置频率、幅值、偏移量、脉宽/占空比、延时，可以得到不同参数的脉冲波。

（5）输出噪声信号：按 Noise 键，通过菜单键、数字键、可调旋钮、方向键等，设置幅值、偏移量，可以得到不同参数的噪声波。

2）拓展操作

通过菜单键、数字键、可调旋钮、方向键等，按要求设置信号发生器的参数，调节示波器至波形能够清晰、稳定地显示出来，观察各类波形。

（1）输出线性扫描波形

按 Sweep 键，在显示的菜单中设置：起始频率（2 kHz）、终止频率（10 kHz）、扫描触发方式（内部）、扫描时间（2 s）、扫描类型（线性）。波形选择为正弦波，用示波器观察扫频信号波形。

（2）输出脉冲串波形

按 $\boxed{\text{Burst}}$ 键，在显示的菜单中设置：脉冲源（内部）、起始相位（0°）、循环数（5）、脉冲串周期（6 ms）和延迟时间（500 μs）。波形选择为正弦波，用示波器观察脉冲串波形。

（3）输出 AM 调制波形

设置载波（频率为 10 kHz、幅度为 5 V$_\text{p-p}$、正弦波）；按 $\boxed{\text{MOD}}$ 键，选择调幅（AM），在显示的菜单中设置调制波（频率为 200 Hz、正弦波）、调制深度（80%）。用示波器观察调幅波的波形。（**注意**：为了更好地观察波形，可能要用到数字示波器的单次触发功能。）

（4）输出 FM 调制波形

设置载波（频率为 10 kHz、幅度为 5 V$_\text{p-p}$、正弦波）；按 $\boxed{\text{MOD}}$ 键，选择调频（FM），在显示的菜单中设置调制波（频率为 1 Hz、正弦波）、频偏为 2 kHz。用示波器观察调频波的波形。（**注意**：为了更好地观察波形，可能要用到数字示波器的单次触发功能。）

（5）输出 FSK 调制波形

设置载波（频率为 10 kHz、幅度为 5 V$_\text{p-p}$、正弦波）；按 $\boxed{\text{MOD}}$ 键，选择频移键控（FSK），在显示的菜单中设置键控频率（100 Hz）、跳频（200 Hz）。用示波器观察 FSK 调制波的波形。（**注意**：为了更好地观察波形，可能要用到数字示波器的单次触发功能。）

（6）输出任意波信号

① 输出内建波形。按 $\boxed{\text{Arb}}$ 键，在显示的菜单中选择：（第二页）装载波形—内建波形—数学—Sinc 函数，设置频率（5 MHz）、幅值（2 V$_\text{rms}$）、偏移量（1 V$_\text{DC}$）。用示波器观察 Sinc 波形（**注意**：不是 Sine 波）。

② 编辑任意波形。SDG1000 系列函数/任意波形发生器通过 EasyWave 等软件，可以绘制想要的波形，此处不予介绍。

有的任意波形发生器支持通过仪器面板直接修改内建波形，无须使用软件，此处用 AFG-2225 型任意波形发生器做相关介绍。

◆ 修改某点波形

先选择一个内建波形，比如内建数学波形 Exporise（指数上升函数）：

按 $\boxed{\text{Arb}}$ 键—"内建"—"波形"—"数学"—旋转滚轮选择"Exporise"—"选择"—"开始"—Start:0—"输入"—$\boxed{\text{Return}}$ 键—"长度"—Length:200—"输入"—$\boxed{\text{Return}}$ 键。

再修改波形中某点的数据：

"编辑"—"点"—"地址"—Address:10—"输入"—$\boxed{\text{Return}}$ 键；

　　　　"数据"—Data:300—"输入"—$\boxed{\text{Return}}$ 键—"输出"。

用示波器观察波形，可以看到在指数上升波形的起始处增加了一个数据突出的点。

◆ 修改某段波形

先选择一个内建波形，比如内建数学波形 Exporise（指数上升函数），方法同前。

再修改波形中某段的数据：

"编辑"—"线"—"起始地址"—Start Address:10—"输入"—Return 键；

"起始数据"—Start Data:30—"输入"—Return 键；

"结束地址"—Stop Address:50—"输入"—Return 键；

"结束数据"—Stop Data:100—"输入"—Return 键—"执行"。

用示波器观察波形，可以看见在指数上升波形的一段曲线（地址 10～50 段）被修改了。

3）其他功能

（1）频率计

用另一台信号发生器发出频率为 3 MHz 的脉冲波，加到 SDG1005 型函数/任意波形发生器前面板 CH2 通道插座（"CH2/CNT"即 CH2 通道和频率计共用插座。有的仪器的频率计输入端"Counter"在后面板）。按 Utility 键，在显示的菜单中选择"频率计"，观察闸门时间分别为 0.01 s、0.1 s、1 s、10 s 的频率测试结果，填入表 2-8 中。

表 2-8　SDG1005 型函数/任意波形发生器频率测试

闸 门 时 间	0.01 s	0.1 s	1 s	10 s
频　率				

（2）存储/调用功能

按 Store/Recall 键，使用上下键或可调旋钮，将拓展操作中的调幅波（AM）存入内部存储器"ARB1"位置，并自定义文件名；将拓展操作中的调频波（FM）存入 U 盘，并自定义文件名。

选择读取按键，调出 U 盘内的文件。

（3）改变菜单语言

按 Utility 键，在显示的菜单中选择"系统"，在"语言"中改变菜单的语言（中文、英文）。

（4）检测/校准

按 Utility 键，在显示的菜单中选择"检测/校准"—"自测试"，分别对"屏幕测试"、"键盘测试"和"点亮测试"进行试验。

按 Utility 键，在显示的菜单中选择"检测/校准"—"自校准"，进行操作。

（5）负载的改变

按 Utility 键，在"输出设置"中选"高阻（High-Z）"，或选中"负载"然后设定负载值。

（6）帮助功能

按 Help 键，通过调节可调旋钮，在显示的菜单中选择需要了解的内容。

4．思考题

请罗列一下任意波形发生器的基本功能、拓展功能及辅助功能。

知识拓展3　在线测试仪（ICT）

随着电子制造业的迅猛发展，印制电路板组件（Printed Circuit Board Assembly，PCBA）向着大型、高密度方向发展。芯片的体积越来越小，PCB 密度越来越大，电路的开关速度越来越快，信号的工作频率越来越高。未来，具有更小元器件和更多节点数的更大型电路板可能会不断出现。所有这些因素相互交织，增加了 PCB 的测试难度。

"在线测试"概念是 1959 年美国 GE 公司为检查生产的印制电路板而提出的，英文"In Circuit Test"是指在线路板上测试。在线测试仪（ICT）可以在很短的时间内，以很高的准确率发现元件安装过程中引起的焊接短路、开路及元件插装差错、插装方向差错、元件数值超出误差等。扩展的在线测试仪还可以验证电路的运行功能，特别适用于大规模、多品种产品的生产检测。在线测试仪的使用极大地提高了生产效率，降低了生产成本和维修成本，是现代电子产品生产企业必备的 PCBA 质量测试设备。

扫一扫看在线测试仪（ICT）图片

1.　在线测试仪的通用功能

在线测试仪一般具有以下通用功能。

（1）能够在短短数秒内，全检出 PCBA 上的电阻、电容、电感、晶体管、FET、LED、光耦器件、变压器、继电器、集成电路等元器件是否在设计规格内运作。

（2）能够先期找出制程不良所在，如线路短路、断路、组件漏件、反向、错件、空焊等不良问题，覆盖约 90% 的故障；及时反映生产制造状况，以便及时改善制程。

（3）能够将所有故障和不良资讯通过打印机打印出测试结果，包括故障位置、元器件标准值和测试值等，供维修人员参考；可降低维修人员对产品技术的依赖度，不需了解产品线路照样具有维修能力。

（4）能够将测试的不良资讯进行统计，供生产管理人员分析，找出包括人为因素在内的各种不良现象的产生原因；从材料、设备、工艺、管理等各个方面进行解决、完善和指正，使得电路板的品质得以提升。

有的 ICT 还可以进行电路板功能测试，检测表面贴装组件（Surface Mount Assemblys，SMA）的运行功能是否正常，并以功能是否具备而决定基板通过和不通过。可分为模拟电路功能检测和数字电路功能检测两种，故障检测率为 80%～98%。

2.　在线测试仪的基本结构

在线测试仪是一台由微型计算机控制的自动检测设备。下面以 SRC3001 型在线测试仪为例，说明在线测试仪的一般构成。如图 2-40 所示，在线测试仪硬件架构一般由计算机主机、显示器、气动头、开关板、信号分配板、针床、打印机等构成；软件架构一般由开机自检程序、调试程序、编辑程序、测试程序、数据转换程序、统计程序等构成。

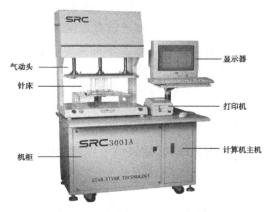

图 2-40　在线测试仪的一般构成

3. 部分显示界面展示

针对不同的测试，在线测试仪能以清晰的界面显示测试内容和测试结果。图 2-41 所示的显示界面真实地还原了 PCBA 的元器件布局和焊接质量。

在线测试仪能够对电路板上的元器件参数进行有效的隔离，如同用若干块功能强大的万用表分别对 PCB 上的元器件进行测试，然后将测试结果与预先存储在计算机内的数据进行比较，得出的结果是"PASS"或"NG"，即通过/不通过。图 2-42 所示是短路测试和开路测试内容，以及"PASS"的检测结果。

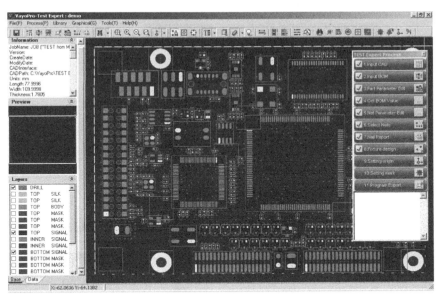

图 2-41 在线测试仪的显示界面 1

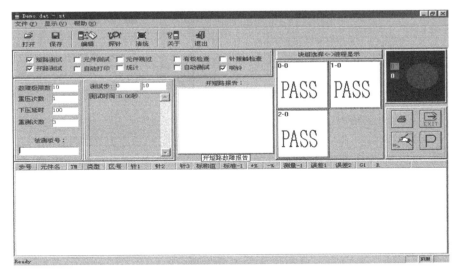

图 2-42 在线测试仪的显示界面 2

功能强大的在线测试仪还能通过 PCB 图和原理图的互动查询，实现板级故障快速诊断及维修，检测出某个故障电阻在原理图中的位置，如图 2-43 所示。

图 2-44 所示是两幅在线测试仪的统计界面图。统计结果在电子产品的品质管控中起着重要作用。技术人员可以从统计数据中发现制程中的问题，并及时解决问题。

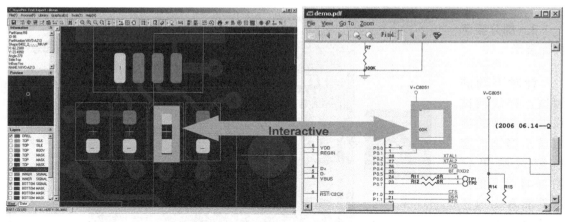

图 2-43　在线测试仪的显示界面 3

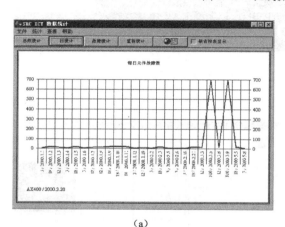

（a）

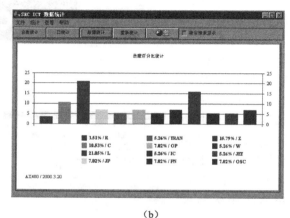

（b）

图 2-44　在线测试仪的显示界面 4

在线测试仪要求每一个电路节点至少有一个测试点，每一个测试点要放置一根探针，这就要求针对不同的电路板，设计制作不同的针床夹具等硬件，以及不同的测试数据库和测试程序。随着元器件封装越来越小、电路板集成度越来越高、电路板功能越来越强大，以及多层板的使用，在线测试仪开发难度加大，开发周期延长，制造费用增高。故在线测试仪适用于大规模生产现场。在线测试仪是现代化生产品质保证的重要测试手段之一，正向着高测速、多功能、自动化方向不断发展。

2.4　示波测试与仪器应用

扫一扫看示波器的分类；数字示波器的功能教学课件

2.4.1　示波器的分类

示波技术是一种波形显示技术，它能够将人眼看不到的电信号转变为可视图形显现出来。示波器是示波技术的典型仪器，图 2-45 所示是各种示波器显示的实际信号波形。示波器表征测试信号随时间变化的过程，通过波形可以实现电压、周期、频率、时间、相位等基本参量的测量，以及脉冲信号的脉宽、前后沿、占空比等参量的测量，还能实现干扰信号、数字逻辑信号、各类总线信号等的测试，性能优良的示波器还能进行数学运算、直方图分析、FFT变换、抖动测量、眼图测量等。

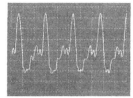

（a）钢琴音乐波形　　　　（b）心电图波形　　　　（c）电动车窗软启动电流波形　　　　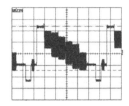（d）全电视信号波形

（e）数字逻辑信号　　　　　　　（f）眼图测量　　　　　　　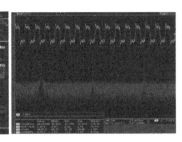（g）FFT功能

图 2-45　示波技术展示

同时，示波测试技术还是其他多种电量和非电量测试的基本技术。例如，医疗仪器、勘测设备、频域测试仪器、数据域测试仪器等都需要把被测量显示出来。因此，示波测试技术成为一种最灵活、多用的综合性技术。示波器是当前电子测量领域中品种最多、数量最大、最常用的一种仪器。

从示波器的性能和结构出发，可将示波器分为模拟示波器和数字示波器等。

1．模拟示波器

模拟示波器采用阴极射线示波管（CRT）作为显示器件，通过控制电子束在荧光屏上的移动轨迹来显示波形，能够定性、定量地观测信号。模拟示波器是第一代示波器，其发展历程为：1947年世界上第一台示波器诞生，20世纪50年代模拟示波器兴起，20世纪60年代出现了带宽6 GHz的取样示波器，20世纪70年代模拟示波器达到高峰，带宽1 GHz的多功能插件式示波器标志着当时科学技术的最高水平，从此模拟示波器没有更大的进展。在科技发达国家，20世纪80年代起模拟示波器逐渐从前台退到后台。模拟示波器的原理与应用详见教材第1版。

2．数字示波器

1）数字存储示波器（DSO）

1978年出现了数字存储示波器（Digital Storage Oscilloscope，DSO），它是公认的第二代示波器；进入20世纪90年代后，数字存储示波器的带宽提高到1 GHz以上，更重要的是其性能全面超越模拟示波器。

数字存储示波器能将电信号经过数字化及后置处理后再重建波形，具有记忆、存储被观测信号的功能，可以用来观测和比较单次过程和非周期现象、低频和慢速信号及在不同时间或不同地点观测到的信号。它往往还具有丰富的波形运算能力，如加、减、乘、除、峰值、平均、内插、FFT、滤波等，并可方便地与计算机及其他数字化仪器交换数据。

2）数字荧光示波器（DPO）

数字存储示波器（DSO）在测量具有低频调制的高频信号时，会存在无法克服的混叠失真问题。数字荧光示波器（Digital Phosphor Oscilloscope，DPO）采用先进的数字荧光技术，能够通过多层次辉度或彩色显示长时间信号，既有传统模拟示波器实时明暗度无混叠显示能力，又有数字存储示波器的自动测量及波形存储作用等特点。数字荧光示波器被认为是第三代示波器。

3）混合信号示波器（MSO）

混合信号示波器（Mixed Signal Oscilloscope，MSO）是一种能添加逻辑分析功能的示波器，又称多合一示波器。如五合一示波器，组合了逻辑分析仪、合成信号源、电压表、电源及示波器等五种功能。

另外，还有一些专用示波器，它们不属于以上几类，但能满足特殊用途，如用于调试彩色电视中有关色度信号幅度和相位的矢量示波器、医学上的心电仪等。

2.4.2　数字示波器的功能

各种电信号可归纳为两大类：一类是周期性重复信号，另一类是单次和非周期性的信号。对于第一类信号，可以用模拟示波器（如宽带示波器和取样示波器）观测；对于第二类信号，普通的模拟示波器是无法观测的。要观察单次和非周期性的信号，示波器必须具有波形存储的能力。

1．数字示波器功能模块简图

现代数字示波器，其软件的数据处理已占很大比重，功能设计已经模块化。通常一台数字示波器在结构上由四大功能模块构成，即捕获（Capture）、测量（Measurement）与分析（Analyse）、观察（View）和归档（Document）。数字示波器功能模块简图如图2-46所示。

1）捕获功能模块

捕获功能模块主要由三种芯片和一个电路组成，即放大器芯片、A/D 转换芯片、存储芯片和触发电路。被测信号先经过探头和放大器转换为 A/D 转换器可以接收的电压范围，采样和保持电路按固定采样率将信号分割为一个个独立的采样电平，A/D 转换器将这些电平转化为数字采样点，这些数字采样点保存在采集存储器中，并送显示和测量与分析处理。

2）测量与分析功能模块

数字示波器将测量数据直接显示在屏幕上，可以测量电压、周期、频率、时间、脉冲参量、数字逻辑信号、干扰信号等，性能优良的示波器还能进行通过/失败测试、总线信号测量、混合信号测量、抖动测量、眼图测量等，进行高级波形数学运算（包括任意公式编辑、FFT 分析、直方图分析）和协议分析等。

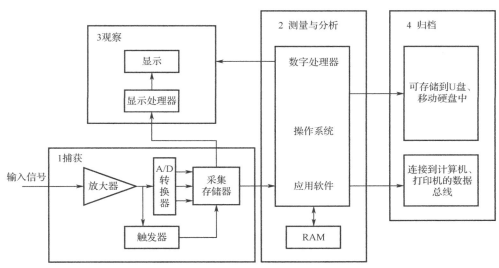

图 2-46　数字示波器功能模块简图

数字示波器一般采用嵌入式操作系统，随着 Windows 操作系统在示波器上的应用，示波器的可用性和软件分析能力也获得了巨大的发展。现在的示波器大多采用开放的 Windows XP Pro 操作系统，配备多种测试分析软件，如串行数据测试分析软件、抖动测试分析软件等。为了加快数字示波器的波形更新速度和测量运算速度，现在中高端示波器逐渐采用了 FPGA 技术加快信号处理。

操作系统、应用软件和快速数据处理等各司其职，把示波器的分析领域从时域扩展到频域、调制域、数字域等，多领域测量与分析成为新一代示波器的发展趋势。

3）观察功能模块

数字示波器采用彩色液晶屏显示，各通道的波形用不同的颜色加  以区分。为了更清晰地显示捕获波形，示波器的显示屏尺寸也越做越大，从 7 英寸、8 英寸的 TFT-LCD 显示屏，到新一代的 15 英寸的 XGA-LCD 显示屏。通道数也从原来的 2 通道到 4 通道，新一代的示波器提供 8 个 Flex 通道，每个 Flex 通道提供 1 个模拟信号输入和 8 个数字逻辑输入，以应对各种测量应用。示波器的触摸屏支持手指开合、滑动和缩放操作，提供高性能的测量分析和友好的用户体验。

中高端数字示波器具有显示偶发事件的能力，使用辉度等级指明偶发瞬态事件相对于正常信号特点发生的频次。如采用色温调色板，用颜色等级指明发生频率，暖色（如红色、黄色）表示经常发生的事件，冷色（如蓝色、绿色）表示很少发生的事件。

为了方便使用，数字示波器具有多种语言显示选择，以及嵌入式在线帮助系统，使用者无须翻阅仪器说明书即可了解具体操作方式。很多数字示波器还具有显示日期和时间的功能。

4）归档功能模块

数字示波器具有保存和归档功能，既能将文件保存在示波器内部，也可以通过示波器面板上的各种接口把数据存储到 U 盘、移动硬盘等外接设备中，还能通过接口连接到计算机、打印机的数据总线，实现保存和归档。

保存与归档功能一般有保存图形、保存波形、保存设置等方式。保存图形，即以图片格式保存，能在计算机上打开显示；保存波形，即保存波形的数据；保存设置，即保存示波器各挡位开关的设置。后两种保存方式得到的文件一般计算机是不能识别的。

注：保存功能操作视频见 2.4.5 节中典型仪器的"功能键 Save/Recall"。

数字示波器提供 USB Host、USB Device、Pass/Fail、LAN、GPIB 等接口，通过接口示波器可以和其他测量仪器，如信号源、频谱仪等组成自动测试系统。

2. 数字示波器的基本测量功能

数字示波器有很多传统模拟示波器所不具备的功能，有些功能具有一定的代表性。了解这些功能有助于加深对数字示波器的认识，也有助于理解其工作原理和更有效地进行操作。

1）自动设置（Auto Scan）

自动设置是通过软件自动调定示波器设置的功能。无须人工调节示波器的垂直、水平等各项设置，只需按一下自动设置键，软件就会对输入波形进行计算，使仪器调到合适的扫描速度、合适的垂直灵敏度、合适的触发电平，从而得到满意的波形显示。当被测信号频繁改变时，可利用该功能键提高探测速度。

2）存入/调出（Save/Recall）面板设置

当需要多次重复使用某几套设置，观测几个不同波形或对同一个波形在不同的设置条件下进行测量时，可以预先将设置好的几套面板参数存储起来。只需顺序按下"Save+数字键"，数字示波器即自动把当前的设置参数存储到非易失性存储器中，关机后也不会丢失。需要时，可以按"Recall+数字键"随时把它们调出来，避免了每次测量时的烦琐设置，特别适合于反复进行的测试程序，如生产线上的多种波形的重复测量。

3）光标测量（ΔU、ΔT）

数字示波器具有同时显示两个电压光标和两个时间光标的能力。简单地利用面板上的转轮，调整游标，可以测量波形上任一点的绝对电平、离触发参考点的时间值或者直接读出波形上任意两点的电压差（ΔU）、时间差（ΔT）及电压与时间的相关特性等。

4）自动顶—底（Auto Top-Base）

在"ΔU"菜单下，按"自动顶—底"键，仪器软件将用统计平均算法自动地把两个电压光标移到波形的顶部和底部。通过 ΔU 的读数指示，可以立即准确读出波形幅度值或分别读出顶部或底部的绝对电平值。此外，ΔU 光标能自动放在波形的 10%—90%、20%—80%、50%—50%处，以便做出特殊测量。

5）精密沿寻找（Precise Edge Find）

如果已经把电压光标放在了波形的 50%—50%处，就可以在"ΔT"菜单下按精密沿寻找键，让仪器自动地把两个 ΔT 光标分别放在指定的脉冲沿上。此功能可以对不均匀脉冲的脉宽、周期等进行精密测量，也可以进行双通道两个脉冲波形的延迟测量。

6）自动脉冲参数测量

能进行自动脉冲参数测量，包括频率、周期、占空比、上升时间、下降时间、正宽度、负宽度、上冲量、反冲量、峰-峰电压、有效值电压等参数。

7）平均显示

数字示波器利用优良的软件设计对被测量进行快速多次测量后取平均值，测量次数可设定。多次测量取平均的方式能提高波形显示分辨力，提取淹没在非相关噪声中的信号。

8）单次捕捉（Single）

单次捕捉实际上只是其中一个采集周期对信号进行取样的结果，因此，所得的样点之间的间隔等于采样频率的倒数。若最高采样速率为 40 MSa/s，则样点间隔为 25 ns。若 4 个样点表示一个窄脉冲，则可以捕捉的最窄脉冲周期为 100 ns。

9）捕捉尖峰干扰

数字示波器中设置了峰值检测模式。尽管一个采样区间对应很多采样时钟，但峰值检测模式在一个采样区间内只检测出其中的最大值和最小值作为有效采样点。这样，无论尖峰位于何处，宽范围的高速采样保证了尖峰总能被数字化，而且尖峰采样点必然是本区间的最大值或最小值，其中正尖峰对应最大值，负尖峰对应最小值。这样，尖峰脉冲就能可靠地检出、存储并显示。峰值检波模式非常适合在较大时基设定范围内捕捉重复的尖峰干扰或单脉冲干扰。

2.4.3　数字示波器的工作原理

扫一扫看数字
示波器的工作
原理教学课件

一般来说，数字示波器具有信号数字化处理和重现波形两个主要的工作过程。数字化处理过程包括"采样"和"量化"，所谓采样即是在离散的时间点上对输入模拟信号取值的过程，而量化是借助 A/D 转换器将采样值转换为二进制数码的过程。重现波形的过程则是垂直系统和水平系统提取 RAM 中的二进制序列信息并将其还原成电压信号的过程。

1. 数字示波器的组成

现代数字示波器一般采用多微处理器方案，运用数字信号处理技术，由微处理器控制各部分协调工作。数字示波器主要由输入通道、采集与存储、触发电路系统、时基电路、微处理器系统、显示与键盘及各种接口与控制电路组成，其组成框图如图 2-47 所示。

1）输入通道

输入通道的主要任务是在被测信号不确定的情况下，通过放大（或衰减）、电平调理，将被测信号实时地、不失真地设置到最佳电平，以满足 A/D 转换器对信号的要求。

2）采集与存储

采集与存储部分包括采样保持与 A/D 转换电路、采样存储器等。其主要任务是将被测模拟量转换为数字量，并存入 RAM 中。

3）触发电路

触发电路的作用是为采集控制电路提供一个触发参考点（确定触发点），以使数字示波器能采集到被测信号特定的点位，达到捕捉信号的目的。在观测一个周期性的信号时，使每一次捕获的波形相重叠，以达到稳定显示波形的目的。

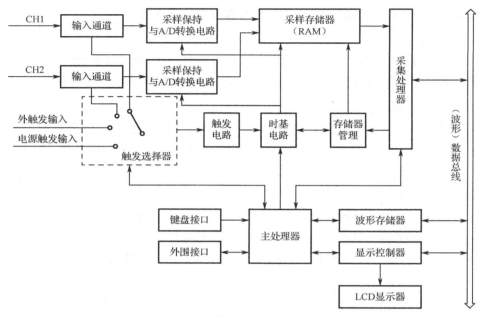

图 2-47　数字示波器组成框图

4）时基电路

时基电路包括采样脉冲产生、时基因数（t/div）控制等。时基电路的主要任务是控制数据的抽取和 RAM 的写入。

5）采集处理器

微处理器系统由采集处理器和主处理器组成。采集处理器承担数字采集过程控制、数据快速上传、数据分析、信号波形重建等任务。采集处理器应该具有较高的实时性，一般选择处理速度较快的微控制器来承担。

6）主处理器

主处理器的主要任务是发送整机工作参数控制字；接收采集处理器的处理结果并送显示器显示；利用键盘和显示器实现人机交互操作。主处理器一般选择功能强大的嵌入式系统担任。外围接口包括 GPIB 接口、USB 接口等。

7）显示控制器

波形显示时，显示控制器从波形存储器中取出按时间顺序排列的采集数据，并将其送入显示器。将与波形数据点相关的电压和时间值转换为显示器上的垂直和水平像素位置，再将这些波形的像素位置对应送至屏幕存储器相应的存储位置上，该存储器中的存储单元与屏幕像素位置一一对应，直接将波形数据变为屏幕上的像素显示，进而达到以密集的光点重现被测模拟量的目的。

2.　输入通道

输入通道主要由阻抗变换器、程控步进衰减器、程控前置放大电路、差分放大器组成，如图 2-48 所示。数字示波器的频带宽度、垂直灵敏度及其误差等重要技术指标的优劣主要取决于输入通道电路。

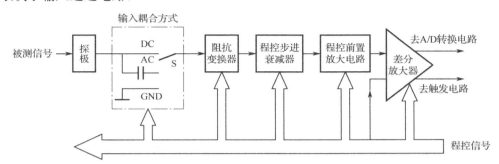

图 2-48　输入通道组成框图

输入耦合方式一般有 DC、AC 和 GND（直流、交流、地）三种选择。在不断开被测信号的情况下，"GND" 耦合将被测信号通道短路，为示波器提供测量直流电压的参考零电平。采用 "AC" 耦合时，输入信号经电容耦合到下一级，直流信号被隔离，仅交流信号可以通过，适于观察交流信号。采用 "DC" 耦合时，输入信号直接接至下一级，适于观测频率很低的信号或带有直流分量的交流信号。

阻抗变换器的主要任务是将高阻输入信号转换为低阻输出信号。程控步进衰减器的主要任务是按照 1-2-5 步进垂直灵敏度量程的要求完成信号的衰减。程控前置放大电路完成诸如×5 倍扩展放大。差分放大器的主要任务是提供电压增益，完成单端输入至差分输出的转换。

3.　时基电路

时基是示波器的时间基准，它决定了信号波形在水平时间轴的测量范围和精度。观测不同频率或不同速率的信号，应选用不同的时基。

数字示波器利用时钟脉冲采样形成的时间基准是一个离散的时间变量。时基电路的任务是产生采集、存储与显示所需要的时钟信号和时序控制信号。时基电路性能参数如下。

1）采样速率

数字示波器显示的信号波形是由一个个采样点构成的。每个采样点之间的时间间隔（t/点）即采样时钟周期（t_s），是构成时基的最小单位，它表征了水平轴上的时间分辨力。其倒数为采样时钟频率（f_s），又称采样频率或采样速率、采样率，单位为 Hz。习惯上也用每秒采样点数表示，即 Sa/s 或 sps。

数字示波器的采样速率越快，所显示的波形的分辨率和清晰度就越高，重要信息和事件丢失的概率就越小，采样原理如图 2-49 所示。

如果示波器采样速率过低，采集点过少，会使显示的波形不能完全反映全部的实际信号，如图 2-50 所示，造成波形失真、波形混淆和波形漏失。为了准确地再现信号并避免混淆，奈奎斯特定理规定，信号的采样速率必须不小于被测信号最高频率成分的两倍。

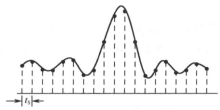

图 2-49　采样原理

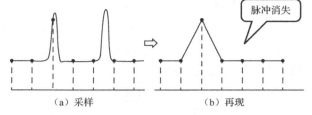

（a）采样　　　　　　（b）再现

图 2-50　采样速率过低的效果图

实际上，采用两倍于被测信号最高频率成分的采样速率通常是不够的。信号的准确再现取决于其采样速率和信号采样点间隙所采用的插值法。一些示波器会为操作者提供以下选择：测量正弦信号的正弦插值法，以及测量矩形波、脉冲和其他信号类型的线性插值法。在使用正弦插值法时，为了准确再现信号，示波器的采样速率至少需为被测信号最高频率成分的 2.5 倍。使用线性插值法时，示波器的采样速率应至少是被测信号最高频率成分的 10 倍。一些采样速率高达 20 GSa/s、带宽高达 4 GHz 的测量系统用 5 倍于带宽的速率来捕获高速、单脉冲和瞬态事件。

2）时基因数

与模拟示波器的时基因数概念相同，数字示波器的时基因数用示波器水平方向每格（用 div 表示）所代表的时间（t_{div}）来表示，单位为"s/div"。

3）采样速率与时基因数的关系

若每个采样时钟周期（t_s）采样一个点，则以 Hz 表示的采样速率$\left(f_s = \dfrac{1}{t_s}\right)$与用 Sa/s 或 sps 表示的采样速率在数值上相等。

通常每台数字示波器的最大采样速率是一个定值，由 A/D 转换器性能决定最大采样速率。在观测实际信号时，应根据被测信号的频率，选择合适的示波器时基挡位，使示波器的显示屏上显示恰当的信号周期数。当每格采样点的数量固定时，采样速率 f_s 与时基因数 t_{div} 成反比，时基因数越大则采样速率越低。

时基因数控制器实际上是一个时基分频器，用于控制 A/D 转换速率及数据写入存储器的速度。如图 2-51 所示，它由一个准确度、稳定性很好的晶体振荡器和一组分频器电路组成。分频比由微处理器发出的控制码决定。例如，将 20 MHz 的晶体振荡器频率，按 1、

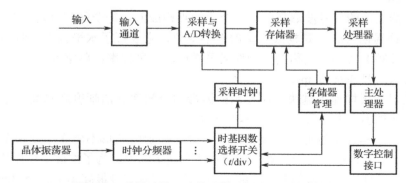

图 2-51　采样时钟、时基因数和微处理器关系框图

2、5 的步进挡位控制分频比，可获得在 20 Hz～20 MHz 频率范围内的 19 个频率值，相应的时基因数为在 5 μs～5 s 内的 19 个挡位值。最后由"t/div"时基因数选择开关选出一个合适的采样时钟频率，控制数据的抽取速率和 RAM 的写入速率。采样存储器管理电路包括采样存储器的地址计数器及采样存储器所需要的控制信号的接口电路。

4. 采集、存储与显示

波形采集部分包括衰减及放大、采样保持及 A/D 转换三部分，当前的很多数字示波器已将三者合为一体。衰减及放大电路的输出信号经采样保持电路，由连续信号变为离散信号，各离散点的采样值正比于采样瞬间的幅值。再经 A/D 转换，离散的模拟量被量化为数字量，然后由采样存储器存储。

1）采样原理和采样方式

采集包括采样和量化两种操作。下面讨论数字示波器的采样技术。

采样即取样，其原理就是从单个信号波形或周期性重复信号波形上采得一定数量的间断的取样点，来表示一个连续的信号波形的过程。只要取样点数足够多，显示的离散点就能还原原波形的形状。采样方式分为实时采样和非实时采样两种。

（1）实时采样

从一个信号波形中取得所有取样点，来表示一个信号波形的方法称为实时采样。如图 2-52（a）所示，电子开关 S 组成采样门，采样门由周期为 T_0 的采样脉冲 $p(t)$ 所控制，在采样脉冲出现瞬间，采样门接通，输入信号被采样。若采样脉冲宽度 τ 很窄，则可认为被测信号 $u_i(t)$ 的幅度在 τ 时间内不变，这样每次采样所得即为采样瞬间 $u_i(t)$ 的瞬时值，如图 2-52（b）所示。经过保持得到离散幅值，如图 2-52（c）所示，再经量化编码送至存储器。实时采样时，采样脉冲周期小于输入信号周期，采样信号频率高于输入信号频率，所以，实时采样不能用于高频信号的观测，常用于非周期现象和单次过程的观测。

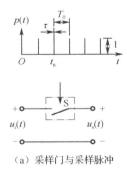 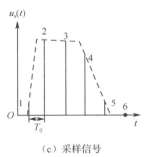

（a）采样门与采样脉冲　　　　（b）输入信号　　　　（c）采样信号

图 2-52　实时采样示意图

（2）非实时采样

从被测信号的若干周期上取得样点的方法称为非实时采样（也称等效采样），如图 2-53 所示。非实时采样的信号间隔是灵活的，可以间隔 10 个、100 个信号波形甚至更多信号周期取一个样点。因此，取样技术是一种频率变换技术，通过"非实时采样"将高频信号变成低频信号。利用非实时采样技术，示波器可以观察吉赫兹（GHz）以上的超高频信号。

图 2-53（a）～（c）所示分别为被测信号 $u_i(t)$、采样脉冲及采样门输出的采样信号

$u_s(t)$，经过保持得到离散幅值，再经量化编码后送至存储器。图中是间隔一个信号周期的取样，每一次取样的时间相对于上一次延迟 Δt，采样点按顺序采遍整个信号波形，采样所得的脉冲序列，其包络波形可以重现原信号波形，但频率大大降低了。若每次间隔 m 个周期采样，则两个采样脉冲之间的时间间隔为 $mT + \Delta t$。非实时采样的缺点是要求被测信号是周期性的，同时采样过程较慢，因此比较耗时。

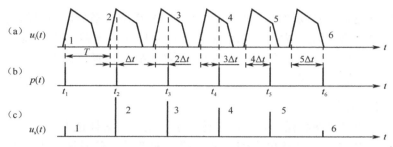

图 2-53　非实时采样示意图

2）波形的存储

采样存储器的任务是将高速 A/D 转换器输出的采集数据及时存储下来，再送到后面的显示与处理部分。

（1）存储器的作用

数字示波器的采集速率很高，通常很难实现实时处理和实时显示。把高速数据流快速存储起来，起到了速度上的缓冲，以及数据写入和读出的隔离作用。把瞬间产生的信号快速采集并长时间存储，以供随时调取后显示，有利于观测单次出现的瞬变信号。

（2）存储器的结构

数字示波器的存储器采用循环存储结构，类似于图 2-54 所示的环形结构。存储区首尾相接，存储器的各存储单元按串行方式依次寻址。采用这种顺序存取的环形存储结构，可简化数据存取的操作。A/D 转换后的数据以先入先出的方式存入环形存储器，如果数据数目超过存储器容量，则先存入的数据将被依次覆盖而消失。写时钟不关闭，上述过程将周而复始地进行循环。写时钟一旦关闭，最终保存在存储器中的数据就是在关闭写时钟前存入的、等于存储器容量 L 的一组最新的数据。

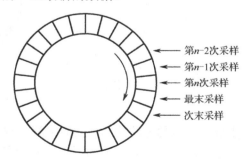

图 2-54　存储器的环形结构

数字示波器的存储容量是有限的，观测者通过触发功能的设置来捕获并存入感兴趣的片段波形。一旦被测信号满足触发条件即产生触发，示波器开始数据采集和存储过程。如果要观测触发前的波形，则采样与存储过程必须预先进行。在预采样过程中需保存一段最新的波形数据，利用循环存储结构，周而复始地自动循环存入数据、更新数据，从而保证在触发发生时，在触发点以前的波形数据已存入存储器中，以便能观测触发之前的波形情况。

（3）存储器的容量

存储器的容量 L 在数字示波器中也称为存储深度，它决定了采集数据记录的长度，因此，又称为记录长度。一个波形点的数据即一个记录，记录长度用可存储的波形采样点数 pts（样点）或存储容量的字节数 KB 或 MB 表示。

（4）波形缩放技术

现代数字示波器都把增加记录长度（提高存储深度）作为一项重要改进措施，设计超快、超长的采样存储器，保证了高的采样率和对复杂波形的捕获。增加记录长度后，一次捕捉的波形样点多了，不用改变时基大小就可以同时观测高速和低速两种信号。但是屏幕只有 10 格 500 点左右的像素，若捕获 100 000 点的波形，则仅有 500 点显示在屏幕上，只能看到波形中的某一部分，其余 99 500 点在屏幕左右看不见的地方。为此产生了多种波形快速缩放技术，使用户通过左右移动或多次放大深层次的波形分析，既可看到波形的全貌，又可看到局部细节，解决了记录长度和快速显示处理之间的矛盾。如图 2-55 所示为复杂波形多次局部放大示意图。

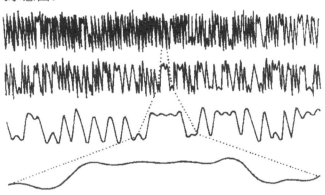

图 2-55　复杂波形多次局部放大示意图

3）采集–存储–显示

数字示波器是基于波形数字化测量原理工作的。如图 2-56（a）～（d）所示，以正弦波为例，模拟输入信号 u_i 经过适当的衰减或放大，再经数字化处理，即时间"采样"和幅度"量化"两个过程，转换为数字量（$D_0, D_1, D_2, \cdots, D_n$），然后依次存入到首地址为 A_0 的 $n+1$ 个存储单元中。

波形显示阶段，采用较低的读时钟脉冲频率从采样存储器中依次把数字信号（$D_0, D_1, D_2, \cdots, D_n$）读出，送入显示器模块中的显示存储器。地址码 A 对应相关波形数据点的时间值，转换为显示器上的水平像素位置，如图 2-56（f）所示；幅值码 D 对应相关波形数据点的电压值，转换为显示器上的垂直像素位置，如图 2-56（e）所示，水平像素和垂直像素共同决定了每一个波形数据点的位置。显示存储器中每一个单元对应 LCD 上的一个点，密集的光点最终还原出被测波形，如图 2-56（g）所示。只要显示存储器中的内容发生改变，显示结果便进行刷新。

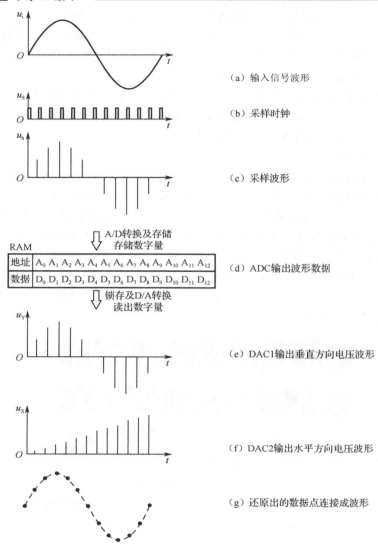

（a）输入信号波形

（b）采样时钟

（c）采样波形

A/D转换及存储
存储数字量

（d）ADC输出波形数据

锁存及D/A转换
读出数字量

（e）DAC1输出垂直方向电压波形

（f）DAC2输出水平方向电压波形

（g）还原出的数据点连接成波形

图 2-56 数字示波器的采集/存储和读出/显示过程

5. 触发系统

被测系统往往是高速的、源源不断的波形数据流，而数字示波器的存储容量和显示数据的窗口大小是有限的，为了有效地对波形进行观测，应有选择性和针对性地存储数据。数字示波器可以设定触发条件和确定触发点，以便捕获瞬间出现的单次信号，或从源源不断的周期性或非周期性信号中截取感兴趣的波形片段，以便显示波形和进行数据分析。

1）触发系统的组成

数字示波器的触发系统一般由输入信号通道和外触发信号通道、触发源选择、触发耦合方式选择、触发脉冲形成和触发释抑电路组成，如图 2-57 所示。

（1）输入信号通道和外触发信号通道

具有阻抗变换、AC/DC 耦合选择及放大等电路。

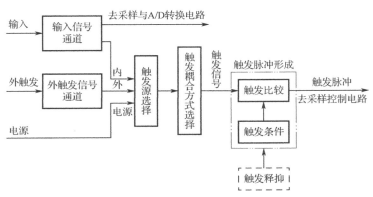

图 2-57　数字示波器触发系统一般原理框图

（2）触发源选择

触发源即触发信号的来源。示波器通常有内触发、外触发和电源触发等多种类型的触发源。触发源选择电路由一个可程控的矩阵开关组成，目的是根据用户的设定从中选择其一作为触发信号源。

① 内触发（INT）：采用被测信号本身作为触发源。

② 外触发（EXT）：采用外接的、与被测信号有周期性关系的信号作为触发源，该信号由示波器面板"EXT"端接入。当被测信号不宜作为触发信号，或者要比较两个信号的时间关系时，可用外触发。

③ 电源触发（LINE）：采用 50 Hz 的工频交流电经降压后作为触发源，适用于观测与 50 Hz 交流电有同步关系的信号。

触发源的选择应根据被测信号的特点来确定，以保证被测信号波形能稳定地显示。

（3）触发耦合方式选择

触发源选择好后，为了适应不同的触发源信号频率，触发源信号到触发电路的耦合方式有多种，示波器一般设置有直流耦合、交流耦合、低频抑制耦合、高频抑制耦合等多种触发耦合方式，如图 2-58 所示。触发耦合方式选择电路的功能是根据用户的设定从中选择一种合适的耦合方式。

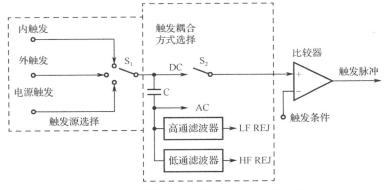

图 2-58　触发源与触发耦合方式选择电路

① 直流耦合（DC）：是一种直接耦合方式，用于接入直流或缓慢变化，或者频率较低

并含有直流分量的触发源信号。

② 交流耦合（AC）：是指通过电容耦合的方式，具有隔直作用，用于观察从低频到较高频率的信号。

③ 低频抑制耦合（LF REJ）：使触发源信号通过一个高通滤波器以抑制其低频成分，适用于观察含有低频干扰（50 Hz）的信号，可以避免波形晃动。

④ 高频抑制耦合（HF REJ）：使触发源信号通过低通滤波器以抑制其高频分量，这样即使低频信号中包含很多高频噪声，仍能使其按低频信号触发。

（4）触发脉冲形成电路

触发脉冲形成电路的基本功能是触发比较，即将选择的触发信号与设置的触发条件进行比较，两者相同时，则产生触发脉冲。

扫一扫看示波器触发抑制微视频

例如，边沿触发条件是触发电平和触发极性，一旦满足这两项，触发脉冲形成电路即产生触发脉冲。时间触发条件是脉冲宽度，逻辑触发条件是逻辑状态字等，只要满足触发条件，触发脉冲形成电路即产生触发脉冲。

对于周期性被测信号，如果每个信号周期触发脉冲产生的位置相对固定，那么刷新显示时，每一屏显示的起始点都对应各信号周期的相对应点，示波器上就能获得稳定的图像，这一过程称为"同步"。否则，示波器上显示的是被测信号随时间变化的不稳定波形。

（5）触发释抑电路

释抑（Hold off）时间用来控制从一次触发到允许下一次触发之间的时间。触发释抑电路用以在每一次触发之后，产生一段闭锁（Hold off）时间，示波器在这段时间内将停止触发响应，以避免不希望的触发产生。

如图 2-59 所示是一种大周期内有很多小周期信号的特殊波形，虚线为触发电平所在处，采用边沿触发，则点 1 处满足触发条件，且点 2、点 3 处也满足触发条件，若都触发成功，显示的波形就会重叠混乱。采用触发释抑电路，使释抑时间内触发条件不起作用，屏蔽掉大周期内可能发生的多次触发，进而使波形稳定。图中点 1 引起触发后，到点 4 处才再次触发成功。

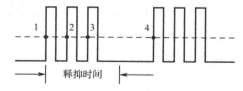

图 2-59　触发释抑原理

在使用时，操作者一般并不需要准确设置释抑时间，而只有在观测复杂波形遇到显示混乱，且调节触发电平不能显示出稳定波形时，才调节触发释抑时间，达到显示稳定波形的目的。因为触发释抑非必需，所以图 2-57 中"触发释抑"是虚线框。

2）触发方式

触发方式决定示波器是否按照信号的条件描绘波形。数字示波器的触发方式有以下几种。

（1）自动触发（Auto）：不管是否满足触发条件，都实时刷新波形，这时示波器屏幕上的波形通常看起来是"晃动"的。此模式可以在没有有效触发时自由运行采集，如果没有信号输入到示波器，则显示一条时基线。

（2）常态触发（Normal）：只有满足触发条件才触发，否则波形会静止不动，并且等待下一次触发。

（3）单次触发（Single）：仅捕获第一次满足触发条件的波形，捕获后就停止。单次捕捉实际上只是其中一个采样周期对信号进行采样的结果，因此，所得的样点之间的间隔等于采样频率的倒数。

3）触发类型

数字示波器的触发类型有很多种，如边沿触发、脉宽触发、延迟触发、数字逻辑触发、矮脉冲触发、视频触发、斜率触发、交替触发等，可根据被测信号的特性选择恰当的触发类型。

（1）边沿触发

边沿（上升沿、下降沿）触发是最基本的触发类型，是指输入信号边沿达到某一设定的触发电平和触发极性而产生的一种触发。触发极性和触发电平决定了触发脉冲产生的时刻，并决定了被显示信号的起点。

触发极性是指触发点位于触发源信号的上升沿（正极性）还是下降沿（负极性）。"正极性触发"是在信号增大的方向上，当触发信号超过触发电平时就产生触发。"负极性触发"是在信号减小的方向上，当触发信号超过触发电平时就产生触发。

触发电平是指触发点所对应的信号电压，可以大致分为正电平、负电平、零电平。触发电平调节又称同步调节，调节它能使波形稳定显示。如图2-60所示为不同触发极性和触发电平时的波形显示原理。

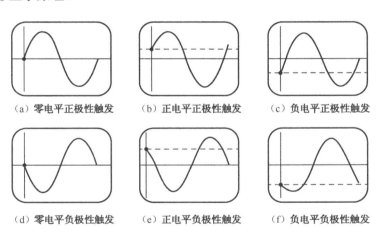

（a）零电平正极性触发　　（b）正电平正极性触发　　（c）负电平正极性触发

（d）零电平负极性触发　　（e）正电平负极性触发　　（f）负电平负极性触发

图2-60　不同触发极性和触发电平时的波形显示原理

边沿触发类型时的自动电平触发（Auto）：为使显示稳定，示波器根据实际输入信号自动选择一个触发电平。通常自动选择的触发电平处于显示波形幅度50%的位置。

（2）时间限定触发

① 脉宽触发。对于含有多种脉宽的脉冲信号，如果使用边沿（上升沿或下降沿）触发，则显示的波形将不稳定，如图2-61（a）所示；采用脉宽触发后的效果如图2-61（b）所示，显示的波形稳定而清晰。

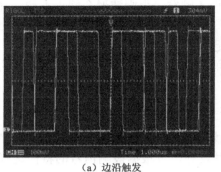

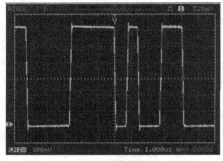

（a）边沿触发　　　　　　　　　　　　　（b）脉宽触发

图 2-61　含有不同脉宽的脉冲信号采用边沿触发和脉宽触发的效果图

脉宽触发是典型的时间限定触发方式，适合观测方波、脉冲信号等。图 2-62 所示的脉冲序列由三种宽度不同的脉冲组成，若要求由最宽的脉冲 1 产生触发，则可设置脉冲宽度大于 t_1。若要求由最窄的脉冲 2 产生触发，则可设置触发脉冲宽度小于 t_2。如果设置触发脉冲宽度大于 t_3 而小于 t_4，则由脉冲 3 产生触发。这样，不同宽度的脉冲只有一个产生触发，波形就能得到稳定显示。

脉宽触发的另一种典型应用就是捕捉毛刺，此时可称为毛刺触发。毛刺是一种宽度极窄的异常脉冲，毛刺触发电路可根据脉冲的宽度来确定触发时刻。当被测信号为直流信号（$f＝0$ Hz）到某一频率之间的信号时，可以将脉冲宽度设置为小于被测信号最高频率分量周期的 1/2，因为在正常情况下，这样的窄脉冲是不会产生的。毛刺触发采用了单次触发的模式，无毛刺出现时示波器不显示，处于"监视"状态；当触发器发现毛刺时，则产生触发信号并显示毛刺尖峰出现前后的波形，如图 2-63 所示。

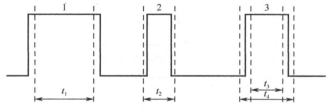

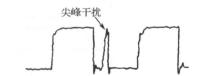

图 2-62　脉宽触发原理　　　　　　　图 2-63　毛刺触发捕捉尖峰干扰的波形

② 延迟触发。延迟触发是在边沿触发开始前，等待一段指定时间或若干事件，延迟触发发生。这种触发类型可以在一系列触发事件中确定触发位置。

图 2-64（a）所示为按事件的延迟触发，A 为外部触发输入信号，B 为输入信号源，正常边沿触发为第 1 个脉冲上升沿，但现在加了延迟条件 C（事件数 3），故显示的首个触发点为 D，即在第 4 个脉冲上升沿开始显示。图 2-64（b）所示为按时间的延迟触发，A 为外部触发输入信号，B 为输入信号源，正常边沿触发为第 1 个脉冲上升沿，但现在加了延迟条件 C（延迟了一段时间），故显示的首个触发点为 D，即在第 4 个脉冲上升沿开始显示。故而可以通过改变 C 的值，来确定触发起始位置。

（3）数字逻辑触发

数字示波器可以观测数字信号波形。由于数字信号的变化按照一定的逻辑规则进行，

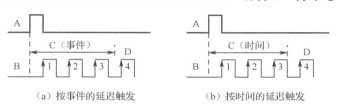

（a）按事件的延迟触发　　　　（b）按时间的延迟触发

图 2-64　延迟触发原理

因此数字逻辑触发又称码型触发，其触发效果图如图 2-65 所示。数字示波器通常有 2 路或 4 路输入，构成数字码型的途径有两个：其一是同时检测多路输入信号，并将检测结果按一定顺序排列；其二是连续检测一路信号并按其状态变化顺序排列。复杂的触发设定也可将这两种方式结合在一起。几路信号的逻辑组合，可以是"与"、"或"、"与非"、"或非"、"异或"、"同或"等多种。

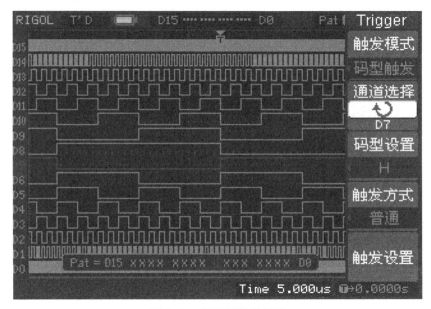

图 2-65　码型触发效果图

典型的数字逻辑触发类型有状态触发、数字图形触发等。状态触发采用状态字作为触发信号，设置多条并行检测线来同时检测多路状态，当检测到用户规定的状态字（如 HLHH）时，示波器即产生触发。数字图形触发是将多路输入信号的数字状态组合在一起构成数字图形，当检测得到的图形与设定图形相符时即产生触发。

（4）矮脉冲触发

示波器的触发条件通常设定为信号大于某个阈值，而有时人们希望观察的是波形中的小信号部分，这时就需要屏蔽那些幅值较大的信号，由脉冲串中那些幅度低于设定门限值的脉冲产生触发。

矮脉冲指能够通过一个指定阈值但不能通过第二个阈值的脉冲，也称矮波。矮脉冲触发即一旦出现矮脉冲，示波器立即产生触发信号。数字示波器可以观测正向和负向矮波。图 2-66（a）中正向矮脉冲 2 未达到高门限阈值，图 2-66（b）中负向矮脉冲 4 未达到低门限阈值。这种幅度异常、或高或低的脉冲往往就是毛刺和干扰信号，通过矮脉冲触发即可将其捕捉。

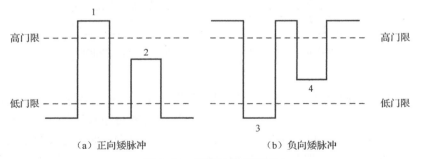

图2-66　矮脉冲触发原理

（5）视频触发

视频触发适用于视频信号，主要是通过视频同步分离器提取视频信号中的场同步信号或者行同步信号作为触发信号，因而视频触发又可分为场同步触发和行同步触发两种。视频触发效果图如图2-67所示。

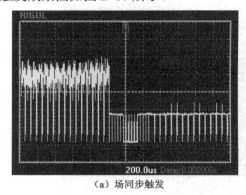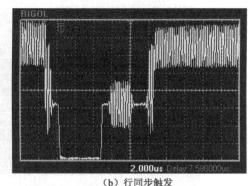

图2-67　视频触发效果图

（6）斜率触发

针对含有不同斜率的锯齿波，如采用边沿触发则波形不稳定，如图 2-68（a）所示；采用斜率触发能使波形稳定显示，如图2-68（b）所示。

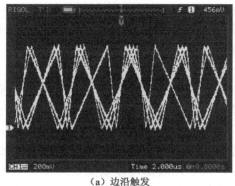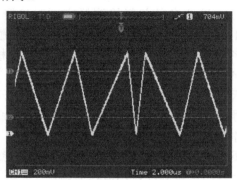

图2-68　含有不同斜率的锯齿波采用边沿触发和斜率触发的效果图

斜率触发是当被测信号的斜率满足某一特定条件时，就产生触发信号，适合三角波、锯齿波等信号。捕捉边缘速率比正常波形快（或者慢）的异常波形。

$$斜率 = \frac{幅值（V）}{时间（s）}$$

如图 2-69 所示，设定一高一低两个触发阈值电平，通过对处于设定的两触发比较电平之间的波形进行计时，将计时的结果与设定的时间门限值进行比较，如果计时值大于设定的门限值，则表明被测信号的斜率小于规定的斜率值；反之，则被测信号的斜率值大于规定的斜率值。

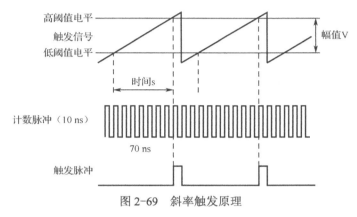

图 2-69 斜率触发原理

斜率触发条件可以设定斜率为等于、小于、大于、不等于某值，示波器自动计算信号斜率，当波形满足触发条件时，通过触发比较器产生触发脉冲，使示波器触发，捕获到欲观测的信号。

（7）交替触发

当两个通道信号类型不同时，用其中一个作为触发信号会引起另一个波形不稳定，如图 2-70（a）所示；采用交替触发后两个波形都能稳定显示，如图 2-70（b）所示。

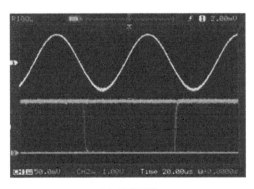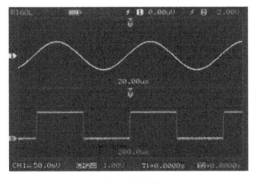

（a）正常触发 　　　　　　　　　　　　　　（b）交替触发

图 2-70 双踪显示不同类型波形时采用正常触发和交替触发的效果图

交替触发即交替进行触发，其触发信号来自两个垂直通道。此方式用于同时观察两个不相关的信号，可为两个通道信号选择不同的触发类型。

4）触发模式（观察窗口的定位）

由于数字示波器存储资源的限制，只能从大量的数据流中截取一个片段存储和显示，这个数据片段称为观察窗口。数字示波器的观察窗口与触发点的位置关系是可以选择的，不但可以观测触发点后的信号波形，还可以观测触发点前的信号波形。

观察窗口的位置取决于选用的触发模式，以触发点为参考位置来确定。触发模式可分为始端触发和终端触发、始端触发加延迟和终端触发加延迟等几种模式。

（1）始端触发模式

当被测信号达到预置的触发条件时，触发电路便产生触发脉冲，于是存储器就从零地址开始写入采集的数据。设示波器的存储空间为 1024 个单元，则当写满 1024 个单元后便停止写操作，显示时也从零地址开始读数据，这时对应示波器屏幕上显示的信号便是触发点之后的波形。这种方式称为存储窗口的始端触发，如图 2-71（a）所示。

（2）终端触发模式

如果在触发脉冲到来前，采样不断进行着，存储器便一直处于 0～1023 个单元不断循环写入的过程中。在写满 1024 个单元之后，新内容将覆盖旧内容继续写入。当触发信号到来时，存储器立即停止写入，这时对应示波器屏幕上显示的信号便是触发点前的波形。这种方式称为存储窗口的终端触发，如图 2-71（b）所示。

（3）始端触发加延迟模式

触发脉冲到来后，存储器不立即写入数据，而是延迟一段指定时间或若干事件之后才开始写入。这时示波器屏幕上显示的信号便是触发点起一段时间之后（或若干事件之后）的波形，这等于示波器的时间窗口平移。这种方式称为存储窗口的始端触发加延迟，如图 2-71（c）所示。

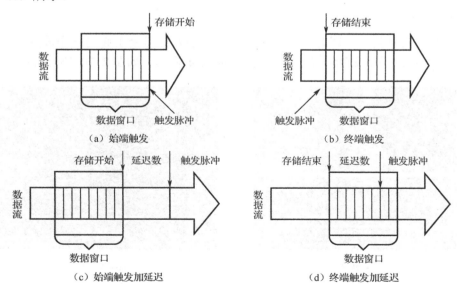

图 2-71　数字示波器的触发模式

（4）终端触发加延迟模式

触发脉冲到来之前，存储器不断循环写入数据；当触发脉冲到来时，使存储器再写入

（1024-N）个采样点之后停止写操作。显示时，不是从零地址读数据，而是以停止写操作时地址的下一个地址为显示首地址连续读取 1024 个单元的内容，示波器屏幕上显示的便是触发点之前 N 次采样点为起点的波形，这等于示波器窗口平移。这种方式称为存储窗口的终端触发加延迟，如图 2-71（d）所示。

6. 显示方式

为了适应对不同波形的观测，数字示波器具有多种灵活的显示方式。

1）点显示与插值显示

点显示就是在屏幕上以间隔点的形式将采集的信号波形显示出来。由于各点之间没有任何连线，每个信号周期必须有足够多的点才能正确地重现信号波形，一般要求每个正弦信号周期显示 20～25 个点。在点显示情况下，当被观察的信号在一个周期内采样点数较少时，会引起视觉上的混淆现象，如图 2-72（a）所示。

为克服视觉混淆现象，数字示波器往往采用插值显示。所谓插值显示，就是利用插值技术在波形的两个采样点数据间补充一些数据。数字示波器广泛采用线性插值和正弦插值两种方式。采用插值显示可以降低对数字示波器采样速率的要求，如图 2-72（b）所示。

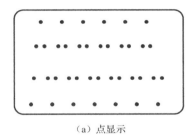

（a）点显示 　　　　　　　　　　　（b）插值显示

图 2-72 点显示与插值显示

2）基本显示与单次触发显示

基本显示又称刷新显示，如图 2-73 所示。其工作过程是，当满足触发条件时，就对信号进行采集并存到存储器中，然后将存储器中的波形数据复制到显示存储器中去，从而使得屏幕的显示内容不断随信号的变化而更新。这种连续触发显示的方式与模拟示波器的基本显示方式类似，是最常用的一种显示方式。

单次触发显示是当满足条件时，就对信号进行连续采集并将其存于存储器的连续地址单元中，一旦数据将存储器的最后一个单元填满，采集过程即告结束，然后不断地将存储器中的波形数据复制到显示存储器中，在此期间示波器不再采集新的数据。这种方式对观测单次出现的信号非常有效。模拟示波器不具备这样的显示方式。

3）滚动显示

滚动显示的表现形式是被测波形连续不断地从屏幕右端进入，从屏幕左端移出。示波器犹如一台图形记录仪，记录笔在屏幕的右端，记录纸由右向左移动，当发现欲研究的波形部分时，还可将波形存储或固定在屏幕上，以进行细微的观察与分析，如图 2-74 所示。

滚动显示方式的机理是每当采集到一个新的数据时，就把已存在存储器中的所有数据都向前移动一个单元，即将第一个单元的数据冲掉，其他单元的内容依次向前递进，然后再在最后一个单元中存入新采集的数据。每写入一个数据，就进行一次读过程，读出和写入的内容不断更新，因而可以产生波形滚滚而来的滚动效果。滚动显示主要适于缓慢变化的信号，诸如电池的充放电周期或温度对系统性能的影响等。

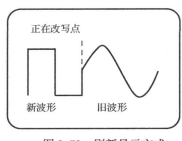

图 2-73　刷新显示方式

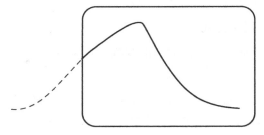

图 2-74　滚动显示方式

4）锁存和半存显示

锁存显示就是把一幅波形数据存入存储器之后，只允许从存储器中读出数据进行显示，不准新数据再写入，即前述的单次触发显示。

半存显示是指波形被存储之后，允许存储器奇数（或偶数）地址中的内容更新，但偶数（或奇数）地址中的内容保持不变。于是屏幕上便出现两个波形，一个是已存储的波形信号，另一个是实时测量的波形信号。这种显示方法可以实现将现行波形与过去存储下来的波形进行比较的功能。

5）存入/调出显示

"存入"（Save）功能即当采集的信号波形数据存入存储器以后，将这些波形数据及面板参数一起复制到后备非易失性存储器中，以供以后进行分析、参考及比较使用。后备非易失性存储器通常可以容纳多幅波形数据及面板参数。使用时，只要按下"Save"键和一个数字键，示波器就会自动把当前的波形数据和参数存到对应编号的非易失性存储器区域中。

"调出"（Recall）是指把已存储的波形调出并显示。使用时，只要按下"Recall"键和一个数字键，示波器就会把对应编号的波形数据和参数调出并显示在屏幕上。"调出"是"存入"的逆过程。

示波器的存入/调出显示功能在现场中使用是很方便的。可以把现场测量期间所有的有关波形存储下来，以便以后分析，或传送到计算机做进一步处理。

扫一扫看数字示波器的主要性能指标和特点教学课件

2.4.4　数字示波器的主要性能指标和特点

数字示波器作为最常用的测试分析工具，近年来得到了长足的发展。数字示波器的发展有两个趋势，一方面是性能的提升，诸如带宽的增加和采样率的提升；另一方面，随着Windows 操作系统在示波器上的应用，示波器的可用性和软件分析能力也获得了巨大的发展。时域、频域、数据域、调制域等多领域测试是数字示波器发展的又一趋势。

1. 数字示波器的主要性能指标

衡量数字示波器的指标很多，往往使人分不清主次，实际上最主要但却较抽象的衡量标准是信号保真度。下面介绍数字示波器的一些主要性能指标。

1）信号保真度

信号保真度是指数字示波器显示的波形和被测波形的一致性。波形从被测点到显示在示波器的屏幕上要经过数字示波器的各个环节，而每个环节都有可能对信号产生影响，因而数字示波器要实现高保真是一件比较困难的事。示波器影响信号保真度的几个主要因素如图 2-75 所示：探头连接部分带宽、探头带宽、示波器带宽和频响、示波器采样率。示波器系统的信号保真能力（或称系统带宽）由链路中的最弱环节决定。例如，一个 6 GHz 带宽的示波器，如果配备 3.5 GHz 带宽的探头系统，那么整个示波器系统的带宽最多只有 3.5 GHz。

图 2-75　影响示波器信号保真度的几个因素

2）最高采样速率

数字示波器的基本原理是在被测模拟信号上采样，以有限的采样点来表示整个信号波形。最高采样速率指单位时间内完成的完整 A/D 转换的最高次数，即每秒的采样点数，单位为点/秒（Sa/s），也常用频率表示。最高采样速率越高，仪器捕捉信号的能力越强。现代数字示波器最高采样速率可达 20 GSa/s。

3）带宽

模拟示波器的带宽是以 3 dB 带宽定义的，这实际上是垂直通道放大器等电路的带宽，也称模拟带宽。数字示波器中有两种与采样速率相关的带宽：

（1）等效带宽：指用数字示波器测量重复信号（周期性信号）时的带宽，也称重复带宽。由于使用了非实时采样（等效采样）来重构伪波形，因此等效带宽可以做得很宽，有的达几十吉赫兹。

（2）单次带宽：也称数字实时带宽、有效存储带宽，指用数字示波器测量单次信号时能完整显示被测波形的带宽。

当今应用微电子技术制作宽带放大器不太困难，而制作超高采样速率的 A/D 转换器却有较大难度。因此数字示波器模拟通道硬件的带宽是足够的，主要受波形上采样点数量的限制，故而在数字示波器中更受关注的是数字实时带宽。

4）分辨力

分辨力指数字示波器能分辨的最小电压增量和最小时间增量，即量化的最小单元，是用于反映存储信号波形细节的综合特性。分辨力包括垂直（电压）分辨力和水平（时间）分辨力。垂直分辨力与 A/D 转换器的分辨力相对应，常以屏幕每格的分级数（级/div）或百分数表示。水平分辨力由存储器的容量来决定，常以屏幕每格含多少个采样点（点/div）或百分数表示。

显示屏屏幕坐标的刻度一般为 10×8 div。若示波器采用 8 位 A/D 转换器（256 级），则其垂直分辨力为 32 级/div，用百分数表示为 1/256≈0.39%。若采用容量为 1 KB 的存储器，则水平分辨力为 1024/10≈100 点/div，或用百分数表示为 1/1024≈0.1%。

5）存储容量

存储容量又称存储深度、记录长度，由主存储器的最大存储容量来表示，常以字（word）为单位。存储容量与水平分辨力在数值上互为倒数关系，存储容量越大，水平分辨力数值越小，水平分辨率就越高。

早期数字存储器的存储容量有 256 B、512 B、1 KB、4 KB 等，新型的数字存储器的存储采用快速响应深存储技术，存储容量可达 2 MB 以上。

6）读出速度

读出速度是指将存储的数据从存储器中读出的速度，常用 t/div 表示。其中，时间等于屏幕中每格内对应的存储容量×读脉冲周期。使用时应根据显示器、记录装置等对速度的不同要求，选择不同的读出速度。

7）垂直灵敏度

垂直灵敏度是指数字示波器显示屏在垂直方向（Y 轴）每伏输入电压值引起的偏移距离，实际常用它的倒数形式，每格所代表的电压幅度值（V/div），称为垂直因数，用 D_Y 表示。D_Y 与 Y 通道的量程增益有关，数字示波器按 1-2-5 步进方式进行垂直因数分挡。垂直灵敏度参数表明了示波器测量最小信号幅度的能力。

8）波形捕获速率

波形捕获速率也称屏幕刷新速率，是指数字示波器的屏幕每秒刷新波形的最高次数。两次捕获之间示波器会有闪烁感，是因为两次捕获之间数字示波器将不再进行测量。

波形捕获速率可表示为波形数每秒（wfms/s）。采样速率表示的是示波器在一个波形或周期内，采样输入信号的频率，波形捕获速率则是指示波器采集波形的速度。波形捕获速率取决于示波器的类型和性能级别，且有着很大的变化范围。高波形捕获速率的示波器将会提供更多的重要信号特性，并能极大地增加示波器快速捕获瞬时的异常情况，如抖动、矮脉冲、低频干扰和瞬时误差的概率。目前，高性能的示波器波形捕获速率达 100 万wfms/s。

2. 数字示波器的特点

与模拟示波器相比，数字示波器有下述几个特点。

1）波形的采集和显示可以分离

数字示波器在存储工作阶段，对快速信号采用较高的速率进行取样与存储，对慢速信号采用较低的速率进行取样与存储；但在显示工作阶段，其读出速度采取了一个固定的速率，不受取样速率的限制，因而可以获得清晰而稳定的波形。通过数字示波器可以无闪烁地观察频率很低的信号。采集与显示两者能分离的关键在于数字示波器具有波形存储能力，存储功能起到了缓冲与隔离作用。

2）具有长时间存储信号的能力

这种特性对观察单次出现的瞬变信号尤为有利。有些信号，如单次冲击波、放电现象等都是在短暂的一瞬间产生的，在示波器的屏幕上一闪而过，而数字示波器把波形以数字方式存储起来，且其存储时间在理论上可以是无限长的。

3）具有先进的触发功能

数字示波器不仅能显示触发后的信号，而且能显示触发前的信号，并且可以任意选择超前或滞后的时间，这给材料强度研究、地震研究、生物机能实验提供了有利的工具。除此之外，数字示波器还可以向用户提供边沿触发、组合触发、状态触发、延迟触发等多种方式，来实现多种触发功能，方便、准确地对电信号进行分析。

4）测量精度高

模拟示波器水平精度由锯齿波的稳定度和线性度决定，故很难实现较高的时间精度，一般限制在 3%～5%。而数字示波器由于使用晶振作为高稳定时钟，有很高的测时精度。采用多位 A/D 转换器也使幅度测量精度大大提高。尤其是能够自动测量直接数字显示，有效地克服了模拟示波器的示波管对测量精度的影响，使大多数的数字示波器的测量精度优于 1%。

5）具有很强的运算处理能力

数字示波器可实现多参数的自动测量。波形参数主要分为时间类参数和幅值类参数两大类。时间类参数主要包括频率、周期、上升/下降时间、正/负脉宽、正/负占空比、相位、延迟等；幅值类参数主要包括最大值、最小值、顶端值、底端值、中间值、峰–峰值、幅度、平均值、有效值、过冲、预冲、方均根、有效值等，以及对两波形进行加、减、乘等运算处理。此外，有的数字示波器还可以进行 FFT 等计算，显示信号的频谱等。

6）具有数字信号的输入/输出功能

通过各种通信接口，可以很方便地将存储的数据送至计算机、合成信号源或其他外部设备，进行复杂的数据运算或分析处理，以及产生复杂的波形。同时，还可以通过各种通信接口与计算机一起构成强有力的自动测试系统。

此外，数字示波器还有很多功能特点，如开机自动测试、自诊断、自校准、探头过压保护、信号处理、波形计算、绘图、打印、GPIB 接口等。

2.4.5　示波器的基本测试技术

扫一扫看示波器的基本测试技术教学课件

示波器能够将被测信号显示在屏幕上，用以定性地观察信号波形，定量地测量信号的多项参数。数字示波器具有自动设置、自动测量，以及数据处理与信号分析等功能。尽管数字示波器会将测得的数据直接显示在屏幕上，但对于基本的测试技术还是应该有所了解和掌握，下面说明示波器的基本测试技术。

1. 示波器的选用

示波器种类繁多，要获得满意的测量结果，应根据测量任务并考虑性价比来选择示波器。示波器的带宽 BW 是一项核心技术指标，它反映了示波器观测高频信号时显示波形的失真程度，一般应根据所需信号的最高频率分量予以选用，满足"5 倍带宽法则"：

示波器所需带宽=被测信号的最高频率成分×5

与带宽相关的参数是上升时间 t_{r0}，它表示示波器输入理想方波时，由于带宽限制，示波器所显示波形的上升时间。若被测脉冲的上升时间为 t_{ry}，则对应"5 倍带宽法则"，应有

$t_{r0} < \dfrac{1}{5}t_{ry}$，否则，应按下式修正：

$$t_{r1} = \sqrt{t_{r2}^2 - t_{r0}^2} \qquad (2\text{-}5)$$

式中，t_{r1} 为被测脉冲实际上升时间；t_{r2} 为根据波形直接测出的被测脉冲上升时间；t_{r0} 为示波器本身上升时间。

在选用数字示波器时，应从示波器带宽和性价比考虑，还应综合考虑采样速率、存储深度、垂直和水平分辨力、波形捕获速率、外部通道接口等。其中，有些指标相互关联，应深入理解其含义，合理选择。

2. 示波器的主要参数设置

示波器的主要参数设置显示在屏幕底部，如图 2-76 所示。可以由示波器自动设置，也可以手动设置仪器参数。图中数据分为三大部分，最左部分为通道状态显示，中间是水平状态显示，最右部分是触发配置状态显示。具体参数如下。

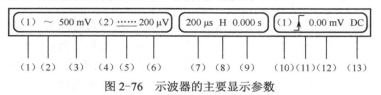

图 2-76　示波器的主要显示参数

（1）指明后面紧跟的是通道 1（CH1）的数据。

（2）CH1 通道的输入信号耦合方式。

（3）CH1 通道的垂直因数（D_Y）。

（4）指明后面紧跟的是通道 2（CH2）的数据。

（5）CH2 通道的输入信号耦合方式。

（6）CH2 通道的垂直因数（D_Y）。

（7）时基因数（D_X）。

（8）指明其附近是水平状态数据。

（9）时基信号的水平触发位置。

（10）触发信号来源通道。

（11）触发极性标记。

（12）触发电平。

（13）触发耦合方式。

示波器的这些主要参数显示在屏幕底部，令使用者对示波器的状态设置一目了然，可以根据需要修改参数设置，使示波器更好地显示欲捕捉的波形数据，为更准确地实现人工测量和自动测量提供条件。

3. 用示波器测量电压

用示波器测量电压有其独有的特点，除了可以测量各种波形的幅值，如测量脉冲波的电压幅值和各种非正弦波的电压幅值外，还可以直接测量非正弦波的各种瞬时值，这是其他电压测量仪表无法做到的。例如，利用示波器测量某个脉冲电压波形的各部分电压值，如上冲量、反冲量等。利用示波器测量电压的基本方法有以下几种。

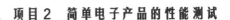

1）直流电压的测量

用示波器测量直流电压的原理是：被测电压在屏幕上呈现一条直线，该直线偏离时间基线（零电平线）的高度与被测电压的大小成正比。被测直流电压值 U_{DC} 为

$$U_{DC} = h \times D_Y \qquad (2-6)$$

式中，h 为被测直流信号线偏离零电平线的高度，单位为 div；D_Y 为示波器的垂直因数，单位为 V/div 或 mV/div。

若使用带衰减器的探头进行测量，则应考虑衰减系数 k。此时，被测直流电压值 U_{DC} 为

$$U_{DC} = h \times D_Y \times k \qquad (2-7)$$

注意：确定零电平线时将示波器的输入耦合开关置于"GND"位置，调节垂直位移旋钮，将扫描基线移至屏幕中央位置。接着将示波器的输入耦合开关置于"DC"挡，观察此时水平亮线的偏转方向，若位于前面确定的零电平线之上，则被测直流电压为正极性；若向下偏移，则为负极性。

实例 2-4 用示波器测量直流电压，如图 2-77 所示，垂直因数 $D_Y = 0.5$ V/div，$h = 3$ div，若 $k = 10 : 1$，求被测直流电压值。

解 根据式（2-7）可得

$$U_{DC} = h \times D_Y \times k = 3 \times 0.5 \times 10 = 15 \text{ V}$$

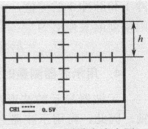

图 2-77 测量直流电压

2）交流电压的测量

使用示波器测量交流电压的最大优点是可以直接观测波形形状，确认波形是否失真，还可以显示其幅值、频率和相位等参数。被测交流电压峰-峰值 U_{p-p} 为

 扫一扫看示波器人工、自动测量峰-峰值和周期微视频 扫一扫看任意两点电压差和时间间隔测量微视频

$$U_{p-p} = h \times D_Y \qquad (2-8)$$

式中，h 为示波器显示的被测交流电压波峰和波谷的高度，或欲观测的任意两点间的高度；D_Y 为示波器的垂直因数。

若使用带衰减器的探头进行测量，则应考虑衰减系数 k。此时，被测交流电压峰-峰值 U_{p-p} 为

$$U_{p-p} = h \times D_Y \times k \qquad (2-9)$$

注意：测量交流电压时，示波器的输入耦合开关置于"AC"位置。

实例 2-5 用示波器测量交流电压，如图 2-78 所示，已知 $h = 6$ div，$D_Y = 0.5$ V/div，若 $k = 1 : 1$，求被测正弦信号的峰-峰值和有效值。

解 方法一（自动测量）：按下数字示波器面板上的"Measure"键，在测量选择菜单中选择"峰-峰值"和"均方根值"，即可在屏幕上得到相应数值。

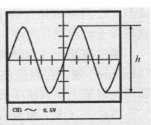

图 2-78 测量交流电压

方法二（人工测量）： 根据式（2-9）可得正弦信号的峰-峰值为

$$U_{p-p} = h \times D_Y \times k = 6 \times 0.5 \times 1 = 3 \text{ V}$$

正弦信号的有效值为

$$U = \frac{U_p}{\sqrt{2}} = \frac{U_{p-p}}{2\sqrt{2}} = \frac{3 \text{ V}}{2\sqrt{2}} \approx 1.06 \text{ V}$$

实例 2-6 用示波器测量脉冲信号，已知示波器的垂直因数为 250 mV/div，屏幕显示波形如图 2-79 所示，求这 4 个脉冲列中的幅度最大差值。

解 方法一（自动测量）： 按下数字示波器面板上的"Cursor"键，用垂直光标去卡最低脉冲幅值和最高脉冲幅值，即可在屏幕上得到相应 ΔU 数值。

方法二（人工测量）： 根据图示脉冲，最大差值为脉冲 1 和脉冲 3 的差值，两点在屏幕上的距离 h 为 4.2 div。则幅度最大差值为

$$U_{p-p} = h \times D_Y = 4.2 \times 0.25 = 1.05 \text{ V}$$

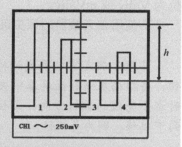

图 2-79 测量脉冲信号

4. 用示波器测量时间和频率

示波器显示的波形在水平方向上的距离与时间成正比，示波器屏幕的水平轴就是时间轴，因此，可用示波器直接测量整个波形或波形任意部分持续的时间。

扫一扫看示波器具有水平扩展的信号周期人工测量微视频

1）测量周期和频率

对于周期性信号，可以直接测得周期，进而计算频率（$f = 1/T$）。被测交流信号的周期为

$$T = x D_X \qquad (2\text{-}10)$$

式中，x 为被测交流信号的一个周期在屏幕水平方向所占的距离，单位为 div；D_X 为示波器的时基因数，单位为 s/div 或 ms/div、μs/div。

若使用了 X 轴扩展，则应考虑水平扩展倍率 k_X。此时，被测交流信号周期 T 为

$$T = x D_X / k_X \qquad (2\text{-}11)$$

如果示波器的分辨率低，为减小测量误差，提高测量准确度，可以采用"多周期测量法"，即测量周期时，读出 N 个信号周期波形在屏幕水平方向所占的距离 x_N，则被测信号周期 T 为

$$T = x_N D_X / N \qquad (2\text{-}12)$$

实例 2-7 用示波器测量正弦电压，如图 2-80 所示，波形一个周期占横向格子 5 格，时基因数为 5 μs/div，求被测信号的周期、频率。

解 方法一（自动测量）： 按下数字示波器面板上的"Measure"键，在测量选择菜单中选择"周期"和"频率"，即可在屏幕上得到相应数值。

方法二（人工测量）： 由题可知，波形 $x=5$ div，$D_X=$ 5 μs/div，由式（2-10）可得被测交流信号周期为

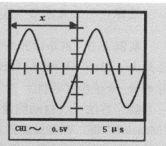

图 2-80 测量信号的周期、频率 1

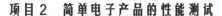

$$T = xD_X = 5 \times 5 = 25\ \mu s$$
$$f = 1/T = 1/25 = 40\ kHz$$

实例 2-8   示波器屏幕上的波形如图 2-81 所示，未扩展时时基因数 D_X 置于 "100 μs/div"，按下 "Zoom" 键水平扩展后，时基因数 D'_X 显示为 "10 μs/div"，此时观察到信号一个周期 $x = 5\ div$，求被测信号的周期、频率。

解   方法一（自动测量）： 按下数字示波器面板上的 "Measure" 键，在测量选择菜单中选择 "周期" 和 "频率"，即可在屏幕上得到相应数值。

方法二（人工测量）： 根据两次时基因数值，可知水平扩展了 10 倍，由式（2-11）可得被测交流信号周期为

$$T = xD_X/k_X = 5 \times 10/10 = 5\ \mu s$$
$$f = 1/T = 200\ kHz$$

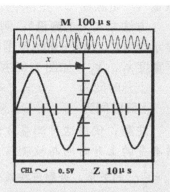

图 2-81   测量信号的周期、频率 2

2）测量时间间隔

（1）用示波器测量同一信号中任意两点 A 与 B 的时间间隔的测量方法与周期测量方法相同。如图 2-82（a）所示，测量 A 与 B 的时间间隔 T_{A-B}。

方法一（自动测量）： 按下数字示波器面板上的 "Cursor" 键，用水平光标去卡两个测试点，即可在屏幕上得到相应的时间间隔数值。

方法二（人工测量）：　　　　　　　$T_{A-B} = x_{A-B}D_X$　　　　　　　　　　（2-13）

式中，x_{A-B} 为 A 点与 B 点的时间间隔在水平方向的距离。

（2）若 A、B 两点分别为脉冲波前后沿的中点，则所测时间间隔为脉冲宽度，如图 2-82（b）所示。

（3）示波器采用双踪显示可测量两个信号的时间差。如图 2-82（c）所示，两个独立被测信号分别输入示波器的两个通道，待波形稳定后，选择合适的波形测量点，由人工测量或自动测量得到两波形的时间差 T_{A-B}。

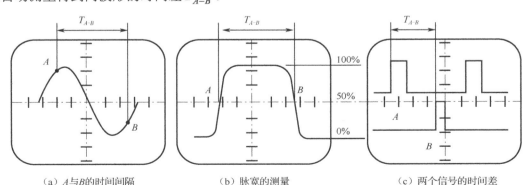

（a）A 与 B 的时间间隔　　　　　（b）脉宽的测量　　　　　（c）两个信号的时间差

图 2-82   测量信号的时间间隔

3）测量脉冲上升时间

示波器可测量脉冲波形的前沿或后沿时间。

方法一（自动测量）：按下数字示波器面板上的"Measure"键，在测量选择菜单中选择脉冲"上升时间"和"下降时间"，即可在屏幕上得到相应数值。还可以选择脉冲的"正脉宽"、"负脉宽"、"正占空比"、"负占空比"等参数。

方法二（人工测量）：测量方法是读出波形显示幅度的 10%～90% 范围的前沿和后沿的水平宽度 x_1、x_2，如图 2-83 所示，则

上升时间为 $\qquad t_r = x_1 \times D_X \qquad$ （2-14）

下降时间为 $\qquad t_f = x_2 \times D_X \qquad$ （2-15）

注意：使用这种测量方法的前提是，示波器本身的上升时间与被测信号的上升时间满足 $t_{r0} < \dfrac{1}{5} t_{ry}$ 的关系，否则应按式（2-5）进行修正。

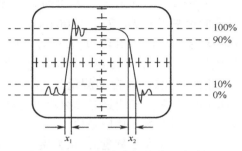
图 2-83　测量脉冲上升或下降时间

5. 用双踪示波法测量相位

相位的测量实际上是对两个同频正弦信号相位差的测量，因为正弦信号的相位是随时间变化的，测量绝对的相位值是没有意义的。

相位测量原理是把一个完整的信号周期定为 360°，然后将两个信号在 X 轴上的时间差换算成角度值。

测量方法为：将欲测量的两个信号 A 和 B 分别接到示波器的两个输入通道，用其中一个信号作为触发源，使屏幕上显示两个大小适中的稳定波形，如图 2-84 所示。先测量信号的周期 T，然后用水平光标测出两波形对应点（如过零点、峰值点等）之间的时间 Δt，则两信号的相位差为

$$\Delta \varphi = \frac{\Delta t}{T} \times 360°$$ （2-16）

图 2-84　测量两信号的相位差

式中，Δt 为两波形对应点之间的时间间隔；T 为被测信号的周期。

6. X-Y 功能

扫一扫看示波器的 X-Y 功能微视频

X-Y 功能即李沙育图形法，是利用示波器的 X 和 Y 通道分别输入被测信号和一个已知信号，调节已知信号的频率，使屏幕上出现稳定的李沙育图形，根据已知信号的频率（相位）便可求得被测信号的频率（相位）。

1）测量频率

示波器工作于 X-Y 方式，信号频率越高，波形经过垂直线和水平线的次数越多（如正弦波每个周期经过两次），即垂直线、水平线与李沙育图形的交点数分别与 X 和 Y 信号频率成正比。因此，李沙育图形存在关系：

$$\frac{f_Y}{f_X} = \frac{N_H}{N_V}$$ （2-17）

式中，N_H、N_V 分别为水平线、垂直线与李沙育图形的交点数；f_Y、f_X 分别为示波器 CH1 和 CH2 通道的信号频率。

信号频率比为 1∶1 时不同相位差的李沙育图形如表 2-9 所示。

表 2-9　信号频率比为 1∶1 时的李沙育图形

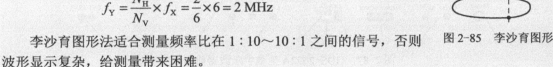

信号频率比	相 位 差					
	0°	45°	90°	180°	270°	360°
1∶1	╱	⬭	◯	╲	◯	╱

实例 2-9　如图 2-85 所示的李沙育图形，已知 X 信号频率为 6 MHz，问 Y 信号的频率是多少？

解　分别在李沙育图形上画出垂直线和水平线，则 $N_H = 2$，$N_V = 6$。

根据式（2-17）得

$$f_Y = \frac{N_H}{N_V} \times f_X = \frac{2}{6} \times 6 = 2\,\text{MHz}$$

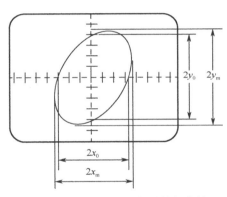

图 2-85　李沙育图形

李沙育图形法适合测量频率比在 1∶10～10∶1 之间的信号，否则波形显示复杂，给测量带来困难。

2）测量相位差

在低频相位差的测量中，常用李沙育图形法（也称椭圆法）。这时示波器工作于 X-Y 方式，两个同频率、同幅度的正弦信号分别送至 X、Y 通道，屏幕上出现一个椭圆波形，即李沙育图形，如图 2-86 所示。由椭圆上的坐标可求得两信号的相位差为

$$\Delta\varphi = \arcsin\frac{y_0}{y_m} \quad 或 \quad \Delta\varphi = \arcsin\frac{x_0}{x_m} \quad (2\text{-}18)$$

式中，$\Delta\varphi$ 为两信号的相位差；x_0、y_0 为椭圆与 X 轴、Y 轴截距的一半；x_m、y_m 为光点在 X 轴、Y 轴方向上最大偏转距离的一半。

图 2-86　椭圆法测量信号的相位差

典型仪器 4　GDS-2072A 型数字示波器

GDS-2072A 型数字示波器带宽 70 MHz，2 通道，2 GSa/s 实时采样率，2 MB 内存深度，最高每秒 80 000 次波形更新，具有超大彩色 LCD 显示屏，采用 VPO（Visual Persistence Oscilloscope，视觉持久示波器）技术。加配逻辑分析仪配件，可实现逻辑分析仪的功能，通过逻辑触发捕获信号，使逻辑波形和模拟波形显示在同一个屏幕上，方便比较和进行时间分析。

扫一扫看 GDS-2072A 型数字示波器介绍微视频

扫一扫看典型仪器 GDS-2072A 型数字示波器教学课件

1. 前面板

GDS-2072A 型数字示波器前面板分为五个部分，如图 2-87 所示，分别是垂直调节系统、水平调节系统、触发控制系统、功能键及控制调节系统。前面板各按键功能说明如下。

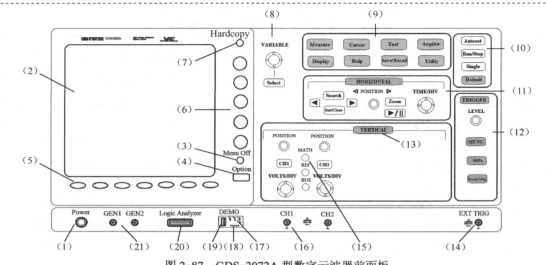

图 2-87 GDS-2072A 型数字示波器前面板

（1）Power 键：开机/关机。

（2）LCD 显示屏：8 英寸 SVGA TFT 彩色 LCD，800×600 分辨率。

（3）Menu Off 键：隐藏系统菜单。

（4）Option 键：使用已安装的选配件，如逻辑分析仪、信号源。

（5）底部菜单键（Bottom Menu）：用于选择 LCD 屏底部界面菜单。

（6）右侧菜单键（Side Menu）：用于选择 LCD 屏右侧界面菜单。

（7）Hardcopy 键：一键保存或打印。

（8）VARIABLE and Select 键：可调万能旋钮，用于增加/减小数值或选择参数，Select 键确认选择。

（9）功能键：进入和设置示波器的不同功能。

Measure 键：设置和删除自动测量项目。

Cursor 键：设置和运行光标测量。

Test 键：设置和运行 GW Instek 应用软件及选配功能，如电源分析软件。

Acquire 键：设置捕获模式，包括分段存储功能。

Display 键：显示设置。

Help 键：帮助菜单。

Save/Recall 键：存储和调取波形、图像、面板设置。

Utility 键：系统设定，可设置"Hardcopy"键、显示时间、语言、校准和 Demo 输出。

（10）控制调节系统。

Autoset 键：自动设置触发、时基因数和垂直因数。

Run/Stop 键：停止（Stop）或继续（Run）捕获信号。也用于运行或停止分段存储的信号捕获。

Single 键：单次触发方式。

Default 键：默认键，恢复初始设置。

（11）水平调节系统（Horizontal Controls）：用于改变光标位置、设置时基、缩放波形和搜索事件。

POSITION 键：用于调整波形的水平位置。

TIME/DIV 键：用于改变时基因数。

Zoom 键：与水平位置旋钮结合使用，用来放大波形。

Play/Pause 键 ▶/Ⅱ ：查看每一个搜索事件。

Search 键：进入搜索功能菜单，设置搜索类型、源和阈值。

Search Arrows 键 ◀ ▶ ：方向键用于引导搜索事件。

Set/Clear 键：当使用搜索功能时，该键用于设置或清除感兴趣的点。

（12）触发控制系统（Trigger Controls）：控制触发电平和选项。

LEVEL 键：设置触发电平。

MENU 键：显示触发菜单。

50% 键：触发电平设置为 50%。

Force Trig 键：强制触发波形。

（13）垂直调节系统（Vertical Controls）：用于设置波形垂直位置、垂直缩放波形。

POSITION 键：设置波形的垂直位置。

CH1 、 CH2 键：设置通道。

VOLTS/DIV 键：设置通道的垂直因数。

（14） EXT TRIG 键：外部触发信号输入端（输入阻抗：1 MΩ，电压输入：±15 V 峰值，EXT 触发电容：16 pF）。

（15）运算、参考值、总线键：

Math 键：设置数学运算功能。

REF 键：打开或关闭参考波形。

BUS 键：设置并行和串行总线（UART、I^2C 和 SPI）。逻辑分析仪选件包括串行总线和并行总线功能（DS2-08LA/DS2-16LA）。

（16）CH1、CH2 插座：模拟通道输入，输入阻抗 1 MΩ。

（17）基本信号发生器：作为探头补偿、触发输出或针对演示目的（FM 信号、UART、I^2C、SPI）。默认情况下 3 组输出为：1—触发输出；2—FM 波形；3—探头补偿信号（CAL 输出一个 2 V_{p-p}、1 kHz 方波信号）。

（18）连接待测物的接地线，共地。

（19）USB Host 接口：Type A，1.1/2.0 兼容，用于数据传输。

（20） Logic Analyzer 接口：用于连接逻辑分析仪探头。仅当安装逻辑分析仪模块后该接口功能才启用。

（21）GEN1、GEN2：信号发生器输出端，与选配的信号发生器模块一起使用。

2. 后面板

GDS-2072A 型数字示波器后面板实物图如图 2-88（a）所示，可弹性地选择 LAN/SVGA、GPIB、信号发生器，以及 8 或 16 通道逻辑分析仪。后面板示意图如图 2-88（b）所示。各按键功能说明如下。

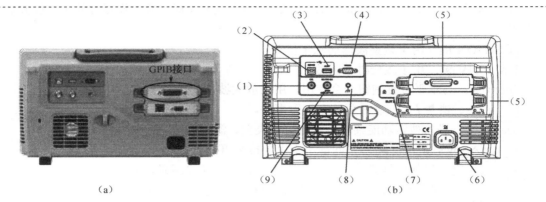

（a）　　　　　　　　　　　　　　　　（b）

图 2-88　GDS-2072A 型数字示波器后面板

（1）CAL：校准信号输出，用于精确校准垂直刻度。

（2）USB Device 接口：用于远程控制。

（3）USB Host 接口：用于数据传输。

注意：每次仅可使用一个后面板 USB 接口。使用 USB Host 接口将禁用 USB Device 接口。

（4）RS-232 接口：用于远程控制。

（5）Slots 模块插槽：两个选配模块安装槽，DS2-LAN（以太网和 SVGA）、DS2-GPIB（GPIB）、GLA-08（8 通道逻辑分析仪）、GLA-16（16 通道逻辑分析仪）、DS2-FGN（任意波信号源）。

（6）Power 插座：电源插座，AC 电源，100～240 V，50/60 Hz。

（7）Security Slot 钥匙锁槽：兼容 Kensington 安全锁槽。

（8）GND 接口：用于示波器外壳接地。

（9）Go-No Go 输出插座：以 500 μs 脉冲信号表示 Go/No Go（通过/不通过）测试结果。

3. 显示界面

GDS-2072A 型数字示波器的常规显示界面如图 2-89 所示。可选择简体中文界面。各部分功能说明如下。

LCD 显示区：

模拟波形（Analog Waveforms）：显示模拟输入信号波形，CH1 黄色、CH2 蓝色。

总线波形（Bus Waveforms）：显示并行总线或串行总线波形。以十六进制或二进制表示。

数字波形（Digital Waveforms）：显示数字通道波形，最多 16 组数字通道。

（1）通道指示符（Channel Indicators）：显示每一激活通道信号波形的零电平基准位，激活通道以固定颜色显示。

（2）内存条（Memory Bar）：█████████████████屏幕显示波形在内存中所占比例和位置。

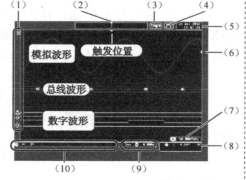

图 2-89　GDS-2072A 型数字示波器的常规显示界面

（3）触发状态（Trigger Status）：Trig'd 已触发；PrTrig 预触发；Trig? 未触发，屏幕不更新；Stop 触发停止，显示在 Run/Stop 模式；Roll 滚动模式；Auto 自动触发模式。

（4）捕获模式（Acquisition Mode）：⊓⊔ 正常模式；⊓⊔ 峰值侦测模式；⊓ 平均模式。

（5）日期和时间（Date and Time）：显示当前日期和时间。

（6）触发电平（Trigger Level）：显示触发电平位置。

（7）信号频率（Signal Frequency）：显示触发源频率。

（8）触发配置（Trigger Configuration）：包括触发源、触发极性、触发电平、耦合方式。

（9）水平状态（Horizontal Status）：显示时基因数和位置 5us 0.000s 。

（10）通道状态（Channel Status）：如 CH1，DC 耦合，2 V/div 2V 。

 扫一扫看示波器垂直调节系统微视频
 扫一扫看示波器水平调节系统微视频
 扫一扫看示波器控制调节系统微视频
 扫一扫看示波器触发控制系统介绍微视频

 扫一扫看示波器功能键 Measure 微视频
 扫一扫看示波器功能键 Cursor 微视频
 扫一扫看示波器功能键 Acquire 微视频
 扫一扫看示波器功能键 Display 微视频

 扫一扫看示波器功能键 Save/Recall（存储/调用功能）微视频
 扫一扫看示波器功能键 Utility 微视频
 扫一扫看示波器功能键 Help 和 Test 微视频

4．主要性能指标

1）垂直系统

带宽：DC～70 MHz（−3 dB）。

上升时间：5 ns。

带宽限制：20 MHz。

垂直分辨力：8 b@1 MΩ，1 mV～10 V。

输入耦合：AC、DC、GND。

输入阻抗：1 MΩ//16 pF。

精确度：在 2 mV/div 或更大挡位时，精确度为±（3%×|读数|+0.1 div+1 mV）；在 1 mV/div 挡位时，精确度为±（5%×|读数|+0.1 div+1 mV）。

极性：正向、反向。

最大输入电压：300 V（DC+AC Peak），CAT I。

偏移范围：1～20 mV/div，±0.5 V；50～200 mV/div，±5 V；500 mV/div～5 V/div，±50 V；10 V/div，±500 V。

波形信号处理：+、−、×、÷、FFT、FFTrms、微分、积分、开根号。

2）触发系统

触发源：CH1、CH2、电源、EXT（外触发）。

触发方式：自动模式、常态模式、单次模式。

触发类型：边缘、脉冲宽度、视频、矮波、上升和下降、交替、事件延迟（1～65 535 事件）、时间延迟（10 ns～10 s）、Logic[*]、Bus[*]（*需选配逻辑分析配件）。

触发延迟时间：10 ns～10 s。

耦合选项：AC、DC、低频抑制、高频抑制。

灵敏度：DC～100 MHz 约 1 div 或 1.0 mV；100～200 MHz 约 1.5 div 或 15 mV；200～300 MHz 约 2 div 或 20 mV。

3）外部触发

范围：±15 V。

灵敏度：DC～100 MHz 约 100 mV；100～300 MHz 约 150 mV。

输入阻抗：1 MΩ±3%//16 pF。

4）水平系统

范围：1 ns/div～100 s/div（1-2-5 分度）。

前置触发：最大 10 div。

后置触发：最大 1000 div。

精确度：在任何≥1 ms 的时间间隔中为±20 ppm。

5）信号撷取采集系统

实时采样率：2 GSa/s。

等效采样率：100 GSa/s。

记录长度：2 Mpts；内部闪存容量 64 MB。

撷取模式：一般、平均、峰值侦测、单次。

峰值侦测：2 ns（典型）。

平均模式：可选择 2～256 次。

6）X-Y 模式

X 轴输入：通道 1。

Y 轴输入：通道 2。

相移：100 kHz 时±3°。

7）光标量测系统

光标：振幅参数、时间参数并可限定范围。

自动量测：36 种，具体为 Pk-Pk、Max、Min、Amplitude、High、Low、Mean、Cycle Mean、RMS、Cycle RMS、Area、Cycle Area、ROVShoot、FOVShoot、RPREShoot、FPREShoot、Frequency、Period、RiseTime、FallTime、+Width、−Width、Duty Cycle、+Pulses、−Pulses、+Edges、−Edges、FRR、FRF、FFR、FFF、LRR、LRF、LFR、LFF、Phase。

自动计数：6 位计数器，范围由 2 Hz 至额定带宽。

自动设置：单击此按钮自动设定所有的垂直、水平通道和触发系统程序。

存储设置：20 组。

存储波形：24 组。

8）显示系统

显示器：8 英寸 TFT LCD SVGA 彩色显示。

显示器分辨率：水平 800×垂直 600（SVGA）。

插补点方式：$\sin(x)/x$ 及等效采样。

波形显示方式：点、向量、可变余晖显示（16 ms～10 s）、无穷余晖显示。

波形刷新率：最快每秒 80 000 次波形更新。

显示网格线：8×10 格。

9）接口

RS-232C：DB-9 接口。

USB 接口：USB 2.0 高速主机端口、USB 高速设备端口。

以太网络：RJ-45 接口，HP Auto-MDIX 10/100 Mbps（选配）。

Go-No Go 输出：最大 5 V/10 mA TTL 集电极开路输出。

SVGA 输出：SVGA 影像输出模块（选配）。

GPIB 接口：GPIB 模块（选配）。

Kensington 安全锁：后面板安全插槽可以连接至标准的 Kensington 安全锁。

10）逻辑分析仪（选配）

采样率：500 MSa/s。

带宽：200 MHz。

记录长度：最大每通道 2 MB。

输入通道：16 通道（D15～D0）或 8 通道（D7～D0）。

触发类型：Edge、Pattern、Pulse Width、Serial bus（I^2C、SPI、UART）。

临界值选择：TTL、CMOS、ECL、PECL、User Defined。

临界值精确度：±100 mV。

最大临界值范围：±10 V。

最大输入电压：±40 V。

垂直分辨率：1 b。

5. 功能扩展

GDS-2072A 型数字示波器能够测量模拟信号、数字信号、多种总线（I^2C、SPI、UART、CAN、LIN 等），可配置多种接口（RS-232、以太网、SVGA、GPIB），另加配置可扩展出逻辑分析仪（8 通道或 16 通道）、任意波信号源等，组合成一台混合型数字示波器（MSO），又称多合一示波器。如图 2-90 所示为 GDS-2000A 系列四通道数字示波器，通过升级并安装针对电压表的软件扩展成电压表，示波器底座嵌入兼具直流电源的任意波信号源模块 AFG-200 系列，即组成五合一示波器（具有示波器、电压表、任意波信号

发生器、直流电源、逻辑分析仪等功能）。

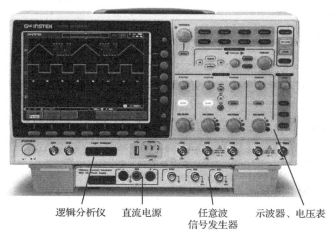

　　　　逻辑分析仪　　直流电源　　任意波　　　示波器、电压表
　　　　　　　　　　　　　　　　信号发生器

图 2-90　五合一示波器

　　GDS-2072A 型数字示波器功能强大、操作方便。与其他数字示波器一样，其递进式的菜单使得教材很难全面表述其丰富的测量功能，下面仅就数字示波器的基本操作进行训练。其他功能请参阅仪器操作手册。

实训 4　GDS-2072A 型数字示波器的使用

1. 实训目的

（1）熟悉 GDS-2072A 型数字示波器的面板设置及其操作方法。

（2）掌握 GDS-2072A 型数字示波器的基本测量功能。

2. 实训器材

（1）任意波形发生器 1 台。

（2）GDS-2072A 型数字示波器 1 台。

3. 实训内容

（1）调节探头补偿。将探头连接 CH1 和 CAL 信号输出端（2 V_{p-p}、1 kHz 补偿方波），按"Autoset"键，调节探头上的补偿电容直至示波器上出现补偿正确的波形。

（2）熟悉菜单。探头接 CAL 校准信号，按"CH1"键出现底部菜单，按底部菜单键进入右侧菜单，按右侧菜单键设置参数或进入子菜单，用可调旋钮调节菜单项或变量，用"Select"键确认或退出。再次按此底部菜单键，返回右侧菜单。

（3）练习使用 Save/Recall 键，练习存储和调取图像、波形和面板设置，并对文件编号。

（4）练习触发类型的选择。

（5）练习使用 Run/Stop 键和 Single 键，即进行连续采集和单次采集。

（6）练习使用 Cursor 键，熟悉电压光标、时间光标的使用。

（7）练习使用 Measure 键，熟悉自动测量。学会最大值、最小值、峰-峰值、幅值、平均值、上升时间、下降时间、脉宽、占空比等的测量。

（8）基本测量练习。

① 测量直流偏置电压 V_0。调节信号发生器相应设置，使信号源输出 1 kHz、2 V_{p-p}、一定量直流偏置（如 1 V）的正弦波。示波器 CH1 置为"DC"耦合，调节示波器使波形显示正常，读出波峰偏离零电平的格数即高度 g_1；然后将 CH1 置为"AC"耦合，并读出此时波峰偏离零电平的格数 g_2；最后按以下公式计算直流偏置电压 V_0，填入横线上。

$$直流偏置电压\ V_0 = (g_1 - g_2) \times 垂直因数$$

直流偏置电压 V_0=_____。

② 测量正弦波参数。调节信号发生器相应设置，使信号源输出 100 Hz、5 V_{p-p} 的正弦波。调节示波器相应设置，使波形显示正常。采用自动测量功能测量信号的峰-峰值、有效值（均方根值）、周期、频率，填入表 2-10 中。

表 2-10　正弦信号测量数据记录

参量	标准值	实测值	参量	实测值
峰-峰值	5 V_{p-p}		周期	
频率	100 Hz		有效值	

③ 测量三角波波形对称度。调节信号发生器相应设置，使信号源输出 1 kHz、2 V_{p-p} 的锯齿波。调节示波器相应设置，使波形显示正常。利用示波器的水平光标，读出锯齿波上升时间 T_a 和下降时间 T_b，计算波形对称度，填入表 2-11 中。

$$波形对称度 = \frac{T_a}{T_b} \times 100\%$$

表 2-11　三角波波形对称度测量数据记录

参量	实测值	备注
上升时间		
下降时间		
对称度		

④ 测量脉冲波参数。调节信号发生器相应设置，使信号源输出 10 kHz、6 V_{p-p}、占空比为 70% 的脉冲波。调节示波器相应设置，使波形显示正常。采用自动测量功能测量信号的周期、频率、幅值、脉宽、上升沿时间、下降沿时间、占空比等参数，填入表 2-12 中。

表 2-12　脉冲波测量数据记录

参量	实测值	参量	实测值
频率		上升沿时间	
周期		下降沿时间	
幅值		占空比	
脉宽			

⑤ 测量两同频率正弦波信号相位差Δφ。

首先，示波器显示方式为双踪，CH1 和 CH2 输入耦合方式开关置接地，调节 CH1 和 CH2 的垂直位移旋钮，使两个通道的零电平线重合。

接着，按图 2-91 所示连接实验电路，信号发生器的输出为 1 kHz、2 V_{p-p} 的正弦波，经 RC 移相网络获得频率相同但相位不同的两路信号，示波器的 CH1 和 CH2 通道分别接测试点 1 和测试点 2，观察波形。

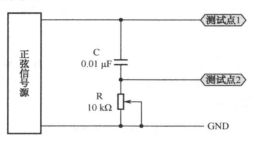

图 2-91　RC 移相电路

注意：内触发信号取自被设定作为测量基准的一路信号。

然后将 CH1 和 CH2 输入耦合方式开关置"AC"挡位，调节示波器相应设置，使荧光屏上显示出易于观察的两个相位不同的正弦波。

根据两波形在 X 轴方向对应点上的时间差Δt，以及信号周期 T，可求得两波形的相位差Δφ。

$$\Delta\varphi = \frac{\Delta t}{T} \times 360°$$

将实验结果与理论计算值进行比较，填入表 2-13 中。

表 2-13　测量两同频率信号相位差数据记录

信 号 周 期	对应点时间差	相 位 差	
		实 测 值	计 算 值
$T=$	$\Delta t=$	$\Delta\varphi_{实验} =$	$\Delta\varphi_{理论} =$

其中，$\Delta\varphi_{理论} = \arctan\dfrac{1}{\omega RC} = \arctan\dfrac{1}{2\pi fRC}$。

注意：R、C 读数的有效数字，R 精度为 0.1%，C 精度为 0.5%。

⑥ 验证李沙育图形。示波器置 X-Y 方式，信号发生器输出两个频率、幅值相同，相位差 90° 的正弦波，分别输入示波器的 CH1、CH2 通道，观察波形。验证结果与表 2-9 是否一致。

接着按表 2-9 所示，改变两波形的相位差，观察李沙育图形与理论是否一致。

⑦ 波形存储与调取。

将李沙育图形存储到 U 盘中，观察用计算机能否打开。

用示波器调取已存到 U 盘中的波形或进行设置。

4. 实训报告

（1）记录实训步骤和实训结果，分析所得数据的正确性。

（2）记录过程中遇到的问题，分析原因并写出解决方法。

5. 思考题

数字示波器有哪些突出特点？

*注：矩形脉冲信号参数

信号发生器可以输出矩形脉冲信号，其主要参数如图 2-92 所示，图中各参数如下。

（1）脉冲周期 T：周期性脉冲相邻两脉冲相同位置之间的时间间隔。

（2）脉冲重复频率 f：每秒内脉冲出现的个数，即脉冲周期的倒数。

（3）脉冲幅度 U_m：脉冲底部到顶部之间的电压值。

（4）脉冲宽度 t_w 或 τ：脉冲信号前、后沿 50% U_m 处的时间间隔。

（5）脉冲占空比 τ/T：脉冲宽度 τ 与脉冲周期 T 的比值，又称占空系数。

（6）脉冲上升时间 t_r：电压从 10% U_m 上升到 90% U_m 所用时间，又称脉冲前沿。

（7）脉冲下降时间 t_f：电压从 90% U_m 下降到 10% U_m 所用时间，又称脉冲后沿。

（8）上冲量 δ：上升超过 100% U_m 部分的幅度。

（9）反冲量 Δ：下降到零以下的幅度。

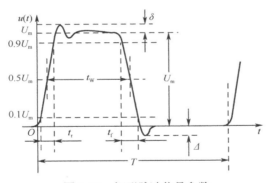

图 2-92　矩形脉冲信号参数

知识拓展 4　示波器探头

1. 探头的定义和特性

探头是从待测电路获取最小的能量，并以最大的信号保真度传送至测量仪器的设备。示波器主要用来测量电压信号。探头的作用是把被测的电压信号从测量点引到示波器进行测量。如果信号在探头处就已经失真了，那么示波器做得再好也没有用。探头的设计要比示波器难得多，因为示波器内部可以做很好的屏蔽，也不需要频繁拆卸，而探头除了要满足探测方便性的要求以外，还要保证至少和示波器一样的带宽。图 2-93 所示为各

图 2-93　各种外形的示波器探头

种外形的示波器探头。

探头对测试的影响有两方面，一是探头对被测电路的影响；二是探头造成的信号失真。理想的探头应该是对被测电路没有任何影响，同时对信号没有任何失真。理想探头的特性具体如下。

（1）带宽无限。

（2）零输入电容。

（3）无穷大输入电阻。

（4）无限动态范围。

（5）衰减为 1。

（6）零延时。

（7）零相移。

（8）机械尺寸与待测点吻合。

2. 探头的等效模型

为了考量探头对测量的影响，通常可以把探头模型简单等效为一个 R、L、C 的模型，如图 2-94 所示。虚线左侧为被测电路，虚线右侧为探头。

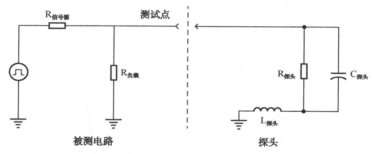

图 2-94 探头的等效模型

探头本身有输入电阻。为了尽可能减小对被测电路的影响，要求探头的输入电阻要尽可能大。但由于探头输入电阻不可能做到无穷大，因此会和被测电路产生分压，实际测到的电压可能不是探测点上的真实电压。为了避免探头电阻对测量造成影响，一般要求探头输入电阻要大于信号源电阻和负载电阻的 10 倍以上。大部分探头的输入阻抗在几十千欧到几十兆欧之间。

探头本身有输入电容，即探头的寄生电容。它是影响探头带宽的最重要因素，寄生电容会衰减高频成分，把信号的上升沿变缓。理想情况下探头输入电容为 0，但是实际做不到。通常高带宽的探头寄生电容都比较小。一般无源探头的输入电容在 10 pF 至几百 pF 之间，带宽高些的有源探头输入电容一般在 0.2 pF 至几 pF 之间。

探头输入端还会受到电感的影响，尤其是在高频测量的时候。电感来自探头和被测电路间的那段导线，同时信号的回路还要经过探头的地线。通常 1 mm 探头的地线会有大约 1 nH 的电感，信号和地线越长，电感值越大。探头的寄生电感和寄生电容组成了谐振回路，当电感值太大时，在输入信号的激励下就有可能产生高频谐振，造成信号的失真。所以，高频测试时需要严格控制信号和地线的长度，否则很容易产生振铃，如图 2-95 所示。

（a）不匹配探头测得的振铃现象　　　（b）良好探头测得的波形

图 2-95　不同示波器探头测试脉冲上升沿

3. 示波器的输入接口

示波器的输入接口电路和探头共同组成了探测系统。示波器输入接口原理图如图 2-96 所示，示波器的输入端有 1 MΩ 或 50 Ω 的匹配电阻。大部分的示波器输入接口采用的是 BNC 或兼容 BNC 的形式。示波器的探头种类很多，但是示波器的匹配电阻只有 1 MΩ 或 50 Ω 两种选择，故不同种类的探头需要不同的匹配电阻形式。图 2-97 所示为几种探头接口。

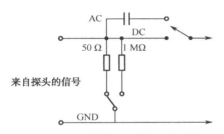

图 2-96　示波器输入接口原理图

图 2-97　探头接口

从电压测量的角度来说，为了对被测电路影响小，示波器可以采用 1 MΩ 的高输入阻抗，但是由于高阻抗电路的带宽很容易受到寄生电容的影响，所以 1 MΩ 的输入阻抗广泛应用于 500 MHz 带宽以下的测量。对于更高频率的测量，通常采用 50 Ω 的传输线，所以示波器的 50 Ω 匹配电阻主要用于高频测量。

扫一扫看示波器探棒校准微视频

4. 探头的分类

探头按测量的信号类型可以分为电压探头、电流探头、光探头等；按是否需要供电可以分为无源探头和有源探头。

1）无源探头

无源探头是指整个探头都由无源器件构成，包括电阻、电容、电缆等。图 2-98 所示为几种无源探头。探头中通常设置有衰减器。无源探头的衰减比（输入：输出）有 1:1、10:1 和 100:1 三种，前两种的应用比较普遍。无源探头结构图如图 2-99 所示，其原理图如图 2-100 所示。如果要正确地测量高频波和方波，需要调节探极补偿电容 C。调整补偿电容时，将示波器标准信号发生器产生的方波加到探极上，用螺丝刀左右旋转补偿电容 C，直到调出图 2-101（a）所示的标准方波，即最佳补偿 $RC = R_i C_i$。否则，会出现图 2-101（b）所示的过补偿 $RC > R_i C_i$，或图 2-101（c）所示的欠补偿 $RC < R_i C_i$ 的情况。

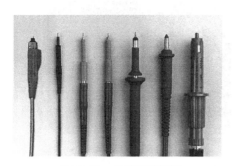

图 2-98　几种无源探头

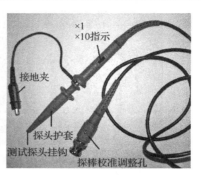

图 2-99　无源探头结构图

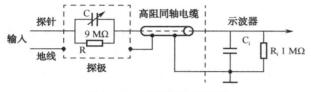

图 2-100　无源探头原理图

（a）最佳补偿　　（b）过补偿　　（c）欠补偿

图 2-101　探极补偿情况

2）有源探头

有源探头内部一般有需要供电的放大器，所以叫有源探头，其原理如图 2-102 所示。放大器的输入阻抗比较高，所以有源探头可以提供比较高的输入阻抗；同时放大器的输出驱动能力又很强，所以可以直接驱动后面 50 Ω的负载和传输线。由于 50 Ω的传输线可以提供很高的传输带宽，再加上放大器本身带宽较高，所以整个有源探头系统相比无源探头可以提供更高带宽。有源探头实物图如图 2-103 所示。

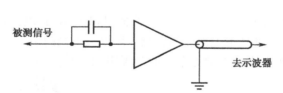

图 2-102　有源探头原理图

图 2-103　有源探头实物图

有源探头的优点是低输入电容、高带宽、高输入阻抗、适合 50 Ω输入电阻示波器，用于高速电路的设计与调试。有源探头的缺点是价格比较贵，其动态范围有限，需要供电。

（1）差分探头

有源探头的一个分支是差分有源探头，区别在于其前端的放大器是差分放大器，原理如图 2-104 所示。差分放大器的好处是可以直接测试高速的差分信号，同时其共模抑制比高，对共模噪声的抑制能力比较好，解决了参考点不是地的浮动测量问题，以及小信号和高频

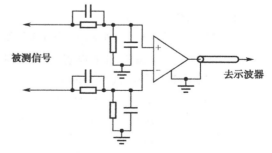

图 2-104　差分探头原理图

信号测量时的交流地回路的干扰。差分探头实物图如图 2-105 所示。

（a）低压差分探头　　　　　　　　　　（b）高压差分探头

图 2-105　差分探头实物图

（2）电流探头

还有一种有源探头是电流探头，其前端有一个磁环，使用时磁环套在被测导线上，如图 2-106（a）所示。电流流过电线所产生的磁场被这个磁环收集，如图 2-106（b）所示。磁通量和流过的电流成正比。磁环内部有一个霍尔传感器，可以检测磁通量，其输出电压和磁通量成正比。因此，电流探头的输出电压就和被测电线上流过的电流成正比。典型电流探头的转换系数是 0.1 V/A 或 0.01 V/A。

电流探头的主要好处是不用断开供电线就可以进行电流测量，同时由于其基于霍尔效应，所以既可以进行直流测量，也可以用于交流测量。

电流探头的典型应用场合是系统功率测量、功率因子测量、开关机冲击电流波形测量等。电流探头的主要缺点在于其小电流的测量能力受限于示波器的本底噪声，所以小电流测量能力有限，一般小于 10 mA 的电流就很难测量到了。电流探头实物图如图 2-107 所示。

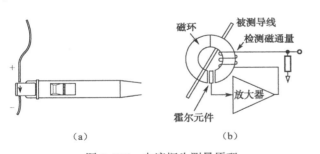

（a）　　　　　　　　（b）

图 2-106　电流探头测量原理

图 2-107　电流探头实物图

项目实施 2　声频功率放大器性能参数测量

工作任务单：

（1）制订工作计划。

（2）了解声频功率放大器试验纲要。

（3）选择声频功率放大器的测量方案。

（4）完成声频功率放大器性能参数的测量。

（5）编写项目报告。

1. 实训目的

（1）熟悉声频功率放大器性能参数测量方案。

（2）掌握信号发生器、示波器的使用。

2. 实训设备与器材

实训设备：信号发生器 1 台、数字示波器 1 台。

实训器材：声频功率放大器。

注：实训器材可以是家庭影院中的功放等声频功率放大设备，也可以用计算机音响中的声频功率放大部分，或模拟电子技术实验箱中的功放电路（此时实训设备需增加稳压电源）。

3. 声频功率放大器检验基本知识

1）试验纲要

试验纲要指某项试验主要的、实质性内容的概述。一般包括：试验项目的名称、试验的器材、试验执行的标准、试验的具体内容等。它是检验实施所需参照的纲领性文件。

2）声频功率放大器试验纲要

某检验机构编写的《声频功率放大器试验纲要》（请上华信教育资源网下载参考），表述了声频功率放大器试验的依据标准、试验环境条件要求、试验的流程、试验的仪器、试验的性能参数，以及检验结果判定的参数要求。

根据试验纲要，声频功率放大器试验依据标准为中华人民共和国电子行业标准《声频功率放大器通用技术条件》，编号为 SJ/T 10406—1993；引用标准为《声系统设备 第 3 部分：声频放大器测量方法》，编号为 GB/T 12060.3—2011。

检验项目包括：一般要求和检查方法、电性能要求和测量方法、耐用性要求和试验方法、安全要求和试验方法。

3）额定条件的解释

术语"额定"的完整解释见 GB/T 12060.2—2011《声系统设备 第2部分：一般术语解释和计算方法》。

放大器在额定条件下工作，是指放大器接在额定电源上，源电动势与额定源阻抗串联后接到放大器输入端，放大器输出端接额定负载阻抗。在适当的频率上，调整源电动势使其正弦电压等于额定电动势。没有明确的反对理由时，该频率应该采用 SJ/Z 9140.1—1987 中规定的标准参考频率 1 kHz。如果有音量控制器，则置于使输出端出现额定失真限制的输出电压的位置。如果有音调控制器、平衡控制器等开关，则置于机械中心位置。额定机械和气候条件按 SJ/Z 9140.1—1987 执行。

4）检验结果

某检验机构编写的《声频功率放大器检验报告》（请上华信教育资源网下载参考），陈述了被检产品的名称、商标、型号规格、检验类别、产品序号、委托单位、取样方式、收样日期、样品数量、检验日期、检验环境、检验依据，以及总的检验结论（合格/不合格）、检验人员姓名。

检验报告还详细罗列了检验项目及技术要求；检验用主要仪器设备的名称、型号规格

及编号；各检验项目的检验结果（定性检验写明符合/不符合，定量检验记录数据），以及每个单项的判定结果（合格/不合格）。

4. 项目测试

由于学校教学条件的限制，本项目实施仅选择声频功率放大器测量标准中的一部分内容，经过一定程度的改编而成。

1）一般要求和检查方法

声频功率放大器检验的一般要求和检查方法依据标准是 SJ/T 10406—1993 第 5.3 条。

（1）一般要求：产品外观应整洁，表面不应有明显的凹痕、划伤、裂缝、变形、毛刺、霉斑等缺陷，表面涂镀层不应起泡、龟裂、脱落。

金属零件不应有锈蚀及其他机械损伤，灌注物不应外溢。

开关、按键、旋钮的操作应灵活可靠，零部件应紧固无松动，结构上有足够的机械稳定性。

说明功能的文字和图形符号的标识应明确、清晰、端正、牢固。

指示器和各种功能应正常。

（2）检验方法：对于产品，按产品标准用目测和手感等感官检查方法进行检验。

注意：如果不是产品，仅是一块电路板，则本项检验忽略。

2）电性能要求和测量方法

注意：以下所提电压值均指电压的有效值（均方根值）。

声频功率放大器的电性能要求和测量方法依据标准是 GB/T 12060.3—2011 及 SJ/T 10406—1993 第 5.4 条。此项测试在电子产品或电路板能实现正常功能的情况下进行，故不再做静态测试。为表述简洁，以下将声频功率放大器表述为放大器。

（1）失真限制的输出电压和功率：将放大器置于额定条件下，输出端接适当的负载阻抗。按图 2-108 连接测量设备。信号发生器输出 1 kHz 正弦波信号至放大器输入端，示波器监测输入/输出波形和电压值。放大器在此条件下工作 60 s 以上。逐渐增大信号发生器的输出幅度，使放大器输出电压为最大不失真输出电压（即出现临界削波时），此时示波器所测输出端电压有效值即为失真限制的输出电压 U_{om}，按式（2-19）计算失真限制的输出功率 P_{om}。

$$P_{om} = \frac{U_{om}^2}{R} \qquad (2-19)$$

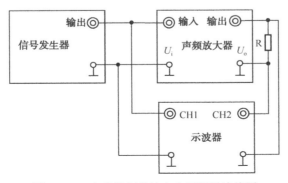

图 2-108 失真限制的输出电压测量连线图

注意：最大输出电压测试完成后，立即减小功放输入信号大小，使电路不至于因长期工作在极限状态而损坏。

将测量数据记入表 2-14 中。

表 2-14　失真限制的输出电压和功率数据记录

信号频率 f（kHz）	输出电压 U_{om}（V）	输出功率 P_{om}（W）

（2）电压增益：放大器置于标准测量条件下，仪器连接不变。将音量控制器调到最大增益位置，调节信号发生器的输出幅度，使放大器的输出为小于最大输出电压 U_{om} 的某个值 U_o（视具体的声频功率放大器而定），用示波器监测。读出此时放大器输入端的电压值 U_i，根据式（2-20）计算电压放大倍数 A_u，根据式（2-21）计算电压增益 G。将数据填入表 2-15 中。

$$A_u = \frac{U_o}{U_i} \tag{2-20}$$

$$G = 20\lg A_u \quad （\text{dB}） \tag{2-21}$$

表 2-15　电压增益数据记录

信号频率 f（kHz）	输出电压 U_o（V）	输入电压 U_i（V）	电压放大倍数 A_u	增益 G（dB）

（3）增益限制的有效频率范围：函数信号发生器输出 1 kHz 正弦波信号，调节信号发生器的输出幅度，使放大器的输出电压 U_o 为某一值（例如模拟电子技术中 OTL 功放实验板，取 U_o=2 V），记录此时放大器的输入电压值 U_i。

接着保持信号发生器的输出幅度不变（即放大器的 U_i 不变），调节信号发生器频率，使频率分别为 20 Hz、40 Hz、80 Hz、250 Hz、500 Hz、1000 Hz、2000 Hz、4000 Hz、8000 Hz、10 000 Hz，记录各信号频率下放大器的输出电压有效值，填入表 2-16 中。

表 2-16　频率响应数据记录

信号频率 f（Hz）	20	40	80	250	500	1 000	2 000	4 000	8 000	10 000
输出电压（V）										

根据表 2-16 中的数据，在图 2-109 中绘制幅频特性曲线。

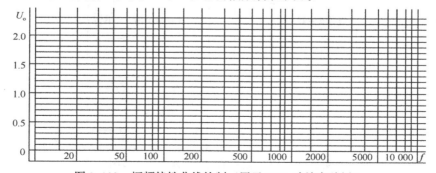

图 2-109　幅频特性曲线绘制（用于 OTL 功放实验板）

根据所绘幅频特性曲线,找出放大器幅度下降至中频幅度 $1/\sqrt{2}$ (即 0.707)倍处的两个频率点,即下限频率 f_L 和上限频率 f_H,两者之差为增益限制的有效频率范围,即通频带,见式(2-22)。将数据填入表 2-17 中。

$$BW = f_H - f_L \qquad\qquad (2-22)$$

(4)噪声电压:将放大器输入端短路($u_i = 0$),用示波器观察输出噪声波形,并测量输出电压,即为噪声电压 U_N。将数据填入表 2-18 中。

表 2-17 增益限制的有效频率范围数据记录

f_L	f_H	BW

表 2-18 噪声电压数据记录

噪声电压 U_N	

5. 整理相关数据,完成测试的详细分析并填写项目报告

整理上述测量结果,填写如表 2-19 所示的项目报告。

表 2-19 声频功率放大器性能参数项目报告

项 目 名 称				
产 品 名 称			商 标	
型 号 规 格				
测量用仪器设备	名 称	型 号 规 格		编 号
单项测量结果	项 目	测 量 结 果		单 位
备 注				
操作人:				
			日期:	

6. 项目考核

项目考核表如表 2-20 所示。

表 2-20 项目考核表

评价项目	评价内容	配 分	教师评价	学生评价		总 分
				互 评	自 评	
工作态度	(1)工作的主动性、积极性; (2)操作的安全性、规范性; (3)遵守纪律情况	10 分				师评 50%+ 互评 30%+自 评 20%
项目测试	(1)仪器连接的正确性; (2)测量结果的正确性	60 分				
测量报告	测量报告的规范性	20 分				
5S 规范	整理工作台,离场	10 分				

合计	—	100分				
自评人：	互评人：		教师：			
					日期：	

知识梳理与总结

1. 电压测量

（1）电压测量是电子测量的重要内容之一，是许多电参量和非电参量测量的基础。电压测量的基本要求是足够宽的电压测量范围、足够宽的频率范围、足够高的测量准确度、足够高的输入阻抗、足够高的抗干扰能力。按测量结果的显示方式，电子电压表分为模拟电压表和数字电压表。模拟电压表结构简单、价格低廉，能长期工作在较差的环境条件。数字电压表具有高精度、高分辨率、宽量程、易于实现测量自动化等优点。

（2）数字电压表的核心是 A/D 转换器，分为积分式和比较式两种最基本类型。前者抗干扰能力强，测量准确度高，但测量速度低；后者测量速度快，但抗干扰能力差。目前应用比较广泛的是双积分式 DVM。

（3）直流 DVM 扩展 AC-DC、I-U、Z-U 变换等，即形成数字万用表 DMM。数字万用表有便携式和台式两种分类。与模拟万用表相比，数字万用表测量功能多、测量准确度高、具有某些自动测试功能等，获得了广泛应用。

2．测量用信号源

（1）信号发生器简称信号源，是电子测量中最基本的电子仪器，主要用来提供电参量测量时所需的各种激励电信号，其输出幅度和频率按需要可以进行调节。衡量信号源的主要性能指标有：频率准确度、频率稳定度、输出特性、调制特性等。

（2）频率合成技术是对一个或多个高稳定度的基准频率进行频率的加、减（混频）、乘（倍频）、除（分频）运算，从而合成所需的一系列频率。其频率稳定度可以达到与基准频率源相同的量级。直接数字频率合成法（DDS）是从相位概念出发，直接合成所需波形的一种全数字式的频率合成技术。不仅可以直接产生正弦信号，还可以产生不同形状的任意波形，从而满足各种测试和实验的要求。利用 DDS 技术设计的 DDS 信号源，分为任意波形发生器（AWG）或任意/函数发生器（AFG）。

3．示波测试

（1）示波器是时域分析最典型的仪器，也是当前电子测量领域中品种最多、数量最大、最常用的一种仪器。通过波形可以实现电压、周期、频率、时间间隔、相位等基本参量的测量，以及脉冲信号的脉宽、前后沿、占空比等参量的测试。

（2）数字示波器在机内微处理器统一管理下工作，不仅测量精度高，还具有长时间存储信号的能力、多种触发功能、很强的数据处理能力、自检功能，并可以构建自动测试系统。主要技术指标有：信号保真度、最高采样速率、带宽、分辨力、存储容量、读出速度、垂直灵敏度、波形捕获率等。

（3）示波器探头有无源探头和有源探头之分，差分探头、电流探头属于有源探头。

习题 2

2-1　在电子电路中对电压测量有哪些基本要求？

2-2　已知正弦波、方波、三角波的峰值都是 15 V，试分别计算三种波形的有效值、平均值。

2-3　一块 $3\frac{1}{2}$ 位数字电压表在 200 mV、2 V、20 V、200 V 挡的分辨力各为多少？这块表的分辨力为多少？

2-4　用一块 $4\frac{1}{2}$ 位 DVM 的 10 V 量程测量 8 V 电压。已知该电压表的固有误差 $\Delta U=$ ±（0.025%读数+0.01%满度），试求由于固有误差产生的测量误差是多少？它的满度误差相当于几个字？

2-5　已知数字电压表的固有误差 $\Delta U=\pm$（0.005%读数+0.002%满度），求在 5 V 量程测量 4 V 时产生的绝对误差和示值相对误差各是多少？

2-6　下列数字电压表的最大显示数字分别为 9999、19 999、3199 和 1999，问它们各是几位表？试求第二块表在 0.2 V 量程上的分辨力是多大？

2-7　DVM 与 DMM 有何区别？

2-8　矩形单脉冲的表征量有哪些？各自是如何定义的？

2-9　什么是直接数字频率合成技术？利用该技术设计的信号源主要有哪些？

2-10　欲使信号发生器输出正弦波、方波、三角波（锯齿波）、脉冲波，各需要设置哪些参数？

2-11　欲使信号发生器输出扫频信号、脉冲串、调幅波、调频波，各需要设置哪些参数？

2-12　数字示波器在结构上有哪四大功能模块？请分别阐述。

2-13　试说明触发电平、触发极性调节的意义。

2-14　数字示波器有哪几种触发类型？

2-15　简述数字示波器的插值显示、刷新显示、单次触发显示、滚动显示、半存显示、存入/调出显示的内涵。

2-16　简述数字示波器的主要性能指标。

2-17　一示波器显示屏的水平长度为 10 格，要求显示 10 MHz 正弦信号的两个周期，问示波器的时基因数应为多少？

2-18　有一正弦信号，使用垂直因数为 10 mV/div 的示波器挡位进行测量，测量时信号经过 10∶1 的衰减探头加到示波器，测得荧光屏上波形的高度为 7.07 div，问该信号的峰值、有效值各为多少？

2-19　示波器的时基因数、垂直因数分别为 0.5 ms/div 和 10 mV/div，试分别在图 2-110 中绘出下列被测信号的波形。

（1）方波，频率 500Hz，峰-峰值 20 mV；

（2）正弦波，频率 1000 Hz，峰-峰值 40 mV。

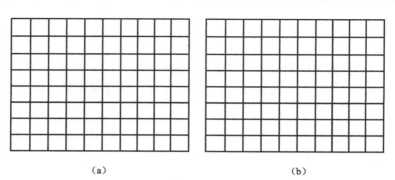

（a）　　　　　　　　　　（b）

图 2-110　题 2-19 图

2-20　如图 2-111 所示，已知示波器的时基因数为 1 ms/div，垂直因数为 0.5 V/div，探头衰减系数为 10∶1，求被测正弦波的有效值、周期和频率各是多少？

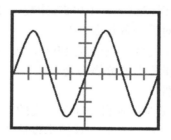

图 2-111　题 2-20 图

（1）当数字示波器上的波形在垂直方向超出屏幕时，应将哪个旋钮数值增大？

（2）当数字示波器上的波形一直在水平方向移动，稳定不下来时，应调节哪个旋钮？

（3）想一想，数字示波器的"Single"键与"Auto"键有什么区别？什么时候使用"Single"键？

项目 3

数据域的测量

案例引入

你用 51 单片机制作了一个小电路，结果没有实现预期的功能，电路的连线没有问题，这时希望能检测出单片机的输入和输出之间的逻辑关系是否正常。那么，用什么仪器检测呢？

学习目标

1．理论目标

1）基本了解

数据域测量的特点、数据域测量的方法；

逻辑笔的主要功能；

逻辑分析仪的主要特点、组成、触发方式及显示方式。

【知识拓展】误码仪。

2）重点掌握

逻辑分析仪的主要应用。

2．技能目标

能操作基于示波器的逻辑分析仪；

会测试简单数字系统的数据流。

扫一扫看数据域的测量教学课件

3.1 数据域测量的概念与特点

当今信息社会，数字集成电路和计算机技术日益普及，在通信、控制及仪器等诸多领域，数字化产品和系统在电子设备中占据了越来越大的比重。不仅如此，数字化产品的系统也愈加庞大和复杂，为确保数字电路和系统性能的可靠性，出现了有别于前面讨论的时域、频域及调制域的测量，称为数据域测量。

1. 数字信号的基本概念

数据域的测试对象为数字系统，在这类系统中传输的信息是采用离散二进制数来表达的，即用高（1）、低（0）电平表示。在任一特定时刻，这些多位 0、1 数字组合成为一个数据字，数据字随时间按一定的时序关系变化称为数字系统的数据流。图 3-1（a）所示的十进制计数器，在输入时钟 CLK 的作用下，计数器的输出即为 4 位二进制码组成的数据流。这个数据流可以用高低电平时序图来表示两种逻辑状态，称为逻辑定时显示，如图 3-1（b）所示；也可用在时序列作用下的数据字表示，称为逻辑状态显示，如图 3-1（c）所示。两种表达方法形式不同，但表达的数据流信息却是一致的。

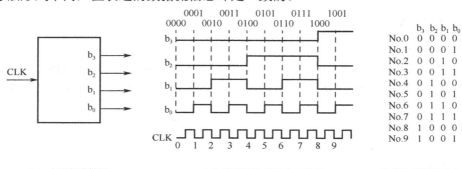

（a）十进制计数器　　　　（b）数据流的逻辑定时显示　　　（c）数据流的逻辑状态显示

图 3-1　十进制计数器及其数据流

2. 数据域测量的特点

数据域测量就是对数据流的测量，是以数据或数据字作为时间或时序的函数。数据域测量与数字信号的特点有紧密联系，数据域测量具有以下几个方面的特点。

1）数字信号是非周期性或单次的

数字系统或设备按一定的时序工作。在执行一个程序时，许多信号只出现一次，或者仅在特定时刻出现一次，如中断事件；某些信号虽然可能会重复出现，但并非是时域上的周期信号，如子程序的调用。因此，数据域测量应能捕获单次信号和非周期信号，这一特点决定了它很难用非存储式的传统仪器来检测。

2）数字信号是按时序传输的

数字系统或设备具有一定的逻辑功能，系统中的信号是有序的数据流，各信号之间具有严格的时序关系。因此，数据域测量需能检查数字脉冲的先后次序和波形的时序关系是否符合设计要求。例如，程序的执行必须在规定的控制信号作用下，取出指令代码，进行译码，并发出完成该指令的控制信号，这些逻辑关系是在控制器的作用下完成的。

3）数字信号是多通道传输的

数字系统中的字符、数据、指令或地址是由多位数据按照一定编码规则组成的。因此，数据域测量仪器应具有多个输入通道，这就形成了总线。所谓总线，是指能同时传输数字信息所需的可以复用的多根导线。每个器件都与总线相接，如同"悬挂"在总线上，并依靠一定的时序节拍脉冲工作。

4）数字信号的传递方式多种多样

数字系统的结构和格式差别很大，数据传递方式较多。例如，在同一个数字系统中，数据和消息的传递方式有串行和并行、同步和异步。有时串行和并行间还要进行转换。还存在诸如数据宽度、数据格式、传输速率、接口电平等方面的不同。因此，数据域测量应能进行电平判别，确定信号在电路中的建立时间和保持时间，并注意设备的结构、数据格式和数据的选择，应能够从大量的数据流中捕获有分析意义的数据。

5）数字信号的速率变化范围宽

即使在同一数字系统，数字信号的速率也可能相差很大。例如，外部总线速率达每秒几百兆字节，而中央处理器的内核速率可能每秒已达到数吉字节。因此，数据域测量仪器应能采集不同速率的数据。

6）数字信号持续时间短

数字信号为脉冲信号，在时间和数值上是离散的。信号的前沿很陡，频谱分量十分丰富。因此，数据域测量仪器不仅应能存储和显示变化后的测量数据，还应具有负延迟功能，能存储和显示变化前的测量数据。必须能够分析和测量短至 10^{-12}s 的信号，如脉冲信号的建立和保持时间等。

7）数字系统故障定位难

数字系统的故障不只是信号波形、电平的变化，更主要的在于信号之间的时序逻辑关系。数据传输采用总线传递，当发生故障时，用一般方法定位比较困难。一般来说，数字系统的故障通常来自系统内部和外界的干扰及毛刺。因此，数据域测量仪器应具有捕捉和显示干扰及毛刺的功能。

8）芯片外部测试点少

随着微电子技术的发展，LSI、VLSI 的电路密度不断增加，功能不断增强，而引脚数量却有一定限制。电路封装在芯片内部，从外部进行控制和测量很困难。

3.2　数字系统的故障和故障模型

当数字系统的功能偏离了预定的技术要求时，表示系统已经失效。失效的原因是故障，而有故障并不一定失效。

1. 故障原因

数字系统发生故障的原因有两类。一类由设计原因引起，即设计故障，包括设计规范错误或含糊不清，设计过程违背设计规范等。这类故障主要依靠设计人员通过逻辑正确性验证来消除。

另一类故障由物理原因引起，即物理故障。例如，PCB 组装期间产生的故障，诸如焊点桥接、脱焊，连接线断路，引脚断裂等，以及系统存储期间由于温度、湿度和老化等因素引起的故障，均属于物理故障。

2. 故障的描述

对故障特征的描述是为了更方便地发现、确定它的位置，以便排除故障。一般从四个方面描述故障特征。

（1）故障性质：分为逻辑故障和非逻辑故障。逻辑故障即逻辑出错，引线逻辑值变为正确值的相反值。逻辑故障以外的其他故障统称为非逻辑故障，如电源故障就是非逻辑故障。

（2）故障的值：仅对逻辑故障而言，指对应于正确逻辑值的错误逻辑值。

（3）故障范围：描述故障是局部的还是分布式的。

（4）故障持续时间：描述故障是永久故障还是间歇性故障。

3. 故障模型

一个系统中的故障种类是多种的，而各种系统中，故障数目差异很大，多种故障组合出现的现象很多。因此，为了便于研究故障，需要对故障进行分类，归纳出典型的故障，这个过程即故障的模型化。模型化故障代表一类对电路或系统有类似影响的典型故障，既具有典型性，又具有一般性。一个好的故障模型化方案往往能推动和完善故障诊断的理论和方法。此外，故障模型应尽可能简单。

常见的故障模型有固定故障模型（即电路中信号线逻辑值始终保持不变，有固定 1 故障和固定 0 故障）、晶体管故障模型、门级故障模型、功能块级故障模型、存储故障模型、可编程逻辑阵列故障模型、微处理器故障模型、临时故障模型等。

随着电子科技的发展，集成电路制造工艺、PCB 组装工艺及系统设计理念的不断改变，故障模型也不断地变化着。

3.3　数据域测量的主要任务与方法

1. 数据域测量的主要任务

数据域测量的任务有两个，一是确定系统中是否存在故障，称为合格/失效测试，即故障检测；二是确定故障的位置，即故障定位。

2. 数据域测量的方法

运行正常的数字系统或设备的数据流是正确的，如果数据流发生错误，则说明系统或设备存在故障。因此，只要检测出输入与输出的对应数据流关系，即可明确系统功能是否正常，判断出是否存在故障，并确定故障的范围。数据域测量的方法一般有穷举测试法、结构测试法、功能测试法和随机测试法。

1）穷举测试法

穷举测试法是对输入的全部组合进行测试。对于具有 n 个输入的系统，采用 2^n 组不同的输入对系统进行完全测试。如果对于所有输入信号，输出逻辑关系都正确，则判定数字系统功能正常，否则就是错误。穷举测试法的优点是能检测出所有的故障，缺点是测试时间长，测试次数多，故实际上行不通。

2）结构测试法

结构测试法是从系统的逻辑结构出发，考虑可能发生的故障，然后针对这些特定故障生成测试码，并通过故障模型计算每个测试码的故障覆盖，直到所考虑的故障都被覆盖为止，即结构测试技术。结构测试法针对故障，是最常用的方法。

3）功能测试法

功能测试法不检测数字电路内每条信号线的故障，只验证被测电路的功能，因而较易实现。目前，LSI、VLSI 电路的测试大都采用功能测试，对微处理器、存储器等的测试也可采用功能测试法。

4）随机测试法

随机测试法采用"随机测试矢量产生"电路，随机地产生可能的组合数据流，将此数据流加到被测电路中，然后对输出进行比较，根据比较结果，可知被测电路是否正常。随机测试法不能完全覆盖故障，只能用于要求不高的场合。

3.4　数据域测量系统的组成

数据域测量系统主要由数字信号源、被测数字系统及测量仪器三部分组成，如图 3-2 所示。一个被测数字系统可以用其输入和输出特性及时序关系描述，输入可用数字信号源产生多通道时序激励信号，输出可用逻辑分析仪等数据域测量仪器测试，获得

图 3-2　数据域测量系统组成框图

对应通道的时序响应，从而得到被测数字系统的特性。

依据测试内容的不同，可采用不同的测试方法和测试设备。如果还需要进一步测试被测系统的时域参数，如数字信号（脉冲）的上升时间、下降时间及信号电平等，则可在被测系统的输出端接上一台数字示波器。这样既可以测试数字系统的时序特性，又可以测试时域参数。也可以直接使用具有逻辑分析和数字存储功能的混合示波器来测量。

目前，常用的数据域测量仪器有逻辑笔、逻辑夹、数字信号源、数据图形产生器、特征分析仪、逻辑分析仪、误码仪、规约分析仪等。

3.5　数据域的简易测试

对于分立元件、中小规模集成电路及数字系统部件，可以采用示波器、逻辑笔、逻辑比较器和逻辑脉冲发生器等简单价廉的数据域测量仪器进行测试。

1. 逻辑笔的组成

逻辑笔是数据域检测中比较方便的工具，严格意义上它算不上仪器，外形像一支电工用的试电笔，主要用来判断信号的稳定电平、单个脉冲或低速脉冲序列，如图3-3所示。

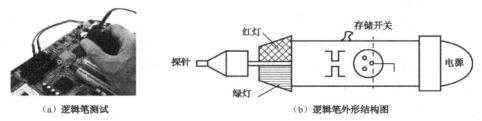

（a）逻辑笔测试 　　　（b）逻辑笔外形结构图

图3-3　逻辑笔

逻辑笔的工作原理是利用探针将被测点接入，经过电平检测，将信号电平与基准电压进行比较，进入判"0"判"1"网络，然后驱动相应的指示灯发光，红灯表示高电平"1"，绿灯表示低电平"0"。

2. 逻辑笔的应用

逻辑笔能方便地探测数字电路中各点的逻辑状态，例如，笔上红灯亮为高电平，绿灯亮为低电平，红灯、绿灯轮流闪烁表示该点是时钟信号，其响应状态如表3-1所示。逻辑笔具有记忆功能，当测试点为高电平时，红灯亮，此时即使将逻辑笔离开测试点，该灯仍继续亮，以便记录被测状态。当不需要记录此状态时，可扳动逻辑笔的复位开关使其复位。逻辑笔在同一时刻只能显示一个被测点的状态。

表3-1　逻辑笔测试响应

被测点逻辑状态	逻辑笔响应
稳定的逻辑"1"状态（+2.4～+5 V）	红灯稳定亮
稳定的逻辑"0"状态（0～+0.7 V）	绿灯稳定亮
在逻辑"1"与"0"中间状态（+0.8～+2.3 V）	两灯均不亮
单次正脉冲	绿→红→绿
单次负脉冲	红→绿→红
低频序列脉冲	红灯、绿灯交替闪烁

逻辑笔腰部的两个插孔分别提供一个正、负选通脉冲。将其中一个插孔与被测电路的某一选通点相接，逻辑笔将随着选通脉冲的加入而做出响应。图3-4所示是在 t_0 时刻提供负选通脉冲时，逻辑笔测试点的响应为高电平、红灯亮。

图3-4　选通脉冲的作用

3.6　逻辑分析仪的应用

扫一扫看逻辑分析仪及其应用教学课件

逻辑分析仪（Logic Analyzer，LA）又称逻辑示波器，是复杂数字系统进行逻辑分析的重要仪器。它以多通道实时获取并存储与触发事件相关的逻辑信号，并将触发事件前后所获取的信号时序波形直观地显示出来，供软件及硬件分析。

3.6.1　逻辑分析仪的主要特点与分类

1. 主要特点

逻辑分析仪的主要特点体现在以下几个方面。

（1）多通道输入，可以同时观测多个通道的信号。

（2）多种触发方式，确保被测数据的准确定位。

（3）多种显示方式，可同时显示多路信号波形、多种类型的数据及程序源代码。

（4）具有存储能力，可以显示单次或非周期性数据信息，并可进行随机故障的诊断。

（5）具有限定功能，对数据进行挑选，删除无关数据。

（6）具有可靠的毛刺检测能力。

2. 分类

逻辑分析仪按其工作特点可分为逻辑状态分析仪和逻辑定时分析仪两类。它们的基本结构是相似的，主要区别表现在显示方式和定时方式上。

逻辑状态分析仪主要用于检测数字系统的工作程序。以"0"和"1"数码（二进制、十六进制或 ASCII 码）、助记符或映射图等来显示被测信号的逻辑状态，可以从大量数码中迅速发现错码，便于进行功能分析。其内部没有时钟发生器，用被测系统时钟来控制记录，与被测系统同步工作，是跟踪、调试程序、分析软件故障的有力工具。

逻辑定时分析仪用定时图方式显示状态信息，用来考察两个系统时钟之间的数字信号的传输情况和时间关系。由逻辑分析仪自身提供采集数据的时钟脉冲，在内时钟控制下记录数据，与被测系统异步工作。它主要用于数字设备硬件的分析、调试和维修，提供捕捉"毛刺"脉冲的手段。

目前，逻辑分析仪一般都具有逻辑状态分析仪和逻辑定时分析仪所具备的功能，已被广泛应用于数字集成电路、印制板系统、微处理器系统等数字系统的测试中。

3.6.2　逻辑分析仪的组成

逻辑分析仪的组成框图如图 3-5 所示，主要由数据捕获和数据显示两部分组成。

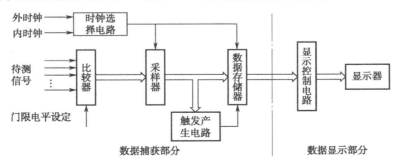

图 3-5　逻辑分析仪的组成框图

数据捕获部分用来捕获并存储要观测的数据，包括比较器、采样器、数据存储器、触发产生电路及时钟选择电路等。输入信号经多通道数据采集探头，将数据流送入比较器，与设定的门限电平进行比较，大于门限电平记高电平"1"，小于门限电平记低电平"0"，门限电平可根据被测系统特性设定。触发产生电路在数据流中搜索特定的数据字，当搜索到特定数据字时，即产生触发信号去控制数据存储器开始存储数据或停止存储数据，以便将数据流分块。整个系统在时钟的作用下，按节拍将采集的数据存入数据存储器，时钟可以由外部输入（同步采样），也可以由逻辑分析仪内部时钟发生器产生（异步采样）。

数据显示部分将存储在数据存储器中的有效数据进行处理，并以多种显示方式显示出来，以便对捕获的数据进行分析。数据显示部分包括显示器和显示控制电路。

3.6.3　逻辑分析仪的触发方式

逻辑分析仪的触发识别部分用于从很长的数据流中寻找触发字或触发事件，从而选择有分析意义的数据流存储在一定的存储空间中。逻辑分析仪通常有以下几种触发方式。

1. 组合触发

组合触发是逻辑分析仪最基本的触发方式。逻辑分析仪具有"字识别"触发功能，使用者可以通过仪器的"触发字选择"开关设置触发字。当被测系统的数据字与预设的触发字相符时即产生一次触发。设置触发字时，每个通道可取 0、1、x 三种触发条件。"1"表示该通道为高电平时产生触发，"0"表示低电平触发，"x"表示通道状态任意，也即通道状态不影响触发条件。

图 3-6 所示为四通道组合触发方式实例。在数据字中，CH_3 为触发字的高位，CH_0 为触发字的低位。CH_0（1）与 CH_3（1）表示通道 0 和通道 3 组合触发条件为高电平；CH_1（0）表示通道 1 触发条件为低电平；CH_2（x）表示通道 2 触发条件为任意。故触发信号是在 CH_3、CH_1、CH_0 相与条件下产生的，即触发字为 1001 或 1101。

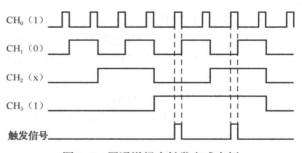

图 3-6　四通道组合触发方式实例

当采集数据流中出现触发字时，即产生触发脉冲，存储器开始存储有效数据，直到存储器存满为止。此时触发字是存储和显示的第一个有效数据，通常将触发字在屏上加亮显示或反衬显示，这种组合触发方式又称为始端触发，如图 2-71（a）所示。

当采集数据流中出现触发字时，产生触发脉冲，停止数据采集，存储器中存入的数据是产生触发字之前各通道的状态变化情况，触发字存储和显示在最后一行，故又称为终端触发，如图 2-71（b）所示。如果触发字选择的是某一出错的数据字，逻辑分析仪可捕获并显示被测系统故障发生前的各通道工作状态，有利于数字系统的故障诊断。

2. 延迟触发

延迟触发是在数据流中搜索到触发字时，存储器并不立即反应，而是延迟一定数量的数据后才开始或停止存储数据，它可以改变触发字与数据窗口的相对位置。图 2-71（c）所示为始端触发加延迟，图 2-71（d）所示为终端触发加延迟。延迟触发可以将窗口灵活定位在数据流的不同位置，以便逐段观察数据流，对于发现和排除故障具有重要意义。

3．限定触发

限定触发是对设置的触发字加限定条件的触发方式。有时设定的触发字在数据流中出现较为频繁，为了有选择地存储和显示特定的数据流，逻辑分析仪中增加一些附加通道作为约束条件。逻辑分析仪的限定触发方式如图 3-7 所示。例如，对前述四通道触发字的选择再加入第五个通道 Q，设定当 Q=0 时，触发字有效；Q=1 时，触发字无效。第五个通道只作为触发字约束条件，并不对它进行数据采集、存储、显示，仅仅用它筛选去掉一部分触发字，该方式为限定触发方式。

4．序列触发

序列触发是为检测复杂分支程序而设计的一种重要触发方式。当采样数据与某一项预先设定的字序列（多个触发字按一定顺序排列）相符后才触发跟踪数据流。四级序列触发示意图如图 3-8 所示。

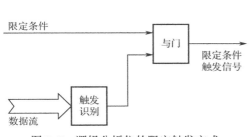

图 3-7　逻辑分析仪的限定触发方式

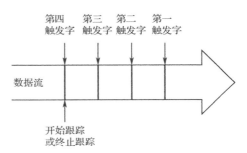

图 3-8　四级序列触发示意图

5．计数触发

采用计数方法，当计数值达到预置值时才产生触发。在较复杂的软件系统中常常出现嵌套循环的情况，常采用计数触发对循环进行跟踪。

6．毛刺触发

"毛刺"是由系统内部噪声和外部干扰引起的瞬间窄脉冲，它是逻辑电路误动作的主要原因，因此数字系统中经常要检测毛刺现象。采用异步采样方式，使用逻辑分析仪内部的时钟对被测系统进行采样，可检测出波形中的毛刺干扰，如图 3-9 所示。接着利用逻辑分析仪内部的锁定电路将毛刺展宽。一般仪器可以捕捉到 2 ns、250 mV 的窄脉冲，并能将其扩展为一个与采样时钟周期相同的宽度显示，以便测试分析。

毛刺触发利用滤波器从输入信号中取出一定宽度的脉冲作为触发信号，可以在存储器中存储毛刺出现前后的数据流，以便于观察和分析毛刺产生的原因。

7．手动触发

手动触发是一种人工强制的触发方式。在测量时，利用手动触发方式可以在任何时间进行触发并显示测量数据。

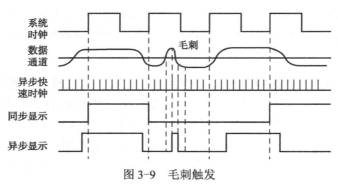

图 3-9　毛刺触发

3.6.4　逻辑分析仪的显示方式

逻辑分析仪将被测信号用数字形式写入存储器后，测量者可以根据需要通过控制电路，将内存中的全部或部分数据稳定地显示在屏幕上。逻辑分析仪具有以下几种显示方式。

1. 定时图显示

定时图显示方式以逻辑电平表示波形图的形式，将存储器中的内容显示出来。该方式显示的是一连串经过整形后的类似方波的波形，高电平代表"1"，低电平代表"0"，由此可以确定逻辑电平与时间的关系，如图 3-10 所示。

由于显示的不是被测点信号的实际波形，所以又称为"伪波形"或"伪时域波形"。定时图显示方式可以将存储器的全部内容按顺序显示出来，也可以改变顺序显示，这样更便于进行比较分析。

2. 状态表显示

状态表显示方式将存储器内容以二进制、八进制、十进制或十六进制等各种数制形式显示出状态信息，如表 3-2 所示。

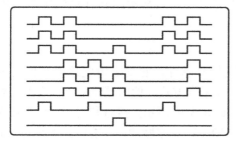

图 3-10　定时图显示方式

表 3-2　状态表显示

地址（HEX）	数据（HEX）	状态（BIN）
2850	35	001100
2851	62	101101
2852	2A	1001101
2853	4B	100110
…	…	…

3. 反汇编显示

多数逻辑状态分析仪具有反汇编功能，可以把总线上出现的数据翻译成助记符，并在显示器上显示出汇编语言源程序，如表 3-3 所示。

4. 图解显示

图解显示是将荧光屏 X、Y 方向分别作为时间轴、数据轴进行显示的一种方式。它将欲

表 3-3 反汇编显示

地址（HEX）	数据（HEX）	操 作 码	操 作 数
2850	214200	LD	HL，2042H
2851	0604	LD	B，04H
2852	97	ADD	A
2853	23	INC	HL
…	…	…	…

显示的数字量通过 D/A 转换器转换为模拟量，按照存储器中取出数字量的先后顺序将此模拟量显示在荧光屏上，形成一个图像的点阵，其原理框图如图 3-11（a）所示。

一个十进制计数器输出数据的图解显示如图 3-11（b）所示。计数器由全零状态（0000B）开始工作，每一个时钟脉冲使计数值加 1，计数状态变化的数字序列为 0000→0001→0010→0011→0100→0101→0110→0111→1000→1001→0000 周而复始地循环。经 D/A 转换器转换后的亮点每次增加 1，就形成由左下方开始向右上方移动的 10 个亮点，当由 1001→0000 时，亮点回到显示器底部，如此循环往复。

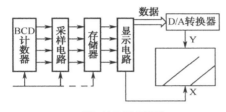

（a）图解显示原理框图　　　　（b）十进制计数器输出数据的图解显示

图 3-11　图解显示

5. 映射图显示

映射图显示是指把每个数据都与显示屏上的光点对应起来，并按取出数据的先后顺序将数据对应的光点用箭头线连接起来。例如，数据为 8 位，则显示屏左上角的光点对应数据 00H，右下角的光点对应数据 FFH，其他的光点按从左到右、从上到下的顺序，分别对应数据 01H，02H，03H，…，FEH。图 3-12 所示为 8 个数据的映射图显示。

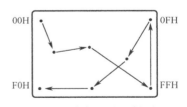

图 3-12　8 个数据的映射图显示

6. 多模式显示

高层次的逻辑分析仪可设置多个显示模式，如将一个显示屏分为两个窗口，上窗口显示定时图，下窗口显示经反汇编后生成的汇编语言程序。由于上、下两个窗口的内容在时间上是相关的，因此，可以同时观察电路的定时图和程序的执行，软硬件同时调试。

3.6.5　逻辑分析仪的主要性能指标与选型

1. 主要性能指标

逻辑分析仪的主要性能指标有以下几个方面。

1）采样速率

逻辑分析仪的采样速率应大于系统的工作速率，以便可靠地捕捉被测系统的数据。定时分析（异步）的采样速率至少要高出信号频率数倍（推荐 10 倍以上），状态分析（同步）的采样速率取决于被测 CPU 和总线的速率。目前逻辑分析仪的定时分析速率一般为 100 MHz～4 GHz，状态分析速率一般为 35 MHz～1.5 GHz。

2）数据通道数

数据通道数决定了它同时能分析数据的宽度，通道越多所能观测到的数据信息量越大。目前逻辑分析仪数据通道数一般在 64～680 之间。

3）触发方式

逻辑分析仪具有多种灵活而准确的触发功能，可在任意长的数据流中，对欲观察分析的部分数据段做出准确的定位，从而捕捉有效数据。一般逻辑分析仪具有组合触发、延迟触发、限定触发、序列触发、计数触发等多种触发方式。

4）存储深度

存储深度决定采集数据的多少，存储深度越大，采集的数据越多，更有利于软硬件工作的分析。逻辑分析仪的存储深度一般在 4 KB～1 MB 之间。

5）输入信号最小幅度

输入信号最小幅度指逻辑分析仪的探头能够检测到的输入信号最小幅度。

6）毛刺捕捉能力

毛刺捕捉能力指逻辑分析仪能够检测到的最小毛刺脉冲的能力。

2. 逻辑分析仪的选型

目前，逻辑分析仪的型号多种多样，根据其硬件设备的功能和复杂程度，主要分为独立式（单机型）逻辑分析仪（如图 3-13（a）所示）和基于计算机（PC-Base）的逻辑分析仪（如图 3-13（b）所示）两大类。独立式逻辑分析仪将所有的软件、硬件整合在一台仪器中，使用方便。基于计算机（PC-Base）的逻辑分析仪则需要结合计算机使用，利用 PC 强大的计算和显示功能，完成数据处理和显示等工作。

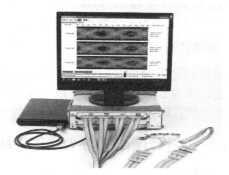

（a）独立式（单机型）逻辑分析仪　　　　　（b）基于计算机（PC-Base）的逻辑分析仪

图 3-13　逻辑分析仪

逻辑分析仪的选型要从性能和价格两方面考虑。廉价型逻辑分析仪功能简单，仅有简单触发功能，作为多通道示波器使用。应从性能角度选择型号，根据被测数字系统的特性及分析目标来决定。一般来讲，最重要的指标是采样速率和数据通道数。采用状态分析进行系统逻辑功能的测量，通常不需要太高的采样速率，分析速率可与被测系统最高工作频率相同。采用定时分析时则要求有更高的时间分辨率，以获得满意的测试精度，选择采样时钟频率为被测系统数据速率的 5～10 倍。对于定时分析，它主要用于数字电路的各种时序关系的分析，往往使用的通道不会很多，一般 64 通道就足够了。对于状态分析，它主要用于各种计算机和接口总线协议及软件分析，通道数要求较多。当超过 100 个通道时，应注意配备专用的探头夹具。

3.6.6　逻辑分析仪的主要应用

逻辑分析仪广泛用于数字系统的测试，主要用于测试数字集成电路的逻辑功能、微处理器系统的逻辑状态，以及检测数字系统的故障等。通过逻辑分析仪的多通道探头检测被测系统的数据流，经观察分析诊断系统的软硬件故障。

1. 测试数字集成电路

给数字系统加入激励信号，用逻辑分析仪检测其输出或内部各部分电路的状态，即可测试其功能。通过分析各部分信号的状态、信号间的时序关系就可以进行故障诊断。

1）ROM 的极限参数指标测试

逻辑分析仪可以测试器件在不同条件下的极限参数，图 3-14 所示为 ROM 最高工作频率测试连接示意图。数据发生器以计数方式产生 ROM 的地址，逻辑分析仪工作在状态分析方式下，将数据发生器的计数时钟送入逻辑分析仪作为数据采集时钟，ROM 的数据输出送至逻辑分析仪探头。同

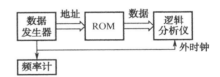

图 3-14　ROM 最高工作频率测试连接示意图

时，用频率计检测数据发生器的计数时钟频率。首先，让数据发生器低速工作，逻辑分析仪进行一次数据采集，并将采集到的 ROM 各单元数据存入参考存储器作为标准数据。然后逐步提高数据发生器的计数时钟频率，逻辑分析仪将每次采集到的数据与标准数据相比较，直到出现不一致为止。此时，数据发生器的计数时钟频率即为 ROM 的最高工作频率。

2）时序关系及干扰信号的测试

利用逻辑分析仪的定时分析功能，可以检测数字系统中各种信号间的时序关系、信号的延迟时间及各种干扰脉冲等。

数字电路还经常因外界的干扰或器件本身的时延而产生"毛刺"。对于这种偶发的窄脉冲信号，用示波器难以捕捉到，而用逻辑分析仪的毛刺触发方式，则可以迅速而准确地将毛刺捕获并显示出来。

2. 微机系统软、硬件调试

逻辑分析仪最普遍的用途之一是监视微处理器中的程序运行，监视微处理器的地址、数据和控制总线，对微处理器执行的操作进行跟踪。可用逻辑分析仪排除微处理器软件中

的问题，以及检测硬件中的问题，或用来排查软、硬件共同作用引起的故障。

例如，对于包含了许多子程序和分支程序的复杂程序，可以将分支条件或子程序入口地址作为触发字，采用多级序列触发方式，跟踪不同条件下程序的运行情况，如图 3-15 所示。

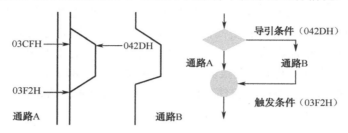

图 3-15　分支程序的跟踪测试

如果要监测程序沿通路 B 的运行状况，可以采用两级序列触发。第一级触发字设置为042D，第二级触发字设置为 03F2，则 042D 为引导条件，保证在触发时采集的数据是程序沿通路 B 运行的状态。如果要监测程序沿通路 A 运行的状态，只需将导引条件设置为 03CF即可。当程序更为复杂时，对于多个分支采用更多级的序列触发即可，有的逻辑分析仪可达 16 级序列触发，确保对程序进行灵活、准确的跟踪和分析。

典型仪器 5　基于 GDS-2072A 型数字示波器的简易逻辑分析仪

逻辑分析仪性能强大、价格昂贵，即使是基于 PC 的便携式逻辑分析仪价格也不低，且更新换代快，生产厂家一般只提供几年的技术支持。对于一般院校，其实验所用的功能是仪器的基本功能，从性价比和实用性角度出发，推荐院校使用基于示波器的逻辑分析仪。

GDS-2000A 系列示波器可以扩展成 8 通道或 16 通道的逻辑分析仪，既经济又实用。扩展后使得示波器成了混合示波器。支持并行和串行总线（UART、SPI、I²C）触发和解码，以及逻辑触发。同时，扩展出的逻辑分析仪可以充分利用 GDS-2000A 系列示波器的分段记忆、搜索、自动测量、光标功能和 2MB 存储深度等功能。

基于 GDS-2072A 型数字示波器的逻辑分析仪的主要性能指标、安装和使用方法如下。

1. 主要性能指标

逻辑分析模块（DS2-8LA 或 DS2-16LA）性能指标有：实时采样速率 500 MSa/s；带宽200 MHz；并行总线触发；串行总线触发（UART、SPI、I²C）；2 MB 存储深度。

2. 安装

扫一扫看基于 GDS-2072A型数字示波器的简易逻辑分析仪教学课件

1）标准配件

基于 GDS-2072A 型数字示波器的逻辑分析仪，配有逻辑分析卡和逻辑分析探头。具体型号如表 3-4 所示。

表 3-4　GDS-2072A 型数字示波器扩展逻辑分析仪配件

逻辑分析仪	逻辑分析卡	逻辑分析探头
8 通道 DS2-8LA	GLA-08	GTL-08LA
16 通道 DS2-16LA	GLA-16	GTL-16LA

2）安装逻辑分析模块

在 GDS-2000A 系列示波器的背面有模块槽，将逻辑分析模块（DS2-8LA 或 DS2-16LA）安装在模块槽内，仪器正面接上逻辑探头，即可使用逻辑分析功能。

步骤：（1）关闭仪器电源；（2）向两边滑动锁扣，移除模块盖，如图 3-16（a）所示；（3）将逻辑分析模块嵌入槽内，如图 3-16（b）所示；（4）滑动锁扣至原锁定位置；（5）将逻辑分析探头插入示波器前面板上的"Logic Analyzer"卡座，如图 3-16（c）所示。

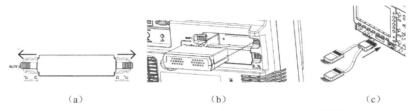

图 3-16　GDS-2000A 系列示波器上安装逻辑分析模块

至此，基于示波器的逻辑分析仪可以使用了。

3. 使用方法

（1）连接逻辑探头前，将被测系统的电源关闭。

（2）将逻辑探头与被测系统相连，如图 3-17 所示，其中的黑色接地线连至被测系统电路板的地，如图 3-18 所示；做好探头和测试点的连接标记。

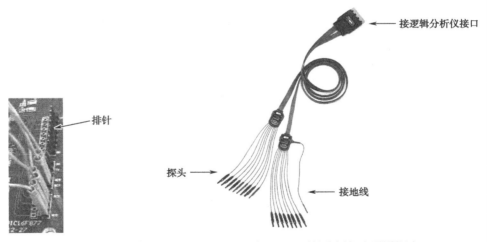

图 3-17　将逻辑探头与被测系统相连　　　图 3-18　逻辑分析仪多通道探头

（3）按下示波器面板上的 Option 键，选择"Logic Analyzer"进入逻辑分析仪的菜单。

（4）按下"D15～D0 On/Off"软键以激活数字通道。

（5）按下"阈值（Thresholds）"软键设置阈值电平。阈值可以每四个通道单独设置，如 D0～D3、D4～D7 等。共有 5 种阈值设置，还有用户自定义类型（7 种，分别为 TTL、5.0 V CMOS、3.3 V CMOS、2.5 V CMOS、ECL、PECL、0 V）。

（6）捕获被测信号。

（7）显示与分析捕获的数据。

此外，该逻辑分析仪有模拟波形显示功能。按下"模拟波形（Analog Waveform）"软键以显示数字通道的模拟波形。模拟波形仅显示1个波形，由D0～D7或D8～D15通道产生。

另外，该逻辑分析仪还有总线和逻辑触发选择。按下面板触发控制中的 Menu 键，选择"Type-Others-Logic"，在5种阈值中选择相应阈值电平，按"Clock Edge"键设置边沿触发；按"Hold off"键设置延迟触发时间。

示波器扩展出逻辑分析仪的缺点是触发方式、显示方式都比较简单，没有毛刺捕捉功能。

知识拓展5　误码仪

1. 误码率的概念与测试

数字传输系统传输的信息都是二进制的数字信号，在传输过程中系统容易受到外界的影响。因此，信号从A地传输到B地产生错误是必然的。只是由于传输系统的质量及受外界影响程度的不同，产生错误的程度不同。信号从A地传输到B地产生的错误越少，表明传输系统的传输质量越好。

1）误码率概念

传输系统对被传输的信号每产生一个错误，就称为有一个比特错误或称为一个误码。在测试的时间内，测试到的总错误数称为误码计数。误码率是二进制比特流经过系统传输后发生差错的概率。其测量方法是：向系统中输入某种形式的二进制码流，测试该系统输出的码流，将输出的码流差错的位数 m 与传输的码流位数 n 相比，可得到误码率 P_m 的值。即

$$P_m = \frac{m}{n}$$

例如，仪表已经测试的比特数为10 000个，已经测试到的误码数为3个，则误码率=3/10 000，同样可以表述为 3×10^{-4}，或3E-4。

2）误码测试原理

误码仪即误码率测试仪，由发送和接收两部分组成，误码测试原理框图如图3-19所示。误码仪发送部分的测试图形发生器产生一个已知的测试数字序列，编码后送入被测系统的输入端，经过被测系统传输后输出。误码仪的接收部分接收该信号后进行解码，并从接收信号中得到同步时钟。误码仪接收部分的测试图形发生器产生与发送部分相同并且同步的数字序列，与接收到的信号进行比较，如果两者不一致，便是误码。用计数器对误码的位数进行计数，然后记录存储，分析计算误码率（发生差错的位数和传输的总位数之比），最后显示测试结果。

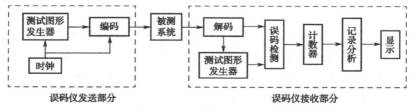

图3-19　误码测试原理框图

（1）测试图形发生器

误码率测试中，测试图形的产生是关键。非在线测试时，测试图形采用伪随机二进制序列来模拟数据的传输。伪随机二进制序列可由异或门和移位寄存器组合产生。如图 3-20 所示，可产生序列长度为 $2^9-1=511$ 的伪随机序列。图中初始值为任意 9 位非零的二进制数，取 a_9 和 a_5 异或后作为下一位的输入值，如此循环。

图 3-20　伪随机二进制序列的产生

（2）误码检测

基本的误码检测电路是异或门。如图 3-21 所示，使用异或门将被测数据流与参考图形进行比较，当两个数据图形完全相同且同步时，异或门输出"0"；当两个图形存在差异，即在接收端的数据流中某位发生错误时，异或门输出"1"。计数器将异或门输出的"1"累加。

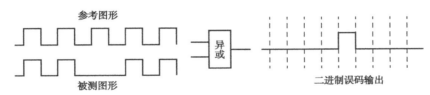

图 3-21　误码检测示意图

（3）数据记录与误码分析

数据记录常采用非易失性存储器存储，以记录大量的测试数据和误码事件，只有积累有意义的统计结果，才能比较正确地反映误码仪的性能。

如果一个系统在足够长的时间内都具有比要求低的误码率，则可以认为该系统能长期工作；如果系统在数个周期内具有高的误码率，则认为该系统不稳定。

对于在线测试，传输的是随机数码流。必须在传输的随机数码中，间隔插入少量的固定帧结构码，利用这些帧结构码，发送测试码所需的数据序列，接收端从收到的数据流中分离出这些测试序列，然后检测出误码率。

3）误码仪测试内容

单纯的误码个数并不能确切地描述传输系统传输质量的优劣。例如，A 系统在 10 h 中测得的误码为 100 个，B 系统在 10 h 中测得的误码为 150 个。但是，A 系统产生的 100 个误码是零散的，B 系统产生的 150 个误码只在 1 s 之内，如果按照产生的误码秒计算，A 系统将可能有 100 个误码秒，而 B 系统却只有 1 个误码秒。就其传输质量而言，当然是 B 系统优于 A 系统。因此 ITU-T 的 G.821 建议*规定：

---

* ITU-T 的中文名称是国际电信联盟远程通信标准化组织（ITU-T for ITU Telecommunication Standardization Sector），它是国际电信联盟管理下的专门制定远程通信相关国际标准的组织。该机构创建于 1993 年，前身是国际电报电话咨询委员会。由 ITU-T 指定的国际标准通常被称为建议（Recommendations）。ITU-T 的各种建议的分类由一个首字母来代表，称为系列，每个系列的建议除了分类字母以外还有一个编号，比如"G.821"。G 为传输系统和媒体、数字系统和网络。

误码秒是在系统可利用时间内，1 s 之内产生 1 个或 1 个以上的误码，该秒就称为 1 个误码秒。如果没有误码产生，则该秒就称为 1 个无误码秒。

所谓系统可利用时间是指仪表在连续 10 s 的测试时间内，如果每秒的误码率都不超过 1×10^{-3}，那么该 10 s 就是可利用时间，并且意味着可利用时间的开始。反之，如果仪表在连续 10 s 的测试时间内，每秒的误码率都超过了 1×10^{-3}，那么该 10 s 就是不可利用时间，并且意味着不可利用时间的开始。对于不是连续 10 s 出现的误码率超过了 1×10^{-3} 的秒，如果跟在可利用时间后面，就称为可利用时间；如果跟在不可利用时间后面，就称为不可利用时间。误码秒必须在系统可利用时间之内，对于出现在不可利用时间内的则不加以测试。

因此，误码仪的测试内容包括以下几个方面。

（1）误码秒（ES）：在系统可利用时间内出现误码的秒数。

（2）误码秒的百分比（ES%）：测试到的误码秒数与总测试的秒数之比的百分数。

（3）严重误码秒（SES）：在系统可利用时间内出现的误码率大于 1×10^{-3} 的秒数。

（4）严重误码秒百分比（SES%）：在系统可利用时间内出现的误码率大于 1×10^{-3} 的秒数与测试的总秒数之比的百分数。

（5）系统可利用时间秒数：测试到的系统总的可利用秒数。

（6）系统不可利用时间秒数：测试到的系统总的不可利用秒数。

（7）总测时间：仪表已经测试的总秒数。

（8）信号丢失（LOS，或称无信号）告警测试：在测试过程中测试到多于 15 个连"0"信号时表明信号已经丢失，仪器报警。

（9）AIS（信号告警指示）告警测试：在测试过程中测试到多于 15 个连"1"信号时表明系统全 1 告警，仪器报警。

（10）同步丢失（OOF 或 LOSY）告警测试：测试中，由于传输设备或仪表设置的原因导致仪表收、发之间的码型失步，称为同步丢失。当出现同步丢失时仪器报警。

2. 误码仪主要性能指标

（1）数据速率：包括采用外时钟时的最大数据速率，以及采用内时钟时仪器可提供的数据速率。

（2）接口方式：包括 TTL 接口、RS-232 接口、GPIB 接口等。

（3）码图（码型图案）：伪随机序列码和人工码。

（4）时钟方向：发码时钟方向有上升沿发码和下降沿发码两种类型；收码时钟方向有上升沿收码和下降沿收码两种类型。

（5）插入误码模式：可插入误码的模式。

（6）测量时间：最长测量时间，一般大于 100 h。

3. 误码仪的使用

误码仪从用途上分有用于卫星通信系统测试的误码仪、用于光数据通信测试的误码仪等多种，如图 3-22（a）所示。从结构上分有手持式和台式等。下面以图 3-22（b）所示的国产 HDB88521 型误码测试仪为例，简单介绍一下误码仪的使用。

（a）

（b）

图 3-22 误码仪

1）面板

HDB88521 型误码测试仪通过不同的参数设置可以适应不同的测试要求。设置参数时，按相应的功能键，出现相应参数选择菜单，通过上下键选择所需参数，按确定键进行确认。HDB88521 型误码仪面板如图 3-22（b）所示，各部分功能如下。

（1）模式：该按键用于选择插入误码的模式。按下该键，屏幕上出现 4 种插入误码模式，按上下键选择所需参数模式。

（2）接口：该按键用于选择接口方式。按下该键后，屏幕上出现 TTL 电平、RS-232 电平、RS-422 电平、HDB3 码 4 种接口方式，按上下键选择所需接口方式。

（3）码图：该按键用于选择测试码序列。按下该键后，屏幕上出现 2^3-1、2^7-1、2^9-1、$2^{15}-1$、$2^{21}-1$ 几种码图可供选择。

（4）时钟：该按键用于选择发码时钟源。选择发码时钟时，按下该键后，屏幕上出现内、外时钟选择。若选择内时钟，则屏幕上将显示 2.4 Kbps、8 Kbps、16 Kbps、32 Kbps、64 Kbps、256 Kbps、2048 Kbps、8192 Kbps 8 种速率可供选择。

（5）钟沿（或时钟方向）：该按键用于选择收、发时钟的触发沿。按下该键后，屏幕上出现上升沿发码/下降沿收码、下降沿发码/上升沿收码、上升沿发码/上升沿收码、下降沿发码/下降沿收码 4 种时钟方向可供选择。

（6）0：该按键用于输入 8 位人工码的 0。

（7）1：该按键用于输入 8 位人工码的 1。

（8）▲：该按键用于向上移动光标。

（9）▼：该按键用于向下移动光标。

（10）背光（或对比度）：该按键用于控制液晶显示屏背景光的开启、关闭及调节显示对比度。

（11）确认：该按键用于确定所选定的参数。

（12）测试（或测试/暂停）：该按键用于启动和停止测试。按下"测试"键，测试仪进入测试状态，并显示测试时间、收码数、误码数和误码率。在测试同步期间，全部显示数据都为 0。在同步后，开始实时显示数据。在测试过程中，其他按键都不起作用。再按下"测试"键将停止测试，并显示测试结果。

2）误码测量方法

（1）设备连接：连接误码测试仪与待测仪器或设备，如图 3-23 所示。

（a）远端测试连接   （b）近端测试连接

图 3-23　误码测试连接示意图

（2）插入误码模式选择：按"模式"键，选择插入误码模式，并按"确认"键加以确认。

（3）接口方式选择：按"接口"键，选择接口方式，并按"确认"键加以确认。

（4）码图选择：按"码图"键，选择码型图案，并按"确认"键加以确认。

（5）时钟源选择：按"时钟"键，选择内时钟或外时钟。

（6）时钟方向选择：按"钟沿"键，选择收、发时钟的触发沿。

（7）测试过程：按"测试"（或测试/暂停）键，进入测试状态，显示测量结果。

项目实施3　计数-译码电路性能测试

工作任务单：

（1）制订工作计划。

（2）熟悉计数-译码电路的工作原理。

（3）选择测量方案。

（4）完成电路性能的测试。

（5）编写项目报告。

扫一扫看基于示波器的逻辑分析仪使用方法视频

1. 实训目的

（1）熟悉计数-译码电路的工作原理。

（2）掌握逻辑分析仪的基本使用方法。

（3）学会用逻辑分析仪测试计数-译码电路的性能。

（4）尝试*用逻辑分析仪进行毛刺的测试。

2. 实训设备与器件

（1）实训设备：GDS-2072A 型数字示波器及逻辑分析仪配件、信号发生器、稳压电源。

（2）实训器材：数电实验箱（或集成电路 74LS74 2 片、74LS138 1 片、面包板 1 块、导线若干）。

---

* "尝试"的前提是使用的逻辑分析仪具有毛刺检测功能。

3. 电路工作原理

计数-译码电路如图 3-24 所示。3 个 D 触发器（74LS74）组成二进制减法计数器，$Q_2Q_1Q_0$ 在计数脉冲 f_c 的作用下输出 111B～000B 的状态信号，送至 74LS138 译码器的 $A_2A_1A_0$ 三个输入端，当译码器的 S_1、$\overline{S}_2$、$\overline{S}_3$ 满足要求时，输入信号依次选通译码器 $\overline{Y_7} \sim \overline{Y_0}$ 中的一路输出为低电平，如此循环往复。图 3-25 所示为集成电路 74LS74、74LS138 的引脚图。

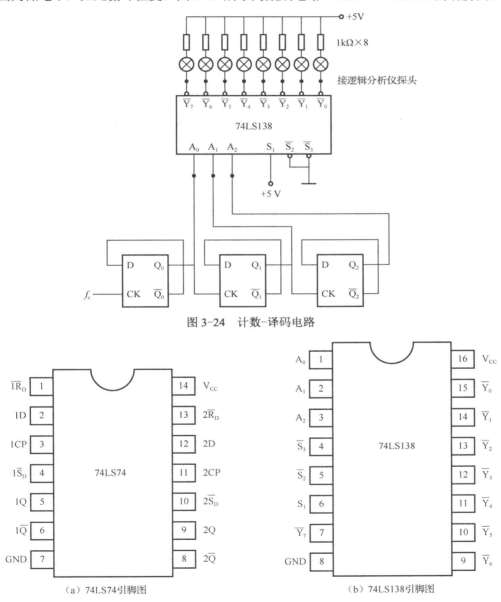

图 3-24　计数-译码电路

（a）74LS74引脚图　　　　　（b）74LS138引脚图

图 3-25　　74LS74、74LS138 引脚图

由于计数-译码电路中采用的逻辑门、触发器性能及级数不同，造成不同的内部传输时延，在翻转过程中会产生引起错误动作的窄脉冲，即毛刺。毛刺都出现在输入信号的跳变沿

上，跳变的输入信号越多，产生毛刺的可能性就越大。毛刺可以引起其他电路工作不正常，应尽量消除。工程上常采用高速集成电路来减少器件本身的时延，降低毛刺的产生。

4. 项目测试

1）定时图的测试

按图 3-24 搭接好电路后，$Q_2Q_1Q_0$ 和 $\overline{Y}_7 \sim \overline{Y}_0$ 各输出端（图中黑点处）用排针引出，逻辑分析仪的探针分别插入相应测试排针。调节信号发生器，使其输出幅度为 5 V、频率为 100 Hz 的方波作为时钟信号。合理设置逻辑分析仪的显示方式及触发方式后，即可在逻辑分析仪（数字示波器）上观测计数-译码电路输出信号的定时图。在项目实训报告中绘制计数-译码电路的定时图。

2）毛刺的测试

加快时钟信号频率，当 74LS138 的 A_2、A_1、A_0 三个输入信号延时不一致时，译码器的输出端可能会出现毛刺。设置（高性能的）逻辑分析仪启用毛刺检测功能，使逻辑分析仪工作在毛刺锁定方式，在波形窗口中开启毛刺显示，即可观察到译码输出端的毛刺。

5. 项目测试参考波形

计数-译码电路输出信号定时图如图 3-26 所示。计数-译码电路输出产生的毛刺如图 3-27 所示。

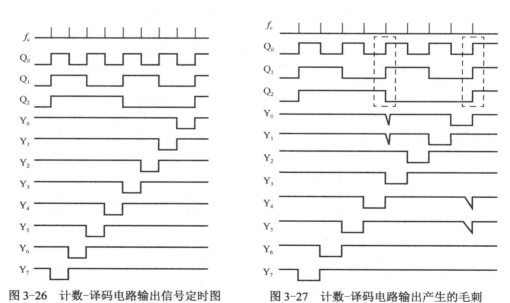

图 3-26　计数-译码电路输出信号定时图　　　　图 3-27　计数-译码电路输出产生的毛刺

6. 整理相关资料，完成测试的详细分析并填写项目报告

项目报告示例请上华信教育资源网下载参考。

7. 项目考核

项目考核表如表 3-5 所示。

表 3-5　项目考核表

评价项目	评价内容	配　分	教师评价	学生评价		总　分
				互　评	自　评	
工作态度	（1）工作的主动性、积极性； （2）操作的安全性、规范性； （3）遵守纪律情况	10 分				师评 50%+互评 30%+自评 20%
项目测试	（1）仪器连接的正确性； （2）检测结果的正确性	60 分				
项目报告	项目报告的规范性	20 分				
5S 规范	整理工作台，离场	10 分				
合计	—	100 分				
自评人：　　　　　　　互评人：　　　　　　　教师： 　　　　　　　　　　　　　　　　　　　　　　　　　　　　日期：						

知识梳理与总结

（1）数据域测试对象是数字系统，主要研究以离散时间或事件为自变量的数据流。与时域、频域测试技术相比，数据域测试有很大的不同。

（2）数据域测试的任务有两个，一是确定系统中是否存在故障，称为合格/失效测试，即故障检测；二是确定故障的位置，即故障定位。

（3）逻辑笔是数据域检测中的简单工具，主要用来判断信号的稳定电平、单个脉冲或低速脉冲序列。

（4）逻辑分析仪又称逻辑示波器，是复杂数字系统进行逻辑分析的重要仪器。其主要特点是有多通道输入、多种触发方式、多种显示方式，具有存储能力、限定功能、毛刺检测能力等。

（5）逻辑分析仪按其工作特点可分为逻辑状态分析仪和逻辑定时分析仪两类。逻辑状态分析仪与被测系统同步工作，主要用于系统的软件测试，检测数字系统的工作程序；逻辑定时分析仪与被测系统是异步工作的，主要用于系统的硬件测试。使用逻辑分析仪应根据被测系统的特点，选择适当的显示方式和触发方式，以完成对数字系统的测试任务。

（6）数字示波器配上逻辑分析仪插件后可以作为简易的逻辑分析仪使用。

习题 3

3-1　什么是数据域测试？它与频域测试和时域测试有何不同？

3-2　数据域测试有什么特点？数据域测试的主要任务是什么？

3-3　简述逻辑笔的功能。

3-4　简述逻辑分析仪的组成及各部分功能。

3-5 逻辑分析仪的触发起什么作用？其触发方式有哪些？

3-6 逻辑分析仪的显示方式有哪些？

3-7 逻辑分析仪主要应用在哪些方面？

　　用逻辑分析仪测试某单片机实验板上单片机输出端口 P0.0～P0.7 的信号，如何操作？该实验正确的数据流是怎样的？

项目 4

频域的测量

案例引入

你在看电视时，妈妈在旁边使用电吹风，于是电视机上出现了雪花干扰，用什么方式把干扰信号测量出来呢？另外，你的手机在无信号区不能打电话，你的无线鼠标不用连线就能控制计算机，怎么来捕捉这些无线信号呢？用什么仪器检测呢？

学习目标

1. 理论目标

1）基本了解

频域测量的概念；

频谱仪的组成、工作原理和主要性能指标。

【知识拓展】电磁兼容检测技术。

2）重点掌握

频谱仪的主要功能。

2. 技能目标

能操作频谱仪；

会测量射频通信信号。

扫一扫看频域的测量教学课件

4.1 频域测量的概念

电信号是随时间连续变化的，示波器以时间 t 为横轴、幅度 A 为纵轴对电信号进行测量和分析，称为时域测量、时域分析。在如图 4-1 所示的幅度–时间–频率三维坐标中，从左侧方向看过去，第一个波形为示波器观察到的波形，后几个波形分别是组成这个波形的基波和各次谐波分量。可见，对于多频率成分的电信号，时域分析只能分析合成信号的电参量。

如图 4-1 所示，从右侧方向看过去，以频率 f 为横轴、幅度 A 为纵轴对电信号进行测量和分析，称为频域测量、频域分析。可见，频域测量可以显示被测电路的频率特性，分析信号的谐波分量，了解信号频谱占用情况。

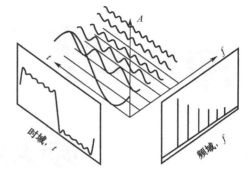

图 4-1 幅度–时间–频率三维坐标

时域分析（time domain）和频域分析（frequency domain）是指从时间和频率两个不同的角度观察同一信号，其结果反映了事物不同的侧面。且两者所得结果可以通过傅里叶变换互译。

对于失真很小的波形，频域测量优势明显。因为利用示波器很难观测小失真，但频域分析能测量出信号中很小的谐波分量。对于失真严重的波形，时域测量优势明显。比如，当两信号的频谱一样时，则频域分析很难测量出两者的差别。但若组成两信号的基波和各次谐波的相位不同，则示波器观察的结果就截然不同。所以，对于同一信号，应根据需要选择相应的测量方法。

4.2 频谱分析的概念与特点

时域分析与频域分析是对模拟信号进行分析的两个观察面。时域分析以时间轴为坐标横轴表示动态信号的关系，而频域分析则以频率轴为坐标横轴。一般来说，时域的表示较为形象与直观，频域分析则更为简练，剖析问题更为深刻和方便，频域分析是无线通信领域必要的一种信号分析方法。

1. 频谱分析的概念

对于时域内的周期性函数，非正弦波（如周期性方波）可以分解为频率不同的正弦波的叠加，对于单一频率的正弦波，仍可以分解出基波和各次谐波，真正纯净的正弦波是不存在的。对于时域内非周期连续时间信号，可视为周期无穷大的周期连续信号。频谱分析就是测量信号的各频率分量，分析信号由哪些不同频率、相位和幅度的正弦波构成。信号的频谱分析包括对信号的所有频率特性的分析，如对幅度谱、相位谱、能量谱、功率谱等进行测量，从而获得信号在不同频率上的幅度、相位、功率等信息。

常见信号的频谱有以下两种基本类型。

（1）离散频谱，图形呈线状，又称线状频谱。谱线之间间隔相等，每条谱线代表某个频率分量的幅度。各种周期性信号由基频和频率为基频整数倍的谐波构成，故其频谱是离散的。

（2）连续频谱，可视为因谱线间隔无穷小而连成一片。非周期信号和各种随机噪声的频谱都是连续频谱，即在所测的全部频率范围内都有频率分量存在。

实际的信号频谱往往是上述两种频谱的混合，被测的连续信号或周期信号频谱中除了基频、谐波和寄生信号所对应的谱线之外，还不可避免地会有随机噪声所产生的连续频谱基底。

2. 示波测试和频谱分析的特点

（1）时域是唯一客观存在的域，频域是一个非真实的、遵循特定规律的数学范畴。

（2）某些时域上较复杂的波形，频域上的显示可能较为简单，如图4-2所示。

实际的频谱仪通常只给出幅度谱和功率谱，不直接给出相位谱，

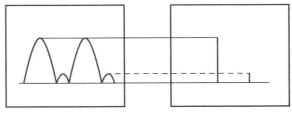

（a）示波器测试图形　　　（b）频谱仪测试图形

图4-2　信号在时域和频域中的显示情况

故当两组信号的基波幅度相同时，二次谐波的幅度也相同，但当基波和二次谐波的相位差不相等时，频谱仪观察到的两信号是相同的，而示波器观察到的两波形却截然不同。如图4-3（a）所示，示波器观察到第1组信号波形①、②相位相同，图4-3（b）中，示波器观察到第2组信号波形①、②相位差180°；而用频谱仪测量上述两组信号时，观察到的两组幅度谱却相同，如图4-3（c）、（d）所示。

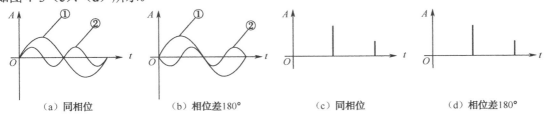

（a）同相位　　　　（b）相位差180°　　　　（c）同相位　　　　（d）相位差180°

图4-3　用示波器和频谱仪对比观察相位不同的波形

（3）对于失真很小的信号，示波器很难定量分析失真的程度，如图4-4（a）所示。但频谱仪对于信号的基波和各次谐波能直接给出定量的结果，谱线数量清晰明了，如图4-4（b）所示。

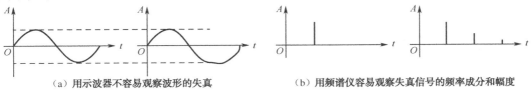

（a）用示波器不容易观察波形的失真　　　　（b）用频谱仪容易观察失真信号的频率成分和幅度

图4-4　对比示波器和频谱仪观察微小失真的波形

（4）对于确定信号存在着傅里叶变换，将时域信号分解为正弦和余弦曲线的叠加，完成信号从时域到频域的转换，变换结果为幅度谱或相位谱。对于随机信号不存在傅里叶变换，只就某些样本函数的统计特征值做出估算，如均值、方差等，对它们进行的是功率谱分析。

4.3 频谱仪的种类与工作原理

频谱仪即频谱分析仪，是一种重要的多用途频域测量仪器，它在频域中的地位可以与时域测量中的示波器相比拟，故有"频域示波器"之称。简单地说，频谱仪就是使用不同方法在频域内对信号的电压、功率、频率等参数进行测量并显示的仪器。

1. 频谱仪的种类

频谱仪有以下几种分类方法。

1）按对信号的分析处理方法分类

按频谱仪对信号的分析处理方法，可分为模拟式频谱仪、数字式频谱仪、模拟/数字混合式频谱仪。

模拟式频谱仪以模拟滤波器为基础，用滤波器来实现信号中各频率成分的分离，主要用于射频和微波频段。

数字式频谱仪以数字滤波器或快速傅里叶变换（FFT）为基础构成。数字式频谱仪精度高、性能灵活，受数字系统工作频率的限制，主要用于低频和超低频段。

2）按对信号处理的实时性分类

按频谱仪对信号处理的实时性分类，可分为实时频谱仪和非实时频谱仪。

实时和非实时的分类方法主要针对频率较低或频段覆盖较窄的频谱仪而言。所谓"实时"并非指时间上的快速，实时分析应达到的速度与被分析信号的带宽及所要求的频率分辨率有关。一般认为，实时分析是指在长度为 T 的时间段内，能够完成频率分辨力达 $1/T$ 的谱分析；或待分析信号的带宽小于仪器所能同时分析的最大带宽。显然，只有在一定频率范围内讨论实时分析才有现实意义：在该范围内，数据分析速度与数据采集速度相匹配，不会发生数据积压现象，这样的分析就是实时的；如果待分析的信号带宽超过这个范围，则分析变成非实时的。

3）按频谱仪的频率轴刻度类型分类

按频谱仪的频率轴刻度类型分类，可分为恒带宽分析式频谱仪、恒百分比带宽分析式频谱仪。

恒带宽分析式频谱仪的频率轴为线性刻度，信号的基频分量和各次谐波分量在频谱上等间距排列，适用于周期信号的分析和波形失真分析。恒百分比带宽分析式频谱仪的频率轴采用对数刻度，可以覆盖较宽的频率范围，能够兼顾高、低频段的频率分辨率，适用于噪声类广谱随机信号分析。现在，许多数字式频谱仪可以实现不同带宽的 FFT 分析及两种频率刻度的显示，所以，对于数字式频谱仪而言这种分类并不适用。

此外，按工作频带分类，可分为高频频谱仪、低频频谱仪、射频频谱仪、微波频谱仪等。

2. 频谱仪的组成及工作原理

1）模拟式频谱仪

（1）并行滤波实时频谱仪

并行滤波实时频谱仪又称为多通道滤波式频谱分析仪，其组成框图如图 4-5 所示。信号同时加到通带互相衔接的多个带通滤波器中，各个频率同时被检波，经电子开关轮流显示在荧光屏上，实现实时测量。此种频谱仪不仅能分析周期信号、随机信号，还能分析瞬时信号。

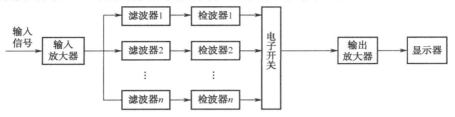

图 4-5　并行滤波实时频谱仪组成框图

（2）挡级滤波器式频谱仪

挡级滤波器式频谱仪又称顺序滤波式频谱仪，其组成框图如图 4-6 所示。与并行滤波实时频谱仪不同，它将电子开关加在检波器前，减少了检波器的数量，滤波后信号经公共检波器检波后，送至荧光屏，是一种非实时测量。

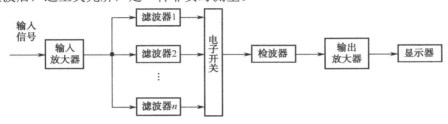

图 4-6　挡级滤波器式频谱仪组成框图

并行滤波实时频谱仪、挡级滤波器式频谱仪受滤波器数量及带宽的限制，这类频谱仪常用在等百分比带宽的低频频谱仪中。

（3）外差式频谱仪

外差式频谱仪利用外差式接收机的原理，将本机振荡器产生的频率可变的扫频信号与被分析信号进行差频运算，将所得固定中频信号送入窄带滤波器，由后级电路进行测量分析，由此依次获得被测信号不同频率分量的幅值信息。外差式频谱仪组成框图如图 4-7 所示。

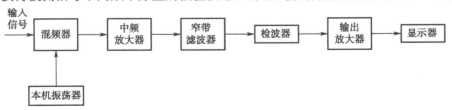

图 4-7　外差式频谱仪组成框图

由于中频信号频率固定，且放大器的增益带宽积是常数，窄带中频放大器可获得很高的增益，因此外差式频谱仪具有频率范围宽、灵敏度高、频率分辨率可变的优点，高频频谱仪几乎全部采用外差式。

2）数字式频谱仪

（1）数字滤波式实时频谱仪

数字滤波式实时频谱仪组成框图如图 4-8 所示，仅用一个数字滤波器，即构成与模拟式频谱仪中并行滤波法等效的实时频谱仪。数字滤波器性能优越，可以实现频分和时分复用，完成频谱测量。同时数字滤波器输出的是序列数字量，因而可以进行数字平方检波和均方运算，大大提高了检波精度和动态范围。该方法受到数字器件资源的限制，无法设置足够多的数字滤波器，从而无法实现高频率分辨率和高扫频宽度。

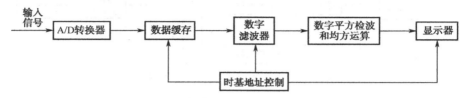

图 4-8　数字滤波式实时频谱仪组成框图

（2）快速傅里叶频谱仪

快速傅里叶频谱仪组成框图如图 4-9 所示，其核心技术是傅里叶变换（FFT 分析），得到被分析信号的离散频谱，再经平方获得功率谱。根据采样定理，最低采样速率应该大于或等于被采样信号最高频率的两倍，故快速傅里叶频谱仪的工作频段一般在低频范围，已成为低频频谱分析的主要方法。

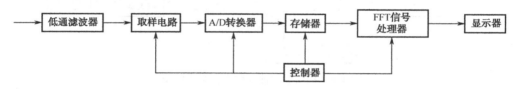

图 4-9　快速傅里叶频谱仪组成框图

4.4　频谱仪的主要性能指标与应用

1. 主要性能指标

不同品种的频谱仪其技术参数不完全相同。对于使用者来说，应主要了解频率范围、扫描宽度、扫描时间、幅度测量范围、灵敏度、分辨力及动态范围等。

1）频率范围

频率范围指频谱仪能达到规定性能的最大频率区间。现代频谱仪的频率范围通常从低频段到射频段、微波段，如 0.15～1 050 MHz、30 Hz～26.5 GHz。"频率"指中心频率，即位于显示频谱宽度中心的频率。

2）扫描宽度

扫描宽度又称分析谱宽、扫宽、频率量程、频谱跨度等，指频谱仪在一次分析过程中所显示的频率范围。扫描宽度与分析时间之比就是扫频速度。

3）扫描时间

扫描时间也称分析时间，指进行一次全频率范围的扫描并完成测量所需要的时间。一般都希望测量速度越快越好，即扫描时间越短越好，但扫描时间与许多因素有关，过小会影响测量精度。目前，很多频谱仪有多挡扫描时间可以选择，应选择适当的扫描时间进行测量。

4）幅度测量范围

幅度测量范围指在任何环境下可以测量的最大信号与最小信号的间隔。可以测量的信号上限由安全输入电平决定，可以测量的信号下限由灵敏度决定，且与频谱仪的最小分辨带宽有关。

5）灵敏度

灵敏度指频谱仪测量微弱信号的能力，定义为显示幅度满度时，输入信号的最小电平值。灵敏度与扫频速度有关，扫频速度越快，动态幅频特性峰值越低，灵敏度越低。

6）分辨力

分辨力指分辨频谱中两个相邻分量之间的最小谱线间隔，表征仪器能够把靠得很近的两个谱线区分开来的能力。模拟式频谱仪显示的每条谱线实际是窄带滤波器的动态幅频特性曲线，故频谱仪的分辨力主要取决于窄带滤波器的通频带宽度，因此定义窄带滤波器幅频特性的 3 dB 带宽为频谱仪的分辨力。很明显，若窄带滤波器的 3 dB 带宽过宽，则可能使两条谱线都落入滤波器的通频带，此时，频谱仪无法分辨这两个分量。

7）动态范围

动态范围指能以规定的准确度测量同时出现在输入端的两个信号之间的最大差值。动态范围上限受非线性失真的制约。频谱仪的幅值显示方式有两种：线性和对数。对数显示的优点是在有限的屏幕上和有效的高度范围内，可获得较大的动态范围。频谱仪的动态范围一般在 60 dB 以上，有的可达 100 dB 以上。频谱仪动态范围示意图如图 4-10 所示。

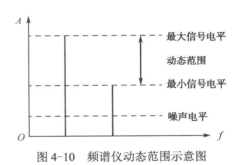

图 4-10 频谱仪动态范围示意图

2. 频谱仪的测量领域

随着科技的发展，频谱仪技术性能不断提高，其频率测试范围宽，幅度跨度大，应用范围也越来越广，包括雷达、微波通信线路、电信设备、移动通信系统、电磁干扰测试、有线电视系统、广播设备、光波测量及信号检测等应用。频谱仪已成为测量领域一种基本的测量工具。目前，频谱仪主要应用于以下一些方面。

1）正弦信号的频谱纯度
频谱仪测量信号的幅度、频率，以及寄生频谱的谐波分量。

2）非正弦波的频谱
频谱仪测量脉冲信号、音/视频信号的频谱。

3）调制信号的频谱
频谱仪测量调幅波的调幅系数、调频波的频偏和调频系数，以及寄生调制参数。

4）通信系统的发射机质量
频谱仪测量通信系统发射机的载频频率、频率稳定性、寄生调制，以及频率牵引等。

5）放大器等的性能测试

频谱仪测量放大器的幅频特性、寄生振荡、谐波和互调失真等，以及混频器、倍频器的变换损耗等。

6）噪声测试

频谱仪测量噪声信号的频谱，分析频谱分量。

7）电磁干扰测试

频谱仪测量辐射干扰、传导干扰、电磁干扰。在军事领域侦察敌方电台，测试敌方施放的干扰。

典型仪器 6　GSP-830 型频谱仪

不同生产厂商提供性能和价格各异的频谱仪。鉴于无线通信网络的发展，现以频率范围为 9 kHz～3 GHz 的频谱仪 GSP-830 为例，介绍频率特性测试仪的实际应用。

1. 性能指标

GSP-830 型频谱仪的主要性能指标如下。

（1）频率范围：9 kHz～3 GHz。

（2）频宽范围：2 kHz～3 GHz 在 1-2-5 顺序步进，全展频、零展频。

（3）相位噪声：-80 dBc/Hz @1 GHz 20kHz，典型值。

（4）扫频时间范围：50 ms～25.6 s。

（5）分辨率带宽：3 kHz、30 kHz、300 kHz、4 MHz。

（6）视频频宽范围：10 Hz～1 MHz 1-3 步进。

（7）测量范围：-103～+20 dBm，1～15 MHz，Ref.Level @ -30 dBm；

　　　　　　　-117～+20 dBm，15 MHz～1 GHz，Ref.Level ≥-110 dBm；

　　　　　　　-114～+20 dBm，1～3 GHz，Ref.Level ≥-110 dBm。

　　　　　　　（Span = 50 kHz，RBW = 3 kHz）

（8）过载保护：Max. +30 dBm，±25 V DC。

（9）参考电平范围：-110～+20 dBm。

（10）精确度：±1 dB @100 MHz。

（11）频率平坦度：±1 dB。

（12）幅度线性度：动态范围超过 70dB 时，幅度线性度误差在±1dB 以内。

（13）平均背景噪声：<-135±1 dBm/Hz，1～15 MHz，Ref.Level @ -30 dBm；

　　　　　　　　　　<-149 dBm/Hz，典型-152 dBm/Hz，15 MHz～1 GHz，

　　　　　　　　　　Ref.Level ≥-110 dBm；

　　　　　　　　　　<-146 dBm/Hz，典型-149 dBm/Hz，1～3 GHz，Ref.Level ≥

　　　　　　　　　　-110 dBm。

（14）三阶交调失真：<-70 dBc RF 输入 @-40 dBm，Ref.Level @-30 dBm。

（15）谐波失真：<-60 dBc RF 输入 <-40 dBm，Ref.Level @-30 dBm。

（16）非谐波伪噪声：<-93 dBm，1～15 MHz，Ref.Level @-30 dBm；

<-107～+20 dBm，15 MHz～1 GHz，Ref.Level ≥-110 dBm；

<-104～+20 dBm，1～3 GHz，Ref.Level ≥-110 dBm。

（Span = 50 kHz，RBW = 3 kHz）

（17）显示器：640×480 高分辨率 TFT 彩色 LCD。

（18）分割视窗：动态视窗，上、下或交替（两个同时扫描视窗）。

（19）游标：10 组峰值游标，5 组 Δ 游标。

功能：Delta、To Peak、To Minimum、Peak Track、Peak Table、 Peak Sort。

（20）轨迹侦测：3 个轨迹功能，可以用来累积峰值准位、冻结目前的波形和平均波形。

（21）功率测量：ACPR、OCBW、信道功率、N dB 带宽和相位抖动。

（22）自动设定功能：自动侦测并显示。

（23）触发：条件为视频、外部（正向，+5 V TTL 外部信号）；

模式为普通、单次、连续。

2．操作面板

1）前面板

GSP-830 型频谱仪的前面板如图 4-11 所示。具体按键、接口功能如下。

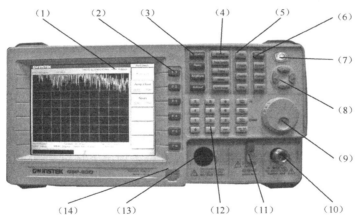

图 4-11 GSP-830 型频谱仪的前面板

（1）LCD 显示器：TFT 彩色显示器，640×480 分辨率。

（2）F1～F6 功能键：软键用于执行出现在显示器右边的菜单指令。

（3）主要功能键：

Frequency 键和 Span 键用来设定水平（频率）刻度；

Amplitude 键用来设定垂直（振幅）刻度和输入阻抗；

Autoset 键用来自动设定输入信号最适当的水平和垂直刻度。

（4）测量功能键：

Marker 键用来启动光标并用在指定的区域；

Peak Search 键用来搜寻峰值信号并设定峰值范围和次序；

Trace 键用来开启并设定轨迹信号，执行轨迹数学运算；

Measurement 键用来设定及执行 4 种类型的功率测量：ACPR、OCBW、N dB 和相位抖动；

Limit Line 键用来设定高/低限制线并执行 Pass/Fail 测试。

（5）控制键：

BW 键用来设定 RBW（分辨带宽）/VBW（视频带宽）、扫描时间和波形平均数字；

Trigger 键用来选择触发类型，设定触发操作模式/延迟/频率，并启动外部触发输入信号；

Display 键用来设定 LCD 亮度，编辑并显示画面的线/标题，以及启动分割窗口；

File 键用来存储/调出/删除轨迹波形，限制线，振幅修正，指令集和面板设定，并且可以经由 USB 端口存储显示器的影像。

（6）状态键：

Preset 键用来重设 GSP-830 型频谱仪开机时预先设定的状态；

System 键设定日期/时间、GPIB/RS-232C 接口和语言，显示系统的数据和自我测试的结果，储存/调出面板设定；

Option 键用来设定跟踪发生器、AM/FM 解调器、电池和外部参考频率；

Sequence 键用来编辑并执行指令集。

（7）电源键：Power 键用来选择 Standby 模式（红色）和 Power On 模式（绿色）之间的电源状态。使用后面板的电源开关打开/关闭电源。

（8）方向键：用来选择不同状况的参数，上/右键为增加参数，下/左键为减小参数。

（9）飞梭旋钮：用来设定或选择参数，在很多情况下它和方向键一起使用。

（10）输入端子：RF Input 端口用来接收待测输入信号，最大为+30 dBm，DC ±25 V。输入阻抗为 50 Ω。

（11）前置放大器电源供应器端子：DC 9V 端口用来向选购的前置放大器提供电源。

（12）数字输入键：用来设定不同的参数，在很多情况下它与方向键和飞梭旋钮一起使用。

（13）跟踪发生器输出端子：TG Output 端口用来输出跟踪发生器信号，其反灌的功率不能超过+30 dBm。

（14）USB 输出连接器：USB host，公座连接器用来提供存储和调出数据或显示影像。

2）后面板

GSP-830 型频谱仪的后面板如图 4-12 所示。各部分具体功能如下。

（1）频率调整点：调整内部参考信号频率，只用于维修服务。

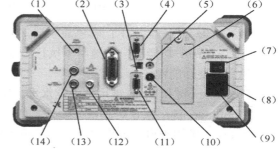

图 4-12　GSP-830 型频谱仪的后面板

（2）GPIB 连接器：24 pin 母座 GPIB 连接器用于远程控制。

（3）USB 连接器：Mini-B 类型连接器用于连接 PC 软件和进行远程控制。

（4）RS-232C 连接器：9 pin 母座连接器用于连接 PC 软件和进行远程控制。

（5）音频输出端口：3.5 mm 音频输出端口用于语音输出。需安装 AM/FM 解调器才可使用。

（6）电池组：在手提时使用，可与直流模块一起安装。

（7）主电源开关：用于打开/关闭电源。

（8）熔丝插座：熔丝值为 T1.6A/250V。

（9）电源线插座：100～240 V，50/60 Hz AC 电源线。

（10）DC 电源输入：电源输入为 DC 12 V，40 W 最大值。

（11）VGA 输出：15 pin 母座 VGA 连接器可输出 640×480 分辨率的显示影像到外部显示屏或投影机。

（12）外部触发输入：从外部的设备接收触发信号。

（13）参考输出：输出+5 V TTL，10 MHz 参考信号，使 GSP-830 型频谱仪与外部设备同步触发。

（14）参考输入：从外部的设备接收信号，与 GSP-830 型频谱仪同步触发。

3. 显示界面

GSP-830 型频谱仪的显示界面如图 4-13 所示。各部分具体功能如下。

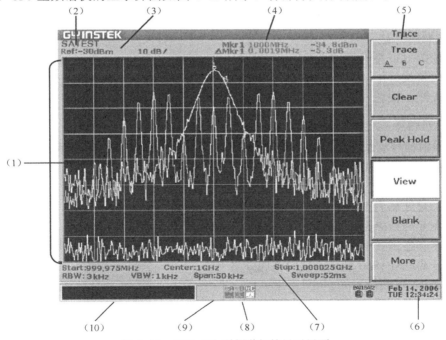

图 4-13　GSP-830 型频谱仪的显示界面

 扫一扫看 GSP-830 型频谱仪介绍视频教学课件

 扫一扫看典型仪器 GSP-830 型频谱仪操作视频教学课件

（1）轨迹和波形显示：主显示区域，显示输入信号和轨迹。提供三种轨迹颜色，分别是绿色、红色、黄色。

（2）标题：显示目前的标题。

（3）参考电平/垂直刻度：参考电平准位和垂直刻度。

（4）游标：显示频率和振幅的光标/Δ光标。

（5）功能菜单：按显示器右边 F1～F6 功能键选择所需的功能项目。

（6）日期和时间：显示目前的日期和时间。

（7）频率/带宽：上面显示开始/终止频率和中心频率；

下面显示视频带宽、分辨带宽、频率展频和扫描时间。

（8）状态图标：显示不同的系统状况。

（9）测试结果/错误信息：使用限制线或系统错误信息进行 Pass/Fail 测试。

（10）一般的窗口：显示选择项目的目前状态或输入的参数，如频率或振幅。

实训 5　手机发射信号测试

1. 实训目的

现代生活中存在着看不见、摸不着、听不见的错综复杂的电磁网。借助频谱仪的测量功能，可以捕获和分析无线信号，感知环境中的无线电波。

（1）熟悉 GSP-830 型频谱仪的面板装置及其操作方法。

（2）测试环境中的无线电波。

2. 实训器材

（1）GSP-830 型频谱仪 1 台。

（2）转接头（N 转 SMA）1 个。

（3）天线 1 根。

3. 实训内容

手机发射信号测试。由于手机频率介于 800～1900 MHz 之间，因此测量手机发射信号时，设定频率范围为 800～1 900 MHz。

注意：频率设定有两种方式，若待测信号的频率已知，则可以利用中心频率加频展的设定方式；若要测量的频点是一个范围，则可以利用设定起始频率和终止频率的方法。

（1）开启 GSP-830 型频谱仪的电源并接上天线，如图 4-14 所示。

（2）频谱仪设置如下。

起始频率：800 MHz；终止频率：1900 MHz；参考电平：-30 dBm；分辨率设置（RBW）：Auto。

（3）观察频谱仪显示屏上的信号，找出其中较

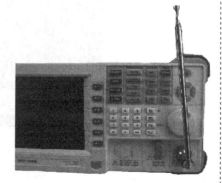

图 4-14　连接天线的频谱仪

高的三个信号，在图 4-15（a）中记下其频率值、幅度值，并绘制频谱曲线。

注意：参考电平可随信号的强弱而调整。

由于手机会有跳频现象，可以利用信号轨迹的峰值保持功能保存读数值，将跳频信号保留在显示屏幕上，将频率值与幅度值记录下来。

（4）将显示带宽改为 5 MHz，中心频率依序设为上述三个频点，如此可以较准确地观察单一信号，在图 4-15（b）中依次记录三个频点的幅度值，并绘制频谱曲线。

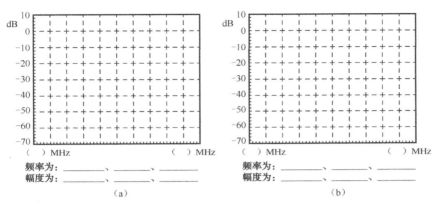

图 4-15　手机发射信号测试

4．实训报告

（1）记录实训步骤和实训结果，分析所得数据的正确性。

（2）记录过程中遇到的问题，分析原因并写出解决方法。

5．思考题

除了手机信号外，环境中还有什么无线信号能被频谱仪测量到？

知识拓展 6　电磁兼容检测技术

随着电气电子技术的发展，家用电器产品的日益普及和电子化，广播电视、邮电通信和计算机网络的日益发达，电磁环境日益复杂和恶化，使得电气电子产品的电磁兼容性（EMC）问题也日益受到各国政府和生产企业的重视。

1．EMC 的基本概念

电磁兼容性（EMC）的全称是 Electro Magnetic Compatibility，其定义为"设备和系统在其电磁环境中能正常工作且不对环境中任何事物构成不能承受的电磁骚扰的能力"。电磁兼容是电子产品的一个很重要的性能，电磁兼容问题既可能存在于系统之间，也可能存在于系统的内部。从上面的定义可以看出 EMC 包含了以下三个方面的含义。

（1）电磁干扰（EMI），即处在一定环境中的设备或系统，在正常运行时，不应产生超过相应标准所要求的电磁能量。

（2）电磁敏感度（EMS），即处在一定环境中的设备或系统，在正常运行时，能承受相应标准规定范围内的电磁能量干扰，或者说设备或系统对于一定范围内的电磁能量不敏感，能按照设计性能保持正常的运行。

（3）电磁环境，即系统或设备的工作环境。即使相同种类的设备也可能运用在不同的电磁环境中，对于应用在不同环境中的设备，对其电磁兼容的要求也可能是不一样的。离开了具体的电磁环境，谈电磁兼容没有什么实际意义。

2. 电磁干扰的三个要素

解决电磁干扰问题，就是对电磁兼容三要素进行探讨，分别是干扰源、传输途径和敏感设备，如图4-16所示，图中 EUT（Equipment Under Test）为受试设备。干扰源是干扰能量的出发点，敏感设备是干扰的最终作用点，它们两者之间的途径称为传输（或干扰、耦合）途径。

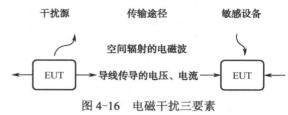

图 4-16　电磁干扰三要素

电磁干扰源是产生电磁干扰的三大要素之一，通常把它分为若干类。按干扰源的来源可分为自然干扰源和人为干扰源；按电磁耦合途径可分为传导干扰源和辐射干扰源；按传输的频带可分为窄带干扰源和宽带干扰源；按干扰波形可分为连续波、周期脉冲波和非周期脉冲波。

电磁干扰源所产生的干扰信号可分为无用信号与电磁噪声。无用信号指一些功能性信号，如广播、电视、雷达、信息技术设备等，本身是有用信号，但干扰了其他设备的正常工作，所以对敏感设备而言是无用信号。电磁噪声是不带任何信息的电磁现象，如雷电、静电放电；电气设备中电感负载切断时产生的瞬变脉冲噪声；接通负载时的冲击电流及开关触点的抖动产生的脉冲噪声等。

电磁干扰传输途径与电磁能量的传输途径基本相同，通常分为两大类，即传导干扰和辐射干扰。通过导体传播的电磁干扰，叫传导干扰；通过空间传播的干扰，叫辐射干扰。系统间的辐射耦合主要是远场耦合，而系统内的辐射耦合主要是近场耦合。此外，还有辐射耦合与传导同时存在的复合干扰。

敏感设备是指当受到电磁干扰源所发出的电磁能量的作用时，会受到伤害的人或其他生物，以及会发生电磁危害，导致性能降级或失效的器件、设备、分系统或系统，如接收机、电子仪器、电视、音响、导航仪器等。许多器件、设备、分系统或系统既是电磁干扰源，又是敏感设备。

3. 常用电磁兼容测量单位

EMC 问题中主要的量包括：传导发射电压，以伏特（V）为单位；电流，以安培（A）为单位；辐射发射电场，以伏每米（V/m）为单位；磁场，以安培每米（A/m）为单位。与这些主要量相联系的就是功率，以瓦特（W）为单位；功率密度，以瓦每平方米（W/m^2）为单位。这些量的取值范围相当大，例如，电场值可以从 1 μV/m 到 200 V/m。这意味着其幅值的动态范围达到了 8 个数量级（10^8）。分贝有压缩数据的特点，如 10^8 的电压范围是 160 dB。所以 EMC 单位常用分贝（dB）来表示。

4. EMC 测试产品

所有销售的电子信息产品都需要通过 EMC 测试，比如：

信息技术设备：计算机、显示器、打印机、复印机、UPS 电源、扫描仪、调制解调器、驱动器等。

电热器具：电饭煲、电熨斗、面包机、微波炉、电磁炉等。

制冷器具：空调器、电冰箱、冷柜等。

电动器具：洗衣机、电风扇、电吹风、食物搅拌器、吸尘器、电动玩具等。

电器附件：电子开关、控制器等。

照明电器：灯具、电子镇流器、电子变压器等。

此外，还有仪器仪表、医疗器械、娱乐电器、压缩机、舞台灯光设备及其他电子设备等。

5. EMC 检测项目

EMC 检测项目分为电磁干扰（EMI）测试和电磁敏感度（EMS）测试两大类。

1）EMI 主要测试项目

EMI 主要测试项目有：通信端子传导骚扰电压、辐射骚扰场强、骚扰功率、谐波电流、电压波动和闪烁、喀呖声、电源端骚扰电压、天线端骚扰电压、RF 输出端有用信号和骚扰电压等。

2）EMS 主要测试项目

EMS 主要测试项目有：静电放电（ESD）抗扰度、辐射电磁场抗扰度、电快速瞬变/脉冲群（EFT/B）抗扰度、浪涌（雷击）抗扰度、辐射场感应传导抗扰度、工频磁场抗扰度、电压暂降、短时中断抗扰度等。

6. EMC 测量标准

电磁兼容的国际标准化组织主要是国际电工委员会（IEC）。其中，国际无线电干扰特别委员会（CISPR）和 IEC 第 77 技术委员会（IEC/TC77）是制定电磁兼容基础标准和产品标准的两大组织。我国的电磁兼容标准绝大多数采纳这类国际标准。

1）电磁兼容标准的分类

电磁兼容标准一般分为四大类：基础标准、通用标准、产品类别标准和专用产品标准。

（1）基础标准：对 EMC 术语的定义，对 EMC 现象、环境、测试方法、试验仪器和基本试验装置的说明。例如，IEC50（161）《电磁兼容术语》、CISPR16《无线电干扰和抗扰度测试》、IEC1000-4《基础性电磁兼容性试验和测试技术》。

（2）通用标准：给定环境的所有产品的标准。例如，IEC1000-6-1《通用 EMS 标准——住宅、商业和轻工业环境》、IEC1000-6-2《通用 EMS 标准——重工业环境》、IEC1000-6-3《通用 EMI 标准——住宅、商业和轻工业环境》、IEC1000-6-4《通用 EMI 标准——重工业环境》。

（3）产品类别标准：指针对某一产品类别的标准。

（4）专用产品标准：某一专门的产品标准。通常专用的产品 EMC 标准包含在某种特定产品的一般用途标准中，而不形成单独的 EMC 标准。例如，GB 9813－1988《微型数字电子计算机通用技术条件》，其中包括电磁兼容检测项目，要求按 GB 6833.2～GB 6833.6、GB 9254 进行。

2）产品的电磁兼容标准遵循原则

产品遵循标准的原则依照下面的顺序：专用产品标准→产品类别标准→通用标准。即一个产品如果有专用产品标准，则 EMC 性能应该满足专用产品标准的要求；如果没有，则应该采用产品类别标准进行 EMC 试验；如果没有产品类别标准，则用通用标准进行 EMC 试验，以此类推。

7. EMC 测试仪器和设备

扫一扫看知识
拓展 6 图片教
学课件

针对不同的 EMC 检测项目，使用不同的测试仪器和设
备，主要有 EMI 接收机（见图 4-17）、频谱分析仪（见图 4-18）、线性阻抗稳定网络
（LISN，见图 4-19）、功率吸收钳（见图 4-20）、喇叭天线、静电枪、谐波电流测试仪等。

图 4-17　EMI 接收机

图 4-18　频谱分析仪

图 4-19　线性阻抗稳定网络

图 4-20　功率吸收钳

EMI 接收机实际上是一台专用测量接收机。由于测量对象是微弱的连续波信号及幅值
很强的脉冲信号，因此要求测量接收机本身的噪声极小，灵敏度很高，检波器的动态范围
大，输入阻抗低（50 Ω），前级电路的过载能力强。频率测量范围要与测试的频率相匹配，
测量精度满足±2 dB。

为了测量传导 EMI，必须使用线性阻抗稳定网络（LISN），又称人工电源网络。它是一
种去耦电路，主要用来提供干净的电源品质。它能在射频范围内向被测设备端子之间提供
一种规定的阻抗，并将试验电路同电源上的无用射频信号隔离开来，进而将干扰电压耦合
到测量接收机上。

此外，市场上比较知名的射频微波测试仪器有德国 R&S 的测试仪器。罗德与施瓦茨
（R&S）公司是欧洲最大的电子测量仪器生产厂商和专业无线通信、广播、信息安全技术的
领导厂商，许多产品不仅质量优异，而且性能独特。其设备和系统还在研究、开发、生产
和服务方面创建了全球通行的标准。R&S 的测试仪器在移动通信、无线电行业、广播、军
事和 ATC 通信，以及其他许多应用领域都发挥了重要的作用。

8. EMC 测试结果的评价

对于 EMI 测试结果，以是否达到某个限制要求为准则。对于 EMS 试验，其性能判据
可分为四个等级，A 级：试验中性能指标正常；B 级：试验中性能暂时降低，功能不丧
失，试验后能自行恢复；C 级：功能允许丧失，但能自行恢复，或操作者干预后能恢复；
R 级：除保护元件外，不允许出现因设备（元件）或软件损坏或数据丢失而造成不能恢复

的功能丧失或性能降低。

9. 基本的电磁兼容控制技术

电磁兼容的研究内容除了测量技术外，还有分析预测和电磁兼容控制技术等。最常用也是最基本的电磁兼容控制技术是屏蔽、滤波、接地。此外，平衡技术、低电平技术等也是电磁兼容的重要控制技术。随着新工艺、新材料、新产品的出现，电磁兼容控制技术也得到不断发展。

（1）屏蔽：主要用于切断通过空间的静电耦合、感应耦合形成的电磁噪声传播途径，与之相对应的屏蔽是静电屏蔽、磁场屏蔽与电磁屏蔽，衡量屏蔽的质量采用屏蔽效能这一指标。

（2）滤波：在频域上处理电磁噪声的一种技术，其特点是将不需要的一部分频谱滤掉。

（3）接地：提供有用信号或无用信号，为电磁噪声的公共通路。接地的好坏直接影响设备内部和外部的电磁兼容性。

10. EMC 检测现场

下面是几张 EMC 测试现场图片，图 4-21 所示为灯具静电释放的测试；图 4-22 所示为榨汁机骚扰功率的测试；图 4-23 所示为电波暗室，用于模拟开阔场，测试辐射无线电骚扰和辐射敏感度，笔记本电脑为受试设备；图 4-24 所示为电源端传导骚扰电压试验，显示器为受试设备，置于地面的是人工电源网络。

图 4-21　灯具静电释放的测试

图 4-22　榨汁机骚扰功率的测试

图 4-23　电波暗室

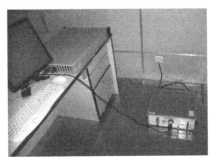

图 4-24　电源端传导骚扰电压试验

项目实施 4　射频通信系统信号测试

工作任务单：

（1）制订工作计划。

（2）熟悉射频通信实验系统 GRF-1300 的面板及其功能。

（3）研究项目测试内容。

（4）完成系统性能的测试。

（5）编写项目报告。

用射频通信实验系统 GRF-1300 与 3 GHz 频谱分析仪 GSP-830 一起搭建用于频域测试教学的实验系统。

1. GRF-1300 面板

扫一扫看射频通信实验系统 GRF-1300 介绍视频教学课件

GRF-1300 是集合了信号发生、调频调幅、通信等多种功能，能产生 3 MHz 的基带信号和高达 900 MHz 的载波信号，同时也能实现调幅、调频功能的射频通信实验系统。通过 USB 接口和计算机通信，可用指令控制电路的开闭，组成通信纠错实验项目。

射频通信实验系统 GRF-1300 面板简洁，主要由三个模块组成，分别为 Base Band 模块（基带模块）、RF Synthesizer/FM 模块和 AM 模块，如图 4-25 所示。各模块功能如下。

（1）Base Band 模块。Base Band 模块能够模拟产生基带信号，可提供正弦波（Sine）、方波（Square）、三角波（Triangle）三种波形，输出频率和幅度可调。

注：本实验系统中的基带信号指未经调制的信号。

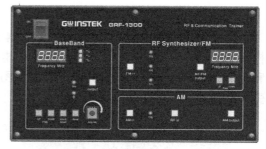

图 4-25　GRF-1300 面板

（2）RF Synthesizer/FM 模块。RF Synthesizer/FM 模块是一个射频综合器，用于产生频率可调的射频信号，同时也可以起到频率调制的作用。用此模块与 Base Band 模块配合使用可产生调频波。

（3）AM 模块。AM 模块和 Base Band 模块配合使用可产生调幅波。

2. 实训目的

（1）了解基本通信原理。

（2）掌握频谱仪的基本使用方法。

（3）学会用频谱仪测试射频通信实验系统信号。

3. 实训设备与器件

（1）实训设备：GSP-830 型频谱仪 1 台；GRF-1300 射频通信实验系统 1 台；数字示波器 1 台。

（2）实训器材：转接头（N 转 SMA）1 个；RF 射频线 3 条（800 mm 的 1 条、100 mm 的 2 条）；2.4 GHz 无线鼠标 1 只。

4. 项目测试

1）低频信号的测量

练习测量低频信号的频谱、谐波失真。

（1）正弦波信号的测量

设定 GRF-1300 的波形为 1 MHz 的正弦波，用频谱仪去测量其频谱。仪器连接如图 4-26 所示，将 GRF-1300 的信号从 Base Band 模块的 "Output" 端连接到 GSP-830 型频谱仪的输入端。

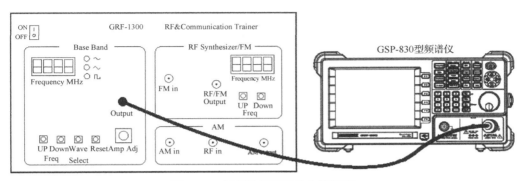

图 4-26　低频信号测量的仪器连接

GSP-830 型频谱仪的设置：中心频率 2.5 MHz，起始频率 0 kHz，终止频率 5 MHz；参考电平 10 dBm；分辨率带宽（RBW）Auto。

旋转频谱仪上的旋钮，把 Marker 点对应于每个频点，记录各谐波幅值，在图 4-27（a）中绘制简单的频谱图。读出各谐波幅度，利用式（4-1）计算此正弦波的谐波失真系数，填入表 4-1 中。

表 4-1　谐波失真系数数据记录

波　　形	谐波失真系数
正弦波	

注：失真系数是指将原始信号经过传输设备以后所得的输出信号与原始信号做比较两者的差别程度，其单位为百分比。失真有很多种，如谐波失真、互调失真、相位失真等。通常所说的失真系数指总谐波失真。

谐波失真是由于传输设备内器件的非线性引起的，失真的结果是使输出信号产生了原始信号中没有的谐波分量。如果是声音信号，则失去了原有的音色，严重时声音会发破、刺耳。多媒体音箱的谐波失真在标称额定功率时的失真系数均为 10%，要求较高的一般应该在 1% 以下。

对于纯电阻负载，失真系数（失真度）K_0 定义为全部谐波电压有效值与基波有效值之比，即

$$K_0 = \frac{\sqrt{U_2^2 + U_3^2 + \cdots + U_n^2}}{U_1} \times 100\% \qquad (4\text{-}1)$$

式中，U_1 为基波电压有效值；U_2，U_3，$\cdots$，U_n 为各次谐波电压有效值。

频谱测试后，从 "Output" 端口连接到示波器的输入端口，测量正弦波的时域波形，并记录在图 4-27（b）中。

注意：由于显示带宽很大，可能存在误差，故测量二次和三次谐波时，可以将显示带宽调小些。

（2）方波信号的测量

将 GRF-1300 切换到方波，输出信号频率和幅值不变，仪器连接方式不变。与测量正弦波信号的步骤一样，用频谱仪和示波器观察信号频域和时域的波形，在图 4-28 中绘制频谱图和时域波形，读出各谐波幅度。

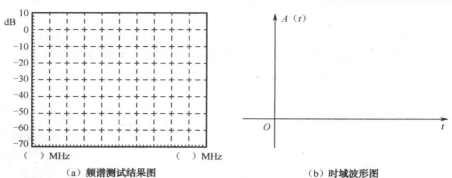

（a）频谱测试结果图　　　　　　　　　　　（b）时域波形图

图 4-27　1 MHz 正弦波信号的测量

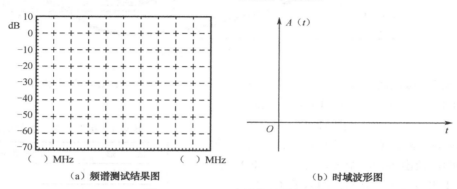

（a）频谱测试结果图　　　　　　　　　　　（b）时域波形图

图 4-28　1 MHz 方波信号的测量

　　GSP-830 型频谱仪的设置：中心频率 2.5 MHz，起始频率 0 kHz，终止频率 5 MHz；显示带宽 5 MHz；参考电平 0 dBm；分辨率带宽（RBW）Auto。

　　2）射频载波的测量

　　练习测量射频信号的频谱。

　　将 GRF-1300 设置在开机默认状态，用 RF 线（800 mm）将 GRF-1300 的 RF Synthesizer/FM 模块的"RF/FM Output"端口连接到频谱仪的输入端口，如图 4-29 所示。射频载波频率设为 880 MHz。

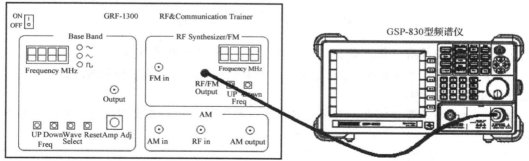

图 4-29　射频载波测量的仪器连接

　　GSP-830 型频谱仪的设置：中心频率 880 MHz，起始频率 780 MHz，终止频率 980 MHz；参考电平 0 dBm；分辨率带宽（RBW）Auto。

观察频谱，利用频谱仪上的 Marker 功能测量频率点的幅度，并把结果绘制在图 4-30 中。

3）AM 信号的测量

练习测量调幅波的频谱和波形，观察不同调制参量下的调幅波频谱。

调幅（AM）就是利用调制信号去控制高频载波信号的振幅，使载波的振幅随调制信号成比例变化。经振幅调制的高频载波称为调幅波。

用 RF 线（100 mm）把 Base Band 模块上的"Output"端口和 AM 模块上的"AM in"端口连接起来。用 RF 线（100 mm）把 RF Synthesizer/FM 模块上的"RF/FM Output"端口和 AM 模块上的"RF in"端口连接起来。用 RF 线（800 mm）从 AM 模块的"AM output"端口接到频谱仪的输入端。AM 信号测量的仪器连接如图 4-31 所示。

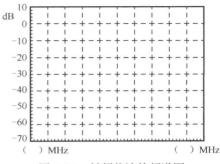

图 4-30　射频载波的频谱图

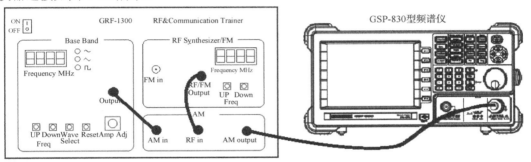

图 4-31　AM 信号测量的仪器连接

将 GRF-1300 设置在开机默认状态，把面板上的电位器顺时针旋转到底。设置调制信号为 100 kHz 正弦波，载波频率为 880 MHz。

GSP-830 型频谱仪的设置：中心频率 880 MHz，频率跨度全频跨，参考电平 0 dBm，分辨率带宽（RBW）Auto。

利用 Marker 功能测量频谱仪上调幅波的载波分量及上、下边频的幅度，并在图 4-32 中绘制调幅波频谱。

进一步观察：

（1）改变基带信号的输出幅度，逆时针旋转电位器到一半位置，观察频谱仪上调幅波的频谱变化。

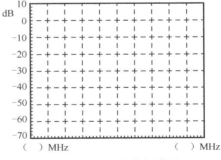

图 4-32　调幅波的频谱图

（2）把电位器旋钮顺时针调到最大，通过 Base Band 模块上的"UP"按钮，改变调制信号的频率至 600 kHz，观察频谱仪上调幅波的频谱变化。

（3）按"Reset"键，然后调节 RF Synthesizer/FM 模块上的"UP"按钮，改变载波信号的频率为 900 MHz，观察频谱仪上调幅波的频谱变化。

4）FM 信号的测量

练习测量调频波的频谱，观察调制信号的振幅、频率对调频波频偏的影响。

频率调制（FM）是使载波信号的频率按调制信号规律变化的一种调制方式，使载波的频率偏移量随调制信号的幅值而变化。

用 RF 线（100 mm）把 Base Band 模块上的"Output"端口和 RF Synthesizer/FM 模块上的"FM in"端口连接起来。用 RF 线（800 mm）把 RF Synthesizer/FM 模块的"RF/FM Output"端口连接到频谱仪的输入端。FM 信号测量的仪器连接如图 4-33 所示。

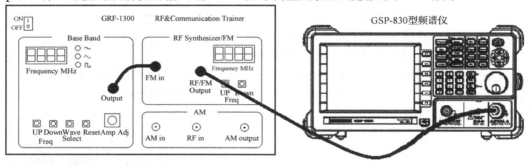

图 4-33　FM 信号测量的仪器连接

将 GRF-1300 设置在开机默认状态，把电位器逆时针旋转到最小位置。设置调制信号为 100 kHz 正弦波，载波频率为 880 MHz。

GSP-830 型频谱仪的设置：中心频率 880 MHz，显示带宽 50 MHz，参考电平 0 dBm，分辨率带宽（RBW）Auto。

利用 Marker 功能测量频谱仪上调频波的载波幅度，并在图 4-34 中绘制调频波频谱。

进一步观察：

（1）顺时针旋转电位器到一定位置，改变调制信号的输出幅度，观察频谱仪上调频波的频谱变化。

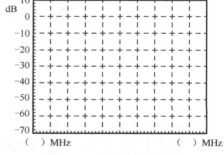

图 4-34　调频波的频谱图

（2）再顺时针旋转电位器到另一位置，观察频谱仪上调频波的频谱变化。

（3）调节 Base Band 模块上的"UP"按钮，改变调制信号的频率至 600 kHz，观察频谱仪上调频波的频谱变化。

（4）再次调节 Base Band 模块上的"UP"按钮，改变调制信号的频率至 1 MHz，观察频谱仪上调频波的频谱变化。

（5）按"Reset"键复位，把调制信号的幅度调小，以便在 50 MHz 的范围内可见到整个频谱。然后调节 RF Synthesizer/FM 模块上的"Down"按钮，改变载波信号的频率至 600 MHz，观察频谱仪上调频波的频谱变化。

5）2.4 GHz 无线鼠标信号的测量

练习对通信产品的测量，测量无线鼠标发射信号的频率及功率。

当前主流无线鼠标有 27 MHz、2.4 GHz 和蓝牙无线鼠标三类。2.4 GHz 无线鼠标使用的是 2.4～2.485 GHz ISM 无线频段。无线鼠标信号的测量如图 4-35 所示，将天线和频谱仪连接起来。

GSP-830 型频谱仪的设置：中心频率 2.4 GHz，显示带宽 200 MHz，参考电平 -20 dBm，分辨率带宽（RBW）Auto。打开无线鼠标的电源，频谱仪自动搜索信号。由于无线鼠标发射的信号是跳变的，不容易动态测量，故开启频谱仪上的峰值保持功能。观察无线鼠标信号的频谱，并在图 4-36 中绘制频谱图，记录发射信号的频率和功率。

采用相同的方式，可以对蓝牙、无线网卡模块的信号进行测量。

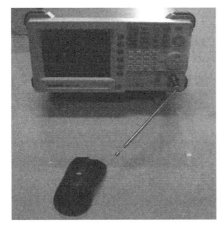

图 4-35　无线鼠标信号的测量

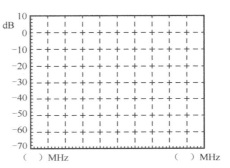

图 4-36　无线鼠标信号的频谱图

5. 测试项目参考频谱图

以上五个测试项目的参考频谱图如图 4-37（a）～（f）所示，分别为正弦波信号频谱图、方波信号频谱图、射频载波频谱图、调幅波频谱图、调频波频谱图及无线鼠标信号频谱图。

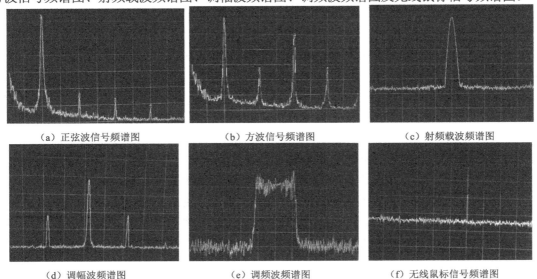

（a）正弦波信号频谱图　　　（b）方波信号频谱图　　　（c）射频载波频谱图

（d）调幅波频谱图　　　（e）调频波频谱图　　　（f）无线鼠标信号频谱图

图 4-37　各测试项目参考频谱图

6. 整理相关资料，完成测试的详细分析并填写项目报告

项目报告示例请上华信教育资源网下载参考。

 扫一扫看正弦波、方波频谱测量视频教学课件

 扫一扫看射频信号、AM信号、FM信号频谱测量视频教学课件

 扫一扫看无线鼠标信号频谱测量视频教学课件

7. 项目考核

项目考核表如表4-2所示。

表4-2　项目考核表

评价项目	评价内容	配　分	教师评价	学生评价		总　分
				互　评	自　评	
工作态度	（1）工作的主动性、积极性； （2）操作的安全性、规范性； （3）遵守纪律情况	10分				师评50%+互评30%+自评20%
项目测试	（1）仪器连接的正确性； （2）测量结果的正确性	60分				
项目报告	项目报告的规范性	20分				
5S规范	整理工作台，离场	10分				
合计	—	100分				
自评人：　　　　　　　　互评人：　　　　　　　　教师： 　　　　　　　　　　　　　　　　　　　　　　　　　　　　日期：						

知识梳理与总结

（1）对一个信号或电路特性进行研究，可从时域和频域两方面进行分析。时域分析和频域分析各有其适用场合，两者相辅相成、互为补充。

（2）频谱分析仪简称频谱仪，是一种多功能的仪器。除用于正弦信号、非正弦信号、调制信号的频谱分析外，频谱仪还可以进行通信系统的发射机质量分析、放大器的性能测试、噪声测试、电磁干扰测试等。其主要性能指标有：频率范围、扫描宽度、扫描时间、幅度测量范围、灵敏度、分辨力、动态范围等。

（3）电磁兼容三要素分别是干扰源、传输途径和敏感设备。EMC检测项目分为电磁干扰（EMI）测试和电磁敏感度（EMS）测试两大类。

习题 4

4-1 什么是时域测量？什么是频域测量？

4-2 频谱仪有哪些分类？

4-3 频谱仪的主要性能指标有哪些？

4-4 频谱仪可应用在哪些地方？有哪些主要应用？

4-5 某音频放大电路对一个纯正弦信号进行放大，输出信号频谱图如图 4-38 所示，已知谱线间隔恰为基波频率 f。求信号的失真度。

4-6 什么是电磁兼容性？它包含哪三个方面？

4-7 电磁兼容三要素是什么？

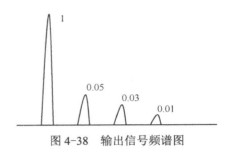

图 4-38 输出信号频谱图

（1）设置频谱仪的扫频中心频率、扫频宽度数值时，其和被测信号频率之间有什么联系？

（2）生活中还有哪些无线信号可以用频谱仪测试？

项目 5

简易自动测试系统的组建

案例引入

导弹控制舱的综合测试，一次通电时间限制内要完成上百个参数的精确测试，人工测试已无法完成，必须依靠自动测试系统。各种机要重地、机房、库房，以至家庭中，都希望通过各类传感器对其状态、环境及安全进行自动监测。那么，自动测试系统是如何实现的呢？

学习目标

1. 理论目标

1）基本了解

智能仪器的组成和功能；

虚拟仪器的特点和结构；

网络化仪器与远程测控技术；

接口总线；

自动测试系统的组建。

【知识拓展】电子产品的检验。

2）重点掌握

自动测试系统的组建过程。

2. 技能目标

会组建自动测试系统测试常规信号参数。

5.1　自动测试系统的发展和结构模型

扫一扫看自动测试系统的发展和结构模型教学课件

为完成某项测试任务而按某种规则有机地互相连接起来的一套测试仪器（设备）称为测试系统，这是狭义的测试系统。广义的测试系统还应包括测量者（人员）、测试对象和测试环境。

一个测试系统，由人工操作完成特定的测试任务，称为手动测试系统。通常把能自动进行各种信号测量、数据传输、数据处理，并以适当方式显示或输出测量结果的系统称为自动测试系统（Automatic Test System，ATS）。不同的自动测试系统有其特定的应用领域和被测对象，如印制电路板自动测试系统（ICT）、大规模集成电路自动测试系统、飞机自动测试系统、雷达自动测试系统等。

在自动测试系统中，整个测量过程都是在计算机的控制下自动完成的，它以计算机为核心，将检测技术、自动控制技术、通信技术、网络技术及信号处理技术等有机地结合在一起。因此，自动测试系统也称为计算机辅助测试（Computer Aided Test，CAT）系统。

1.　自动测试系统的发展

自动测试技术源于 20 世纪 50 年代，发展至今大致可分为三个阶段。

1）第一代自动测试系统

早期的自动测试系统根据测量任务的需要，自行设计专用的接口控制电路，以解决仪器和仪器、仪器和计算机之间的接口问题，称为第一代自动测试系统。

第一代自动测试系统多为专用系统，通常是针对特定任务而设计的，主要有自动数据采集系统、自动产品检验系统、自动分析及自动监测系统等。主要用于完成大量重复性测量、复杂测量、快速测量、对工作人员有害或操作人员难以接近现场的测量等情况。

第一代自动测试系统虽然显示出了极大的先进性和优越性，但设计工作量大，价格昂贵，而且适应性差，缺乏通用性。

2）第二代自动测试系统

第二代自动测试系统中的仪器采用标准化的通用接口，系统采用积木式结构，可将任何一个厂家生产的任何型号的可程控仪器和测控计算机（控制器）连接起来，形成一个自动测试系统，其设计、组装和使用都比较容易。第二代自动测试系统中，应用最为广泛的是通用接口总线（General Purpose Interface Bus，GPIB），其基本组成框图如图 5-1 所示。计算机作为系统的控制者，通过执行测试软件，实现对测量全过程的控制及处理；可程控仪器设备是测试系统的执行单元，具体完成采集、测量、处理等任务；GPIB 由计算机及各程控仪器中的标准接口和标准总线两部分组成，它如同一个多功能的神经网络，把各种仪器设备有机地连接起来，完成系统内的各种信息的变换和传输任务。

第二代自动测试系统具有测量速度快、精度高、分辨率高、多功能和多种参数的测量、频带宽、量程宽、自校正、自诊断及多种显示与输出方式等优点。

3）第三代自动测试系统

尽管第二代自动测试系统比人工测试具有优越性，但是计算机的能力并未得到充分的发挥，计算机和测量系统尚未融为一体。20世纪70年代末，又提出了第三代自动测试系统的概念。第三代自动测试系统充分发挥计算机的能力，取代传统电子设备的大部分功能，使之成为测量仪器一个不可分割的组成部分，与整个测试系统融为一体，使整个自动测试系统简化到仅由计算机、通用硬件和应用软件三部分组成。特别是在1977年推出了一种名为VXI的计算机仪器系统总线标准后，出现了基于VXI总线的模块化自动测试系统及虚拟仪器。1997年和2005年又分别推出了一种新型计算机仪器系统总线标准PXI和LXI。

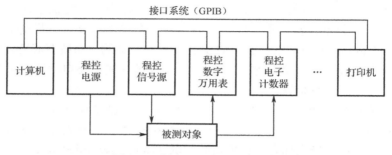

图5-1　自动测试系统基本组成框图

2. 现代自动测试系统的结构模型

要实现测试的自动化，必定要使用总线和接口将各种可程控设备相互连接起来，用测试控制器和软件来完成设备间的通信。因而抽象出现代自动测试系统模型的构造要素：程控设备、测试控制器、标准数字接口总线系统和测试软件系统，如图5-2所示。

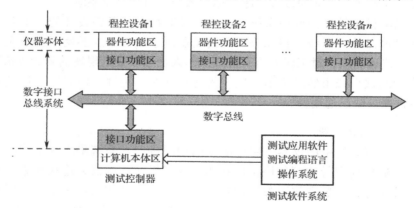

图5-2　自动测试系统结构模型

在自动测试系统中，所有的程控仪器、设备都简称为器件。各器件均配备标准接口，并联在通用接口总线上，因此各器件可用于任何一个自动测试系统，也可以作为单个仪器在系统以外使用。一个自动测试系统也可以作为另一个系统中的子系统而成为其一个器件。

1）程控设备（可程控的测试仪器）

对程控设备的要求为：可程控操作；具有接口功能区。

2）测试控制器

测试控制器具备两种能力：一是设备间互连的标准接口总线资源管理能力；二是对测

试系统测试设备的操作控制能力。

硬件方面必须配有标准数字接口，以便同测试设备相容互连；软件系统应含有测试应用软件开发环境。

3）标准数字接口总线系统

互连的设备与设备（或系统与系统）之间用于信息交换的一部分界面，称为接口。

在开放式互连设备之间实现数字式信息交换所必需的一整套标准接口的机械、电气和功能要素，称为数字接口总线系统。

4）测试软件系统

在实际应用中，用 PC 做控制器，测试仪器必须是配备了标准接口的仪器。把仪器和微机连接起来后，就可以开发一个专用软件来操纵它了。用 Visual C（VC）、Visual Basic（VB）、Delphi 等工具可以快速开发出程序。

5.2 智能仪器的组成和功能

扫一扫看智能仪器的组成和功能教学课件

智能仪器是计算机技术与电子测量仪器紧密结合的产物。习惯上将内含微型计算机、具有自动化操作，以及数据存储、运算和逻辑判断能力，带有 GPIB 等通信接口的电子仪器称为智能仪器。

1. 智能仪器的组成

智能仪器实际上是一个专用的微型计算机系统，由硬件和软件两部分组成。

1）硬件

智能仪器硬件结构框图如图 5-3 所示，主要包括主机电路、模拟量输入/输出通道、人机接口和标准通信接口三部分。

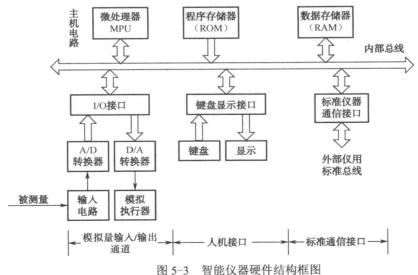

图 5-3　智能仪器硬件结构框图

（1）主机电路。主机电路通常由微处理器、程序存储器、数据存储器等组成，主要完成各种控制功能，存储程序和数据，进行一系列数据运算和处理。

（2）模拟量输入/输出通道。模拟量输入/输出通道用于输入和输出模拟信号，实现 A/D 转换与 D/A 转换。主要由 A/D 转换器、D/A 转换器及相关模拟信号处理电路组成。

（3）人机接口和标准通信接口。人机接口主要由仪器面板上的键盘和显示器等组成，用来建立操作者与仪器之间的联系。标准通信接口用于连接计算机和其他仪器，组建自动测试系统。

2）软件

智能仪器的软件分为监控程序和接口管理程序两部分。

监控程序是面向仪器面板键盘和显示器的管理程序，其内容包括通过键盘输入命令和数据，对仪器的功能、操作方式与工作参数进行设置；根据仪器设置的功能和工作方式，控制 I/O 接口电路进行数据采集、存储；按照仪器设置的参数，对采集的数据进行相关处理；以数字、字符、图形等形式显示测量结果、数据处理的结果及仪器的状态信息。

接口管理程序是面向通信接口的管理程序，其内容是接收并分析来自通信接口总线的远程控制命令，包括有关功能、操作方式与工作参数的代码；进行有关的数据采集与数据处理；通过通信接口输出仪器的测量结果、数据处理的结果及仪器的现行工作状态信息。

2. 智能仪器的特点

智能仪器以微处理器为核心进行工作，具有强大的数据处理和控制能力。智能仪器与传统仪器相比，主要具有以下特点。

1）测量过程软件化

智能仪器一般都使用嵌入微处理器的系统芯片（SOC）、数字信号处理器（DSP）及专用集成电路（ASIC），仪器内部带有处理能力很强的智能软件。由于智能仪器是为完成特定测试任务而设计的，属于专用计算机，相应的测试软件也相对固定，一般软件还可升级。依靠软件控制的仪器不仅简化了系统的硬件结构，缩小了体积，降低了功耗，而且大大提高了测试系统的可靠性和自动化程度。

2）强大的数据处理能力

传统仪器在获得测试数据后，测量人员要对数据进行分析和处理，如果数据量庞大则后续工作量相当可观。而智能仪器能很轻松地完成对测量数据的存储和处理，大大节省了人力物力。例如，传统数字式万用表只能测量电阻、交/直流电压及电流等，而智能数字式万用表还能对测量结果进行诸如零点平移、求平均值、寻找极值、统计分析等复杂的数据处理，提高了测量工作的效率。

3）测速快、精度高

随着生产规模的不断扩大，高速而高效的测试是测试系统追求的目标之一。诸如 A/D 转换速率的提高、芯片时钟频率的提升、高速显示、打印及绘图设备的完善等，为智能仪器的快速测试提供了可能。而诸如数字滤波等技术，则有效地对抗了干扰、温漂等问题，提高了系统测量精度。

4）多功能化

通过嵌入不同功能的软件，配置少许硬件，即可实现智能仪器的功能扩展，使得一机多能成为可能。诸如前述的五合一示波器，将信号源、电压表、示波器、逻辑分析仪、电源集于一体，更利于工程现场的测量。

5）简洁的控制面板、友好的人机界面

智能仪器使用菜单和软键盘代替传统仪器中的旋转式或琴键式开关，提高了测量的可靠性，而且采用递进式菜单，丰富了测量功能，理顺了测量逻辑。LCD 或触摸屏显示技术以其友好的人机界面直观告知测量结果，使得测量过程更人性化。

6）自动控制、自动调整能力强

智能仪器具有一定的可编程能力及自动调零、自检、自校等功能，操作简单、维修方便。智能仪器一般配有 GPIB 或 RS-232 等标准通信接口，可以方便地与其他仪器和计算机进行数据通信，组建自动测试系统。

3. 智能仪器的典型功能

1）硬件故障自检功能

自检功能是指利用事先编制好的检测程序对仪器主要部件进行自动检测，并对故障进行定位。自检方式有以下三种类型。

（1）开机自检。开机自检是在仪器正式投入运行之前，即仪器接通电源或复位之后所进行的全面检查。自检中如果没有发现问题，就进入测量程序；如果发现问题则及时报警，以避免仪器带故障工作。

（2）周期性自检。周期性自检是指在仪器运行过程中周期性进行的自检操作，这种操作可以保证仪器在使用过程中一直处于正常状态。周期性自检不影响仪器的正常工作，因而只有当出现故障给予报警时，用户才会察觉。

（3）键盘自检。具有键盘自检功能的仪器面板上或软菜单里设有"自检"按键，当用户对仪器的可信度产生怀疑时，便通过该按键来启动一次自检过程。在自检过程中，如果检测到仪器出现某些故障，智能仪器一般都是以文字或数字的形式显示"出错代码"；另外，往往还以指示灯闪烁或发出声音等方式进行报警，以引起操作人员的注意。（见项目 2 信号源的自测试功能。）

2）自动测量功能

智能仪器通常具有自动量程变换、自动触发电平调节、自动零点调整及自动校准等自动测量功能。

（1）自动量程变换。自动量程变换是指仪器在很短的时间内自动选定最合理的量程。这样可以使仪器获得高精度的测量，并简化操作。自动量程变换一般由初设量程开始，逐级比较，直至选出最合适的量程为止。假设某电压表共有 0.1V、1V、10V、100V 四个量程，则其自动量程变换流程图如图 5-4 所示。

（2）自动触发电平调节。智能仪器自动触发电平调节原理图如图 5-5 所示。其中，输入信号经过可编程衰减器传送到比较器，比较器的比较电平（即触发电平）由 D/A 转换器设定。当经过可编程衰减器的输入信号的幅值达到某一比较电平时，比较器输出将改变状态。触发探测器将检测到的比较器的输出状态送到微处理器控制系统，由此测出触发电平。

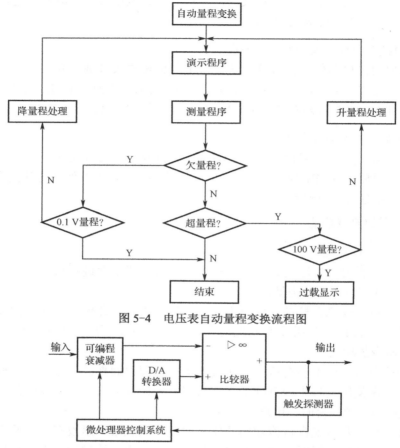

图 5-4　电压表自动量程变换流程图

图 5-5　自动触发电平调节原理图

（3）自动零点调整。仪器零点漂移的大小及零点是否稳定是影响测量精确度的重要因素之一。智能仪器能够在微处理器的控制下自动产生一个与零点偏移量相等的校正量和零点偏移量进行抵消，从而有效地消除零点偏移等对测量结果的影响，这就是智能仪器的自动零点调整功能。

（4）自动校准。智能仪器自动校准时，操作者按下"自动校准"键，仪器显示屏便提示操作者应输入一个标准量，操作者按要求输入标准量后，再一次按"自动校准"键，仪器进行一次测量，并将标准量存入校准存储器，然后显示器提示下一个要求输入的标准量，再重复上述测量存储过程。当对预定的校正测量完成之后，校准程序还能自动计算每两个校准点之间的修正公式系数，并把这些系数存入校准存储器，于是在仪器内部固存了一张校准表和一张修正公式系数表。在正式测量时，它们将与测量结果一起形成经过修正的准确测量值，该方法称为校准存储器法。为防止数据丢失，存储器采用 EEROM 或使用锂电池供电的非易失性 RAM。

除上述功能外，智能仪器还利用微处理器对测量过程中产生的随机误差、系统误差、粗大误差自动进行处理，以减小测量误差对测量结果的影响。另外，在不增加任何硬件设备的情况下，还可以利用微处理器采用数字滤波方法消除或削弱测量中的干扰和噪声的影响，提高测量的可靠性和精确度。

扫一扫看虚拟仪器的特点和结构；网络化仪器与远程测控技术教学课件

5.3 虚拟仪器的特点和结构

计算机和仪器的密切结合是目前仪器发展的一个重要方向。简单地说，这种结合有两种方式，一种是将计算机装入仪器内部，其典型的例子就是智能仪器；另一种方式是将仪器装入计算机，以通用的计算机硬件及操作系统为依托，实现各种仪器功能，虚拟仪器就是这种方式。

1986年，美国国家仪器公司（National Instruments，NI）提出虚拟仪器（VI）概念，强调"软件即仪器"。用户可以通过改写软件，方便地改变和增减仪器系统的功能。这使得计算机技术和网络技术得以长驱直入仪器领域，引发了传统仪器领域的一场重大变革。

虚拟仪器（Virtual Instrumentation，VI）是指以通用计算机作为核心硬件平台，配以相应的硬件模块作为信号输入/输出接口，利用仪器软件开发平台在计算机的屏幕上虚拟出仪器的面板和相应的功能，通过鼠标或键盘交互式操作完成相应测试测量任务的仪器。在这种仪器系统中，硬件仅仅是为了解决信号的输入、输出，即数据的采集和调整，软件才是系统核心。因此，可以利用相同的硬件、不同的软件设计出多种功能不同的虚拟仪器。图5-6所示为利用LabVIEW软件设计的虚拟数字电压表，图5-7所示为利用LabVIEW软件设计的虚拟数字示波器。

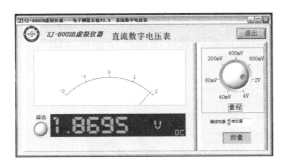

图5-6 虚拟数字电压表

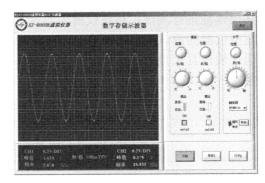

图5-7 虚拟数字示波器

1. 虚拟仪器的特点

与传统仪器相比，虚拟仪器具备如下特点。

（1）克服了传统仪器资源不能共享的缺点。可将传统仪器的显示、存储、打印、控制和管理等公共部分的功能交给计算机来实现。

（2）强调软件是核心。在虚拟仪器中，除必备的硬件外，大多采用软件完成复杂的控制、分析、处理等任务，因此虚拟仪器的核心是软件，对软件具有更大的依赖性。

（3）可自定义仪器的功能。传统仪器的功能在出厂时已由厂家确定，用户一般不能进行修改；而虚拟仪器则不同，可在使用通用数据采集设备的情况下，通过编写不同的测试程序，构建不同功能的仪器。

（4）模块化设计，开放性、扩展性、复用性强。模块式架构使得用户可以根据测量需要，选择不同功能的模块化仪器进行灵活组合，构建自动测试系统。还可以通过更新计算机上的相应软件，更新或添加少量硬件，来增加测量功能，获得新的测量设备。

与传统仪器进行对比，可以看出虚拟仪器在研发周期、价格、功能定义及开放性等方面具有较大的优势，如表5-1所示。

表5-1　传统仪器与虚拟仪器的比较

比 较 项 目	传 统 仪 器	虚 拟 仪 器
开发维护费用	开发和维护费用高	开发和维护费用低
开发周期	开发周期长	开发周期短
技术更新	技术更新周期长（5年以上）	技术更新周期短（0.5~1年）
仪器核心	硬件是关键	软件是关键
仪器价格	仪器价格高	仪器价格低
功能定义	厂家定义，功能单一	用户自定义，自动化、智能化、远程化
功能升级	功能升级有限	容易升级
开放性	封闭固定	开放灵活，与计算机同步，可重复使用和重配置
工作速度	可达到很高	受到采样速率的限制
连接设备数量	只可连接有限的设备	可用网络联络周边仪器

下面通过实例，说明虚拟仪器相比于传统仪器的优势。用两种仪器对同一个通信系统的某项性能进行测试，传统仪器的测试点为几十个，如图5-8（a）所示；基于PXI平台的虚拟仪器的测试点可达30万个，如图5-8（b）所示（颜色深则频次高）。因此虚拟仪器通过快速且大量的数据测试、强大的数据处理功能，可以更好地描述待测件（DUT）的性能。

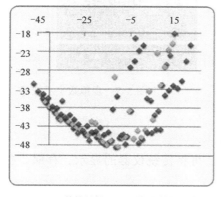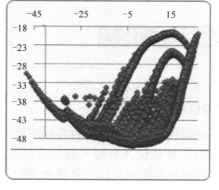

（a）传统仪器—几十个测试点　　　　　　（b）虚拟仪器—30万个测试点

图5-8　虚拟仪器和传统仪器测试点比较

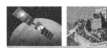

2. 虚拟仪器硬件结构

由虚拟仪器构成的测试系统的硬件系统一般由传感器、测控功能模块和计算机硬件平台组成，如构成测控系统，则还有控制器等硬件，如图 5-9 所示。计算机是硬件平台的核心，一般是工作站，也可用普通的 PC，管理虚拟仪器的软、硬件资源。

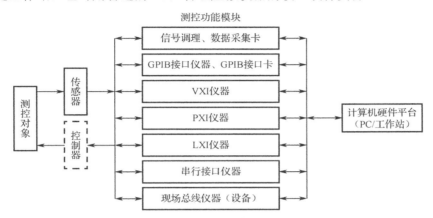

图 5-9　虚拟仪器测试系统的硬件构成

按照测控功能模块所采用的总线类型不同，当前虚拟仪器主要有以下七种类型。

1）PC-DAQ 型虚拟仪器

这种类型的虚拟仪器将具有数据采集和信号调理功能的硬件板卡（DAQ 卡或模块）插入 PC 的 ISA 或 PCI 插槽中，再加上各种功能的软件，可实现具有电压表、示波器、频率计、频谱仪等多种功能的仪器。这是最基本的虚拟仪器方式，性价比较高。

2）GPIB 总线型虚拟仪器

这种类型的虚拟仪器是以 GPIB 标准总线仪器与计算机为硬件平台组成的虚拟仪器测试系统，可组建类似第二代自动测试系统。

3）VXI 总线型虚拟仪器

这种类型的虚拟仪器是以 VXI 标准总线仪器与计算机为硬件平台组成的虚拟仪器测试系统，适合大型、高质量的自动测试系统。

4）PXI 总线型虚拟仪器

这种类型的虚拟仪器是以 PXI 并行系统总线仪器与计算机为硬件平台组成的虚拟仪器测试系统，比 VXI 系统便宜，性价比较高。

5）串行接口总线型虚拟仪器

这种类型的虚拟仪器是以串行接口总线（包括 RS-232、USB 和 IEEE1394 等）仪器与计算机为硬件平台组成的虚拟仪器测试系统，适用于测试速度要求不高的情况，是一种普及型自动测试系统。

6）现场总线型虚拟仪器

这种类型的虚拟仪器是以现场总线（如 FF、CAN 和 LonWorks 等）仪器与计算机为硬件平台组成的虚拟仪器测试系统。与其他虚拟仪器相比，现场总线型虚拟仪器具有节省硬件、研发与运行费用低、用户的系统集成主动性高、系统测量准确度与可靠性高等优点。

7）LXI 总线型虚拟仪器

这种类型的虚拟仪器是以 LXI 标准总线仪器与计算机为硬件平台组成的虚拟仪器测试系统，是近年来在局域网等基础上建立的新一代自动测试系统平台。

3. 虚拟仪器软件结构

虚拟仪器测试系统的软件主要分为以下四个部分，如图 5-10 所示。

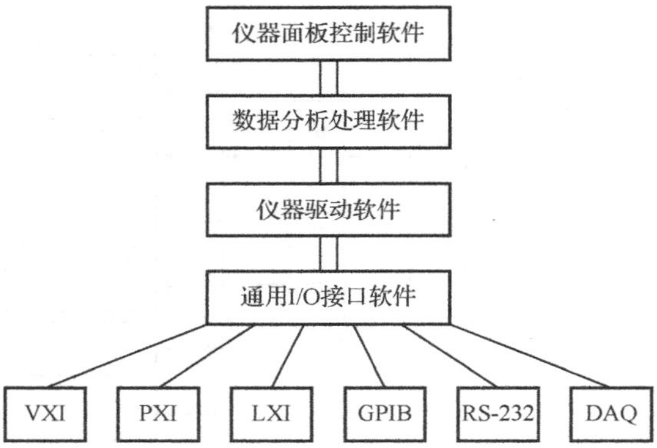

1）仪器面板控制软件

仪器面板控制软件即测试管理层，是用户与仪器之间交流信息的纽带。目前有两类较流行的虚拟仪器开发环境，一种是用传统的编程语言设计虚拟仪器，如 LabWindows 等；另一种是用图形编程语言设计虚拟仪器，如 HPVEE、LabVIEW 等。

图 5-10　虚拟仪器测试系统的软件构成

2）数据分析处理软件

利用计算机强大的计算能力和虚拟仪器技术，开发功能强大的函数库，可以极大地提高虚拟仪器系统的数据分析处理能力，节省开发时间。

3）仪器驱动软件

仪器驱动软件用来实现对某一特定仪器的控制与通信，是对仪器硬件进行控制的纽带和桥梁，作为用户应用程序的一部分在计算机上运行。

4）通用 I/O 接口软件

I/O 接口软件作为虚拟仪器系统软件结构中承上启下的一层，其模块化与标准化越来越重要。VXI 总线即插即用联盟提出了自底向上的 I/O 接口软件模型，即 VISA 标准，这种软件结构是面向器件功能而不是面向接口总线的。应用工程师为带 GPIB 接口仪器所写的软件，也可以用于 VXI、PXI 系统或具有 RS-232 接口的设备上，大大缩短了应用程序的开发周期，彻底改变了测试软件开发的方式和手段。

目前，虚拟仪器越来越广泛地应用于半导体测试、能源电力、国防军事、车辆交通等行业，测试内容包含嵌入式控制、设备状态监测、射频与通信测试、多媒体测试等。

5.4　网络化仪器与远程测控技术

网络化仪器针对远程测控而言，是计算机技术、网络通信技术与仪表技术相结合而产生的一种新型仪器。

通过 Ethernet-GPIB 控制器、RS-232/RS-485-TCP/IP 转换器等，将数据采集仪器的数据流转换成符合 TCP/IP 协议的形式，然后上传到 Intranet/Internet；而基于 TCP/IP 的网络化智能仪器则通过嵌入式 TCP/IP 软件，使现场变送器或仪器直接具有 Intranet/Internet 功能。它们与计算机一样，成为网络中的独立节点，就近与网络通信线缆连接，且即插即用，直接将现场测试数据送上网。用户通过浏览器或符合规范的应用程序即可实时浏览这些信息，包括处理后的数据、仪器仪表面板图像等。虚拟仪器把传统仪器的前面板移植到 Web 页面，通过 Web 服务器处理相关的测试需求，通过网络实时发布和共享测试数据。图 5-11 所示是用 Ethernet-GPIB 控制器构建的网络化测试系统。

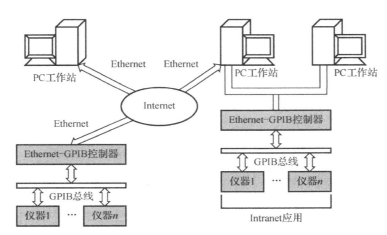

图 5-11　用 Ethernet-GPIB 控制器构建的网络化测试系统

网络化仪器具有以下优点。

（1）通过网络，用户能够远程监测控制过程和实验数据，而且实时性非常好。一旦过程发生问题，有关数据立即展现在用户面前，以便采取应对措施，包括向远方制造商的质量追溯等，使得纠错能力和故障排除效果大大提高。

（2）通过网络，可以把位于不同位置的测试仪器连接起来，构造一个分布式的自动测试系统，如不同地区的环境监测系统等，有利于统一管理。

（3）通过网络，一个用户能远程监控多个过程，而多个用户也能同时对同一过程进行监控。例如，工程技术人员在其办公室中监测一个生产过程，而质量控制人员可在另一地点同时收集这些数据，进行数据分析，建立数据库。

（4）通过网络，大大增强了用户的工作能力。用户可以利用普通仪器设备采集数据，然后把数据传送给另一台功能强大的远方计算机进行数据分析，并在网络上实时发布。

（5）通过网络，用户还可就自己感兴趣的问题在世界范围内进行合作和访问。软件工程师通过网络对远方的测试系统进行程序下载、调试运行等操作，如同在系统现场一样方便。

网络化测试技术是一种涵盖范围宽、应用领域广的全新现代测试技术，与远程测控技术联系紧密，是今后测试技术发展的必然方向之一。

扫一扫看
接口总线
教学课件

5.5 接口总线

自动测试系统首先要解决的问题是如何使起主控作用的计算机和测试仪器设备能互联互通，以保证各种命令和测试数据准确无误地进行传递。总线（Bus）是各种功能部件之间传送信息的公共通信干线，是由导线组成的传输线束。自动测试系统使用的标准接口总线有计算机系统接口总线、标准仪器总线和现场总线等。其中 GPIB 和 VXI 是最常用的自动测试系统总线。

1. 计算机系统接口总线

PC 仪器或称个人仪器（Personal Instrumentation，PI），是在智能仪器的基础上，伴随个人计算机（Personal Computer，PC）在电子测量领域中的应用而诞生的。PC 仪器将传统的智能仪器的测量部分配以相应的接口电路，制成各种仪器卡插到 PC 的总线插槽或扩展箱内，而传统智能仪器所需的控制、存储、显示和操作等任务均交给 PC 来承担。

1）PC 的并行接口总线

PC 仪器及系统分为内插件式、模块式两种结构形式，如图 5-12 所示。

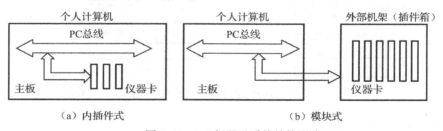

图 5-12　PC 仪器及系统结构形式

内插件式将仪器卡直接插入 PC 内部主板的总线扩展槽内，是一种最简单的形式。内插件式具有结构简单、使用方便、成本低廉的优点，但有时难以满足仪器对电流和散热的要求，机内干扰较严重。在组成个人仪器系统时，因无专门为仪器定义的总线，各仪器之间不能直接通信，故系统性能较差。

模块式结构具有独立的机箱和独立的电源，可以使仪器免受机内噪声干扰。这种 PC 仪器，其计算机系统接口总线对外要被转换为标准的仪器总线（GPIB、VXI、PXI 等），从而与其他测控仪器设备组成自动测试系统。因为更换了与计算机配合的接口卡，可适应多种个人计算机。而且系统中的仪器模块和接口电路也采用了微型计算机，故模块式个人仪器系统是一种功能强大的分布系统。

以上两种结构都归属虚拟仪器，或者说虚拟仪器分为 PC 仪器、PXI 仪器、VXI 仪器等。

2）PC 的串行接口总线

表 5-2 中列出了 PC 的三种串行接口总线（RS-232、USB、IEEE1394）和一种单总线（1-Wire）的性能，它们在测控领域都有广泛的应用。

表 5-2　三种串行接口总线和一种单总线的性能

总线名称	线　缆	数据传输速率	传输距离	技术规范	主要应用
RS-232（串行异步通信总线）	内含 9～25 线（根据用途选用部分线）	0.01～19 Kbps（50～9600 波特）	15 m 左右，RS-485 可扩至 1000 m 以上	EIA RS232C CCITT V.24	串行数据通信和 PC 外设终端
1-Wire（单总线）	内含 2 线（一根信号线、一根地线）	16.3 Kbps 142 Kbps	200 m（可扩展至 1000 m）	单总线协议	低速测控、监测、监管及收费系统
USB（通用串行总线）	内含 4 线（一对信号线、一对电源线）	1.5 Mbps 和 12 Mbps（可升级到 380～480 Mbps）	可拓扑扩展低速设备间距离 3 m，高速设备 5 m	USB2.0 USB3.0	PC 通用外设、数字音响、数码摄像机、电话
IEEE1394（火线）	内含 6 线（两对信号线、一对电源线）	100 Mbps、200 Mbps、400 Mbps（可升至 1.2～3.2 Gbps）	4.5 m（若用光缆可扩展至 100 m）	IEEE 1394—1995（或 IEC1883）	硬盘、光驱、数字音响、数码摄像机、局域网络

（1）RS-232 标准串行接口

RS-232 是美国电子工业协会（EIA）正式公布的串行接口标准，也是目前最常用的串行接口标准，用来实现计算机之间或计算机与外设之间的数据通信。图 5-13 所示为 RS-232 串行接口。

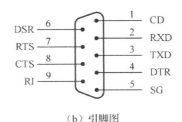

（a）实物图　　　　　　　　　　　　　（b）引脚图

图 5-13　RS232 串行接口

因为 PC 仪器不可能同时对多个测控对象进行直接测控，而往往要与下位机（如单片机）一起来完成对各种被测量的现场直接测量或过程控制，这时作为上位机的 PC 与下位机之间的数据传递则可通过 RS-232 串行接口来完成。RS-232 串行接口总线适用于设备之间通信距离不大于 15 m、传输速率不高于 20 Kbps 的场合。

（2）USB 总线与接口

USB（Universal Serial Bus）即通用串行总线，是计算机接口的主流，在传统计算机组织结构的基础上，引入了一些网络的技术。USB 是一种电缆总线，支持主机与各式各样"即插即用"外部设备之间的数据传输，多个设备按协议规定分享 USB 带宽，在主机和总线上的设备运行中，仍允许添加或拆除外设。USB 总线与接口如图 5-14 所示。

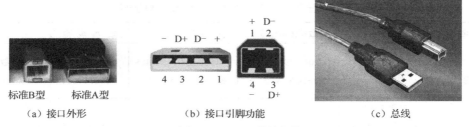

标准B型　标准A型		
（a）接口外形	（b）接口引脚功能	（c）总线

图 5-14　USB 总线与接口

USB 总线具有以下主要特征。

① 用户易用性：电缆连接和连接头采用单一模型，电气特性与用户无关。

② 应用的广泛性：USB 总线传输速率从几 Kbps 到几 Mbps 甚至上百 Mbps，并在同一根电缆线上支持同步、异步两种传输模式。可以对多个 USB 总线设备（最多 127 个）同时进行操作，使主机和设备之间传输多个数据流。

③ 使用的灵活性：USB 总线允许对设备缓冲区大小进行选择，并通过设定缓冲区的大小和执行时间，支持各种数据传输速率和不同大小的数据包。

④ 容错性强：USB 总线在协议中规定了出错处理和差错校正机制，可以对有缺陷的设备进行认定，对错误的数据进行校正或报告。

⑤ "即插即用"的体系结构：USB 总线具有简单而完善的协议，并与现有的操作系统相适应，不会产生任何冲突。

⑥ 性价比高：USB 不仅拥有诸多优秀的特性，且价格较低。USB 总线技术将外设和主机硬件进行最优化集成，并提供低价的电缆和连接头等。

USB 电缆及信号如图 5-15 所示。+、−两条线用来向 USB 设备提供+5V 电源，一对互相缠绕的数据线 D+、D−带有屏蔽层，以避免外界的干扰。

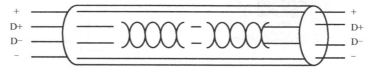

图 5-15　USB 电缆及信号

USB 设备有集线器和功能部件两类。在即插即用的 USB 结构体系中，如图 5-16 所示，集线器简化了 USB 互连的复杂性，可使更多不同性质的设备连入 USB 系统。集线器各连接点称为端口，上行端口向主机方向连接，每个集线器只有一个上行端口；下行端口可连接另

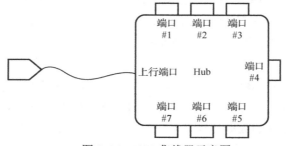

图 5-16　USB 集线器示意图

外的集线器或功能部件。集线器具有检测每个下行端口设备的安装或拆卸的功能，并可对下行端口的设备分配资源，每个下行端口可辨别所连接的是高速设备还是低速设备。

功能部件有定位设备（鼠标、光笔）、输入设备（键盘）、输出设备（打印机）、仪器设备等，是通过 USB 总线进行数据发送、接收数据或控制信息的 USB 设备，由一根电缆连接在集线器的某个端口上。功能部件一般相互独立，都含有描述该设备的性能和所需资源的设置信息，主机应在使用功能部件前对其进行设置。

目前，USB 总线技术应用日益广泛，适用于一般中、低速测试场合。各种台式计算机和移动智能设备，普遍配备了 USB 总线接口，同时出现了大量的 USB 外设。在智能仪器中装备有 USB 总线接口，既可以使其方便地连入 USB 系统，从而大大提高智能仪器的数据通信能力，又可使智能仪器选用各种 USB 外部设备，增强智能仪器的功能，可以很方便地组建一个测试系统。

（3）IEEE1394 总线与接口

IEEE1394 接口是苹果公司开发的串行标准接口，又称火线接口（fire wire）。IEEE1394 总线与接口适用于视频以上的高速测试场合，如数码摄像机。可用其取代 GPIB 总线组建自动测试系统，也可用它将 VXI 仪器连接到 PC 上。1394 有两个标准：1394A 和 1394B。1394A 的速度标准是 400 MBps，而 1394B 的速度标准是 800 MBps。PC 上主要是 1394A，苹果机上主要是 1394B。

将 IEEE1394 用于虚拟仪器是一种理想的配置。1394 接口有三种标准的接口形式：9 芯、6 芯及 4 芯小型接口。9 芯、6 芯接口外形比 4 芯大，里面除了数据线外，还包括一组电源线，用以对连接的外设进行供电。4 芯接口只有两对数据线而无电源线，多应用在 DV 本体和笔记本电脑上。图 5-17 所示为 IEEE1394 总线与接口。

（a）笔记本电脑上的 1394 接口

（b）各种类型的 1394 转接线

图 5-17 IEEE1394 总线与接口

（4）单总线

单总线是美国达拉斯（Dallas）半导体公司近年推出的新技术。1-Wire 单总线虽然不属于计算机外设的通用总线，但容易通过适配器将目前 PC 的串口（RS-232）或并口（打印机接口）转换到单总线，也可通过适配器将 USB 转换到单总线，不用打开 PC 机盖即可方便地进行连接。

2. 标准仪器总线

目前，专门为仪器与自动测试系统设计的标准总线有 GPIB、VXI、PXI、LXI、CAMAC、AXIe 等。

1）GPIB 总线

GPIB 总线（IEEE-488 标准）即通用接口总线（General Purpose Interface Bus），是国际通用的仪器标准接口。目前生产的智能仪器几乎无一例外地都配有 GPIB 标准接口。

GPIB 标准包括接口与总线两部分。接口部分由各种逻辑电路组成，与各仪器装置安装在一起，用于对传输的信息进行发送、接收、编码和译码。仪器后面板上的 GPIB 接口如图 5-18 所示。

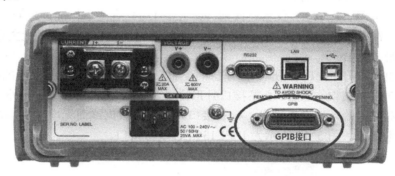

图 5-18　仪器后面板上的 GPIB 接口

总线部分是一条无源的多芯电缆，用于传输各种消息。GPIB 连接器示意图如图 5-19（a）所示，GPIB 总线实物图如图 5-19（b）所示。

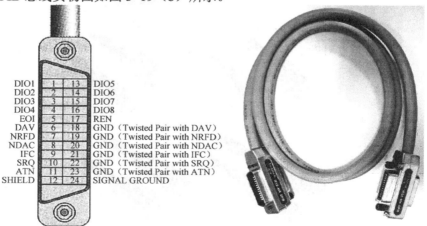

（a）GPIB 连接器示意图　　　（b）GPIB 总线实物图

图 5-19　GPIB 总线

（1）消息

总线上传递的各种信息通称为消息。带有标准接口的智能仪器按功能可分为器件功能和接口功能两部分，所以消息也有器件消息和接口消息之分，如图5-20所示。

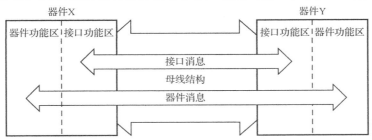

图5-20　接口消息与器件消息

接口消息是用于实现和管理各种接口功能的控制、挂钩和命令等消息的总称。器件消息是仅与系统中仪器设备本身工作密切相关的一些信息和数据。

（2）GPIB的基本特性

GPIB标准接口系统的基本特性如下。

① 可以用一条总线互相连接若干台装置，以组成一个自动测试系统。一个总线系统中装置的数目最多不超过15台，互连总线的长度不超过20m。每增加一个GPIB接口，可以多连14台仪器。

② 数据传输采用并行比特（位）、串行字节（位组）双向异步传输方式，其最大传输速率不超过1 Mbps。

③ 总线上传输的消息采用负逻辑。低电平（≤+0.8 V）为逻辑"1"，高电平（≥+2.0 V）为逻辑"0"。

④ 地址容量。单字节地址：31个讲地址，31个听地址；双字节地址：961个讲地址，961个听地址。

⑤ 一般适用于电气干扰轻微的实验室和生产现场。

（3）GPIB的接口要素

接口的目的在于提供一种有效的通信联络手段，以便能在系统的相互联系的器件中进行信息交换。为此，各器件的接口在机械上、电气上、功能上必须相容，在运行上必须规范。GPIB接口要素如下。

① 机械上的相容性。接插头、插座的尺寸，信号线的数目及位置必须相同。

② 电气上的相容性。每条信号线所允许的电压、电流大小，以及逻辑电平、逻辑极性等必须相容。

③ 功能上的相容性。接口功能、接口消息及编码惯例等必须相容。

以上三个要素通常称为接口三要素。

④ 运行上的相容性。包括测量数据的表示方法和编码格式、程控指令的格式等，这些与器件本身的特性和运行有关。

（4）GPIB的基本功能

在一个GPIB标准接口总线系统中，要进行有效的通信联络至少有"讲者"、"听者"和

"控者"三类仪器装置。

① 讲者。讲者是通过总线发送仪器消息的仪器装置（如测量仪器、数据采集器、计算机等）。在一个 GPIB 系统中，可以设置多个讲者，但在某一时刻，只能有一个讲者在起作用。

② 听者。听者是通过总线接收由讲者发出消息的装置（如打印机、计算机等）。在一个 GPIB 系统中，可以设置多个听者，并且允许多个听者同时工作。

③ 控者。控者是数据传输过程中的组织者和控制者，如对其他设备进行寻址或允许"讲者"使用总线等。控者通常由计算机担任，GPIB 系统不允许有两个或两个以上的控者同时起作用。

控者、讲者、听者称为系统功能的三要素，系统中的某一台装置可以具有三要素中的一个、两个或全部。GPIB 系统中的计算机一般同时兼有讲者、听者与控者的功能。

（5）GPIB 总线结构

GPIB 标准接口总线系统如图 5-21 所示，DUT 为待测件。总线是一条 24 芯电缆，其中 16 条为信号线，其余为地线及屏蔽线。电缆两端是双列 24 芯叠式结构插头。16 条信号线按功能可分为以下三组。

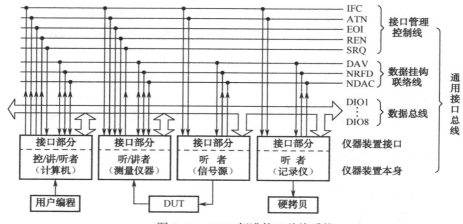

图 5-21　GPIB 标准接口总线系统

① 8 条双向数据总线（DIO1～DIO8）。用于传递仪器消息和大部分接口消息，包括数据、命令和地址。由于这一标准没有专门的地址总线和控制总线，因此必须用其余两组信号线来区分数据总线上信息的类型。

② 3 条数据挂钩联络线（DAV、NRFD 和 NDAC）。用于控制数据总线的时序，以保证数据总线能正确、有节奏地传输信息，这种传输技术称为三线挂钩技术。

DAV（DATA VALID）数据有效线：当数据线上出现有效的数据时，讲者置 DAV 线为低（负逻辑），示意听者从数据线上接收数据。

NRFD（NOT READY FOR DATA）数据未就绪线：只要被指定的听者中有一个尚未准备好接收数据，NRFD 线就为低，示意讲者暂时不要发出信息。

NDAC（NOT DATA ACCEPTED）数据未收到线：只要被指定的听者中有一个尚未从数据总线上接收完数据，NDAC 就为低，示意讲者暂时不要撤掉数据总线上的信息。

③ 5 条接口管理控制线（ATN、IFC、REN、SRQ 和 EOI）。用于控制 GPIB 总线接口的状态。

ATN（ATTENTION）注意信号线：此线由控者使用，用来指明数据线上数据的类型。当 ATN 为"1"时，数据总线上的信息是由控者发出的接口信息，这时一切设备均要接收这些消息。当 ATN 为"0"时，数据总线上的信息是受命为讲者的设备发出的仪器消息，一切受命为听者的设备都必须听。

IFC（INTERFACE CLEAR）接口清除信号线：此线由控者使用，当 IFC 为"1"时，整个接口系统恢复到初始状态。

REN（REMOTE ENABLE）远程控者信号线：此线由控者使用，当 REN 为"1"时，仪器处于远程工作状态，从而封锁设备的手动操作。当 REN 为"0"时，仪器处于本地工作状态。

SRQ（SERVICE REQUEST）服务请求信号线：设备用此线向控者提出服务请求，然后控者通过依次查询，确定提出服务请求的设备。

EQI（END OR IDENTIFY）结束与识别信号线：此线与 ATN 配合使用，当 EQI 为"1"、ATN 为"0"时，表示讲者已传递完一组数据；当 EQI 为"1"、ATN 为"1"时，表示控者要进行识别操作，要求设备把它们的状态放在数据线上。

（6）GPIB 总线功能

智能化仪器一般都装有 GPIB 接口，通过 GPIB 总线将各个仪器连接起来。每个仪器装置都具有器件功能和接口功能。器件功能的任务是把接收到的器件消息变成仪器设备的实际动作，如调节频率、调节信号电平、改变仪器工作方式等，这与常规的仪器设备的功能基本相同。接口功能是通过接口消息完成各仪器设备之间的正确通信，确保系统正常工作的能力，即通过 GPIB 标准接口实现自动测量与控制所必需的逻辑功能。

接口功能包括：遇到故障等情况时，向系统控者提出服务请求的功能；系统控者为快速查询请求服务装置而设置的并行点名功能；用来选择远地工作状态或本地工作状态的远控本控能力；使装置从总线接收到触发信息，以便进行触发操作的装置触发功能；能使仪器装置接收清除信息并返回初始状态的装置清除功能等。

2）VXI 总线

VXI 总线（IEEE-1155 标准）是 VME 总线在仪器领域的扩展（VMEbus Extension for Instrumentation）。它是 1987 年由 HP 和泰克等五家公司联合提出的适合于个人仪器系统标准化的接口总线，其问世被认为是测量和仪器领域发生的一个重要事件。

VXI 总线系统（即采用 VXI 总线标准的个人仪器系统）一般由计算机、VXI 仪器模块和 VXI 总线机箱构成，使不同生产厂家的卡式仪器都可在同一机箱中工作，通过开放式手段，促使系统资源实现共享。VXI 总线仪器主构图如图 5-22 所示。图 5-23 所示是个人仪器系统，它以个人计算机为中心，将需要的测量仪器的插件板插入 VXI 机箱，经 VXI 标准总线组合而成。

VXI 总线在系统结构及软、硬件开发技术等方面都采纳了全新的理念和技术。VXI 总线的主要特点有：①测试仪器模块化；②具有 32 位数据总线，数据传输速率高，基本总线数据传输速率为 40 Mbps；③系统可靠性高，可维修性好；④电磁兼容性好；⑤通用性强，

标准化程度高；⑥适应性、灵活性强，兼容性好。

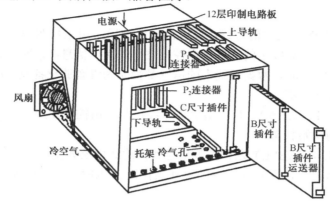

图 5-22　VXI 总线仪器主构图

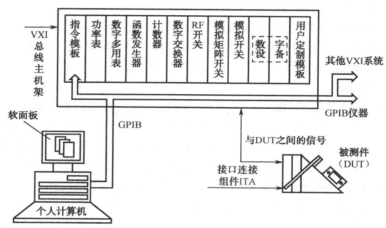

图 5-23　个人仪器系统

3）PXI 总线

VXI 总线主要用于满足高端自动化测试应用的需要，成功应用于军用航空测试和制造业测试的高频道计数。然而，VXI 总线没有形成主流应用，主要因为其成本太高及难以集成化，且现代计算机不支持 VME 总线结构。

PXI 总线是 1997 年美国国家仪器公司（NI）发布的一种高性能低价位的开放性、模块化仪器总线，是一种专为工业数据采集与仪器仪表测量应用领域而设计的模块化仪器自动测试平台。PXI（PCI Extensions for Instrumentation）总线是面向仪器的 PCI 扩展，它基于 PCI（Peripheral Component Interconnect）总线，所以具有 PCI 的一些优点，如较低的成本、不断提高的性能，以及为最终用户提供主流软件模型。

PXI 总线解决了自动化生产和测试中的难题，构建了一个能将机器视觉与运动控制和传统电气/电子测试结合在一起的平台。此外，通过一些主流软件工具，如 LabVIEW 实时模块，PXI 还为用户提供了实时测量与控制功能。因此，在 ATE（自动测试设备）、设计检验、军用测试和科学实验等应用领域，PXI 都得到了广泛应用。

PXI 总线系统将 Microsoft Windows 定义为其标准软件框架，并要求所有的仪器模块都必须带有按 VISA 规范编写的 WIN32 设备驱动程序，使 PXI 成为一种系统级规范，保证系统的易于集成与使用，从而进一步降低最终用户的开发费用。

PXI 总线系统由机箱、系统控制器和外围模块三个基本部分组成。如图 5-24 所示，标准的 8 槽 PXI 机箱中，包含一个嵌入式系统控制器和七个外围模块，具有很强的可扩展性。外围模块包括信号发生器模块、高速数字化仪模块、RF 测试模块、数字万用表模块、动态数据采集模块、图像采集模块、运动控制模块、CAN 总线接口模块、高速数字 I/O 模块等，支持即插即用。

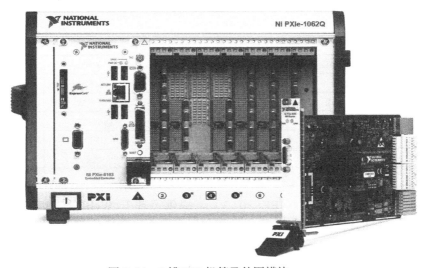

图 5-24　8 槽 PXI 机箱及外围模块

PXI 总线技术主要特点如下。

（1）模块化仪器结构，采用标准的系统电源，具有集中冷却和电磁兼容性能。

（2）可以应用 Windows 操作系统及其应用软件。

（3）高速 PCI 总线结构，传输速率达 132 Mbps（32-bit）和 264 Mbps（64-bit）的峰值数据吞吐率。

（4）具有 10 MHz 系统参考时钟、触发线和本地总线。

（5）标准系统提供 8 槽机箱结构，多机箱可通过 PCI-PCI 接口桥接技术进行系统扩展。

（6）具有 LabVIEW、Lab Windows CVI、C++、Visual Basic 等系统开发工具。

4）LXI 总线

LXI（LAN Extensions for Instrumentation）总线是指 LAN 在仪器领域的扩展。

LAN（Local Area Network）是局域网的英文缩写。LAN 是建立在以太网（Ethernet）通信协议标准上的，故有时也称以太网。LAN 将一个区域内的多台计算机互连成一个网络，可以实现软、硬件资源共享。虽然局域网是封闭型的，但可通过路由器与互联网连接起来。

前面介绍的 GPIB、VXI、PXI 等总线技术在测量仪器领域推行多年，但应用面仅限仪器领域，没有 LAN 那样广泛。现在，几乎每台计算机都装有 LAN 接口，已是公认的通信接口，应将 LAN 引入测量仪器领域。

因此，2004 年 9 月美国安捷伦科技公司和 VXI 科技公司联合推出 LXI 总线，2005 年 8 月正式发布 LXI 总线标准 1.0 版，标志着 LXI 正式诞生。LXI 规范 1.0 版的内容主要包括：机械接口、冷却条件、电气接口、基于以太网的同步与触发、数据通信格式、硬件触发、软件编程规范、网络配置和 Web 人机接口及网络发现机制。我国于 2006 年 9 月正式成立中国 LXI 总线联合体，积极推行 LXI 总线技术的应用。

（1）LXI 的优越性

相对于 GPIB、VXI、PXI 等测试总线，LXI 总线具有很大的优越性，它与其他常用仪器总线的技术性能指标比较见表 5-3。

表 5-3   LXI 总线与其他常用仪器总线的技术性能指标比较

技 术 指 标	PC-DAQ	GPIB	VXI	PXI	LXI
吞吐率 Mbps	132	8	40	132	100/1000
物理形式	板卡式	分立式	插卡式	插卡式	标准化分立式
几何尺寸	小-中	大	中	小-中	小-中
软件规范	无	IEEE488-2	VPP	IVI-C	IVI-COM
互换性	差	差	一般	较强	很强
系统成本	低	高	中-高	低-中	低-中

① LXI 基于以太网标准（IEEE802.3），提供了基于 Web 的人机交互和程控接口。LXI 通常没有传统的仪器前面板，用户只要利用本地主机登录仪器的 IP 地址，通过 Web 浏览器就能检查或修改仪器配置，开始测量和观察结果。LXI 提供以太网的无线接口和特有的对等操作。

可以说，LXI 是以开放式的以太网为系统背板的互联标准。在此标准下，用户可以柔性扩充测试仪器，而无须更改系统结构，并且对仪器数量和放置地点没有任何限制，从而缩短了测试系统的组建时间，提高了模块的利用率。

② LXI 采用自集成和标准化设计，使系统搭建更为方便和灵活。所有的 LXI 模块均自带处理器、LAN 连接、电源和触发输入，不需要像 VXI 和 PXI 那样昂贵的机箱背板和电缆。其高度采用一个或两个标准机架单位高度，宽度采用半机架或全机架宽度。这样的设计使 LXI 模块既可以作为单独仪器使用，又可以安装在标准机架上，具有模块化的特点，方便功能升级改进，有利于保留现有的核心技术，使得系统集成更为经济。

③ LXI 具备灵活的仪器驱动程序和编程接口，以支持仪器的互换性、互操作性和软件的可移植性。LXI 用 IVI 规范并推荐使用 IVI-COM 驱动程序与其他处理器或主机联系，这些驱动程序兼容各种开放式仪器驱动程序标准，简化了测试系统的调试过程，容易实现校准计量和故障诊断，而且使仪器间的互换更加简单，保证了测试系统从产品开发到加工生产之间的无缝移植。

（2）基于 LXI 的混合测试系统

每个 LXI 仪器都是一个独立的网络设备，类似于一个 Web 服务器，控制计算机可以像访问 Web 站点一样访问 LXI 仪器，查看仪器配置或状态信息，通过网络对仪器进行控制。

现代计算机技术和仪器技术的深层次结合产生的虚拟仪器技术，有效地将计算机资源和测试系统的软、硬件资源结合在一起。LXI 采用并发展了虚拟仪器技术，它可以像

VXI/PXI 模块那样通过计算机上的虚拟面板控制仪器，且由于其网络化的特点，LXI 联盟推荐使用 Web 网页取代软面板对仪器进行控制，并通过 Web 接口来升级软件或软固件。

LXI 可以与 VXI、PXI、GPIB 等当前广泛应用的仪器组成混合测试系统，充分利用现有资源和多种仪器各自的长处共同完成测试任务，这将是 LXI 仪器应用的热点。图 5-25 所示为 LXI 仪器混合测试系统示意图。

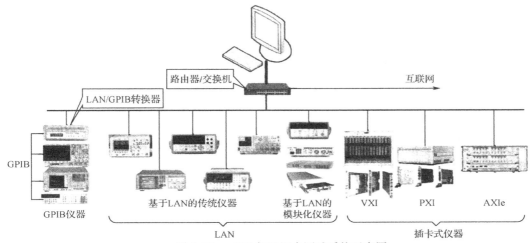

图 5-25　LXI 仪器混合测试系统示意图

LXI 有着广阔的发展前景和竞争潜力，适合于各种规模的用户，既可以用于小用户，又可以用于规模庞大的复杂用户，满足各方面科研开发、生产的需要，尤其适用于分布在世界各地的研发机构和多个单位合作研究开发生产的项目。

3. 现场总线

现场总线是 20 世纪 80 年代中期发展起来的，应用于生产现场、微机化测量控制设备之间，实现双向串行多节点数字通信的系统，也称为开放式、数字化、多点通信的底层控制网络。目前几种比较有影响的现场总线有 FF、PROFIBUS、HART、CAN、LonWorks。

传统模拟控制系统采用一对一的设备连线，按控制回路分别进行连接，布线复杂，难以维护，成本高。现场总线系统打破了传统控制系统的结构形式，采用智能现场设备，使控制系统功能不依赖于控制室的计算机或控制仪器，直接在现场完成，实现了彻底的分散控制。

现场总线具有系统开放、互操作性与互用性、现场设备的智能化与功能自治性、系统结构的高度分散性，以及对现场环境的适应性等特点。因此，现场总线系统具有节省硬件数量与投资、降低安装成本、减少维护开销、用户具有高度的系统集成主动权、提高系统准确性与可靠性等优点。

5.6　自动测试系统的组建

扫一扫看自动测试系统的组建；自动测试软件教学课件

自动测试系统虽然可以提高测量速度和准确度、节约人力，但并非所有测量场合都需要组建自动测试系统。通常，在面临需要进行多重测量、对多个激励进行响应的测量，以及进行高准确度测量、人工或常规测量无法完成的测量、数据实时处理等情况时，可以考

虑组建自动测试系统。

1. 自动测试系统的组建原则

（1）多重测试场合。

（2）需要对数据做实时处理或对数据进行判断的测试。

（3）对多个激励需要一一响应的测试场合。

（4）要求高准确度的测试。

（5）人工难以完成的测试。

（6）采用一般测试方法无法完成的测试。

以上这些场合，只要经济允许，都可以考虑组建自动测试系统。

2. 自动测试系统的组建过程

自动测试系统的发展有四个总目标：①简化测试语言；②减少复杂的接口适配器；③提高产品测试程序的效率；④提高测试系统的可靠性。

自动测试系统的组建过程如下：

（1）测量任务分析。在自动测试系统组件前，必须对测量任务进行充分分析，包括对测量任务的测量环境、测量参数、测量要求及测量数据处理等进行分析。

（2）总体测量方案设计。只有对测量条件进行全面分析后，才可能对要组建的测量系统提出一个完整的总体技术要求，拟定总体测量方案。

（3）系统硬件选择、设置与连接。依据总体设计方案，确定所需要的仪器、设备及对其性能的要求，选定所需要的控制器、程控设备、总线与接口等硬件，选用计算机作为系统中的控制器，指挥整个系统工作。对系统中的一些器件（如激励源、程控设备等）进行地址设置，并利用选定的总线与接口进行系统硬件连接。

（4）测量软件编制。根据测量技术的要求，画出测量流程图，编制测量软件（测量程序）。

（5）系统调试。按使用要求接通系统各仪器供电电源，将被测器件接入自动测试系统，启动测量软件，系统测量工作自动开始，进行系统调试。在系统调试成功后，自动测试系统即可应用到实际测量中。自动测试系统的组建过程如图 5-26 所示。

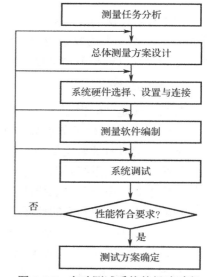

图 5-26　自动测试系统的组建过程

5.7　自动测试软件

在以计算机为核心的自动测试设备（ATE）中，硬件是基础，软件是灵魂。软件在很大程度上决定了系统的先进性、可靠性、实用性和实时性，软件也日益成为 ATE 的主体，是决定整个系统的关键。

目前测试仪器和系统的设计制造朝着规范化、通用化、模块化方向发展，如何快捷有效地组建自己的自动测试系统非常重要。因此，工程师们开发了诸如面向对象编程技术、图形化编程技术、自动测试程序生成技术等。这些技术为测试人员测试程序的编写提供了极大的方便，大大简化了自动测试系统的系统集成工作。

在图形程序设计语言的基础上，利用先进的软件包、计算机图形处理技术、数据库技术、菜单技术和其他人机交互技术，可以形成更高级的程控，这种方法不但可以进行窗口操作，而且可以自动记录操作过程生成测试程序。用这种高级程控方法自动生成的测试程序，可以被存储、调用和修改，为测试程序的编写提供一个基本上不需要人工参与的高度自动化方式。

1. 自动测试软件的编制

自动测试系统测试软件程序的编制，就是指使用一定的计算机语言，指挥系统内的各种操作和消息的传递。编制一个完善的测试程序，要求程序设计者至少应掌握以下几个方面的知识与技能：① 电子测试的基本原理和方法；② GPIB 总线接口系统的基本工作原理和消息传递过程；③ 测试仪器的远程控制特性及编码和格式惯性；④ 计算机编程语言及编程经验和技巧。此外，在编写程序之前，还需要经过检验和完善测试设计，才能进入具体编程。图 5-27 所示为自动测试系统测试程序产生过程示意图。

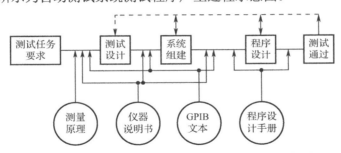

图 5-27 自动测试系统测试程序产生过程示意图

可以看出，组建一个基于 GPIB 总线的自动测试系统，在硬件连接方面并不太难。用PC 做控制器，所选仪器配备 GPIB 接口，用 GPIB 电缆连接起来。主要工作量在测试软件的编制上，开发一个专用软件来操纵整个测试系统。因此，进一步提高编制测试程序的效率和简化测试程序的编制，自动生成测试程序，是自动测试系统发展的必然趋势。

2. 自动测试软件平台

早期测试程序的编制大多采用 BASIC 语言，要求系统人员必须熟悉计算机程序的编写，编写效率低。目前，随着软件技术的发展，程序的开发环境不断得到改进和完善，出现了多种颇受测试人员欢迎的测试软件平台（即测试软件开发工具）技术和产品，其特点是：第一，可使用图形化编程方式，快速地完成系统测试软件的开发；第二，以 C 语言为基础，使用交互式的编程方式，运用针对仪器开发的库函数，高效率地自动完成程序的编制。典型产品有以下几种。

1）LabVIEW

LabVIEW 为美国 NI 公司产品。该平台采用可视化图形语言，这种语言具有与传统开发平台等价的功能，它简单直观、易学易用。利用这类软件包进行系统软件开发所耗费的时间仅为传统方法的 20%，其程序的运行速度与传统方式相当。

2）HP VEE

HP VEE 为美国 HP 公司产品。VEE（可视工程环境）也是一种图形化编程软件工具，它具有较高的编程速度，为传统编程方式的 5 倍。

3）LabWindows/CVI

LabWindows/CVI 为美国 NI 公司产品。CVI 具有标准 C 语言集成开发平台功能，可提供强有力的集成工具，利用丰富的库函数，采用交互式的编程方式，可快速完成程序的编写。

3. 仪器驱动程序

仪器驱动程序主要用于完成仪器硬件的通信、控制功能。它是在特定的开发环境下开发出来的，一般由仪器厂商提供仪器驱动程序库，用户可以方便地根据需要来剪裁驱动程序，而不必自己设计。

仪器驱动程序是计算机上的虚拟面板与实际仪器间的"桥梁"，在计算机通用平台上，操作仪器软面板界面上的按键、旋钮及开关等，每一操作实际上意味着调用相应的仪器驱动程序来控制实际的仪器，使其按规定的方式动作。

为了简化编程工作，常采用现成的工具软件包，如 LabVIEW 的图形化软件包。在这些软件包中，系统应用程序可直接调用所提供的仪器驱动程序，实现了较高的编程效率，可快捷地完成系统的组建。当然，也可以利用标准语言（如 C、BASIC 等）开发环境完成系统软件的编写工作，同样也可调用相应的仪器驱动程序达到快捷编程的目的。

4. 自动测试软件设计步骤

1）系统集成的顶层设计

（1）进行充分的需求分析。

（2）测试体系结构选择与配置。

（3）测试设备选择与配置。

（4）软件开发环境的选择。

2）系统测试设计

（1）测试系统的软件架构。

（2）具体软件的运行模块和功能模块。

5. 软件的测试流程

自动测试系统进行测试的基本过程是：开机、打开测试文件进入主界面、系统自检、进入待测项测试界面、测试完毕保存结果、需要时进行故障诊断、打印测试结果、退出测试主界面、关机。软件测试流程图如图 5-28 所示。

总之，电子测量技术和电子测量仪器正以全新的理念、全新的技术，突飞猛进地发展着。智能仪器、虚拟仪器、网络仪器、自动测试系统、远程测控技术相互联系紧密，每个分支深入下去都是一个庞大的系统，每个系统都有广阔的应用前景。

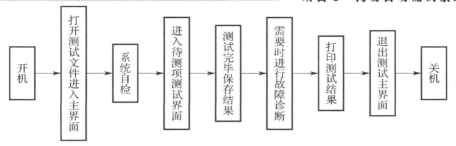

图 5-28　软件测试流程图

知识拓展 7　电子产品的检验

1. 质量检验基础

质量是商品进入市场的前提，是企业在行业中具有生存竞争力的保障。质量检验是保证产品质量的基本手段，质量管理科学起源于质量检验，而质量检验随着质量管理科学的发展而提高。

1）质量的概念

ISO9000：2005《质量管理体系 基础和术语》标准对质量的定义为：一组固有特性得到满足的程度。产品质量包含产品、过程及服务等方面。产品质量必须全面满足用户明确的要求和隐含的期望。所谓"明确要求"指标准和规范中提出的确切要求，如家电的耗电量等。所谓"隐含期望"指用户的潜在要求，如汽车的舒适度等。质量概念的关键是满足要求，这些要求必须转化为有指标的特性，作为评价、检验和考核的依据。

2）质量检验的概念

ISO9000：2005《质量管理体系 基础和术语》标准对质量检验的定义为：通过观察和判断，适当地结合测量、试验所进行的符合性评价。

质量检验的必要性：对产品而言，其生产过程中，由于材料、设备、方法、操作者、测量及环境的差异，会导致质量波动。质量波动是客观存在且无法完全消除的，因此必须通过质量检验，对产品的一种或多种特性进行测量、检查、试验，并与制定的要求进行比较，以判定质量波动是否超出允许范围。

3）质量检验的作用

（1）评价作用

检验机构依据相关法规和标准对欲检品进行检验，并将检验结果与标准对比，做出"符合"或"不符合"标准的判定，对合格品签发"合格证"，用以评价生产活动，保障生产质量。

（2）把关作用

通过对原材料、元器件、零部件和整机的检验，筛选出不合格品，依据相关规定决定接收或放行该材料或产品。质量检验不单纯是事后把关，同时可起到预防作用。借助严格的质量检验，使不合格原材料不投产；不合格制品不流入下道工序；不合格成品不出厂；及时发现生产过程中的产品质量不稳定现象，提供质量改进依据。

（3）报告作用

通过质量检验采集数据，对超出标准的质量问题及现场质量波动情况，及时做好记录，进行统计、分析，形成报告，反馈给研发和生产部门，以便及时采取措施，改进工艺，提高质量。

（4）追溯作用

当产品投放市场后出现质量问题时，检验部门可通过产品的检验和试验的状态标识、产品标识、质量记录等相关活动，实现产品的可追溯性。

4）质量与标准化

质量检验和管理与标准化有着密切的关系。产品或服务质量的形成依据标准化，以一系列标准为基础来控制和指导设计、生产和服务的全过程。

（1）标准

标准是为了在一定的范围内获得最佳秩序，对活动或其结果规定共同的和反复使用的规则、导则或特性文件。该文件经协商一致后被制定，并经公认机构批准。标准应以科学、技术和经验的综合成果为基础，以促进最佳社会效益为目的。

标准是一种特殊的准则，是供同类事物比较核对的依据。可以从以下几个方面来理解标准的内涵。

① 标准的制定过程要"经有关方面协商一致，经公认机构批准"。标准的制定要发扬技术民主，由科研、生产、检验等部门及用户共同参与研究、协商后制定。各种标准都由相应的公认机构按照一定的工作程序审批和发布。例如，中华人民共和国国家标准（GB 标准）由我国国务院标准化行政主管部门审批、编号并公布；国际标准（ISO 标准）则经过国际标准化组织（ISO）批准并公布。因此，标准具有权威性。

② 标准产生的基础是"科学、技术和经验的综合成果"。即标准既是科学技术的成果，又是实践经验的总结。并且这些成果和经验都是在大量数据统计、分析、比较、综合和验证的基础上产生的。因此，标准具有科学性。

③ 标准文件有特定格式。标准的编写、印刷、幅面格式和编号、发布的统一，不仅保证了标准的质量，还便于资料的管理和存档。因此，标准文件具有一定的规范性和严肃性。

④ 标准制定的对象是重复性事物和概念。只有当事物或概念具有重复出现的特性并处于相对稳定时，才有制定标准的可能和必要。重复性事物如批量生产的产品，在生产过程中的重复采购、重复加工、重复检验等；重复性概念指同一技术管理活动中，反复出现和利用的术语、符号、代号等。因此，标准的对象具有重复性。

⑤ 标准是被普遍应用且有一定年限的文件。标准是公认机构批准并公开发布的文件，作为生产实践的依据，以做到产品质量有章可循、有标可依。因此，标准具有公开性和统一性。

社会是不断发展的，因此标准是有年限限制的，过了年限，国家需要制定新的标准来满足人们的生产、生活需要。因此，标准具有动态性。

（2）标准化

标准化是为了在一定范围内获得最佳秩序，对实际的或潜在的问题制定共同的和重复使用的规则的活动。标准化的实施过程主要是制定标准、发布标准、宣传贯彻标准，对标准的实施进行监督管理，根据标准的实施情况修订标准。

标准化是一个无穷尽的螺旋式上升的过程，每完成一次循环，标准化水平和效益就提高一步。标准是标准化的产物。

（3）标准的分级

根据标准适用范围的不同，可将标准分为不同的级别。在国际范围内有国际标准、区域标准，以及各个国家的国家标准。

① 国际标准：国际标准是指由国际标准化团体通过有组织的合作和协商，制定发布的标准，适用于世界范围。目前世界上有两大国际标准化团体，即国际标准化组织（ISO）和国际电工委员会（IEC）。国际标准包括 ISO 和 IEC 所制定的标准，以及 ISO 确认并公布的其他国际组织制定的标准，如 ISO9000《质量管理和质量保证标准系列》，IEC68《基本环境试验规程》，ISO/IEC 关于静止图像的编码标准 JPEG、活动图像的编码标准 MPEG-4 等。其他组织有国际计量局（BIPM）、世界知识产权组织（WIPO/OMPI）等。

② 区域标准：区域标准指由区域性国家集团或标准化团体为维护其共同利益而制定发布的标准，适用于该区域国际集团范围，如欧洲标准（EN）。区域性标准化组织有欧洲标准化委员会（CEB）、欧洲电工标准化委员会（CENEL）等。

③ 我国的标准分级：我国的国家标准根据《中华人民共和国标准化法》的规定分为以下四级。

◆ 国家标准：国家标准指由国务院标准化行政主管部门制定的，需要在全国范围内统一的技术要求。中国国家标准化管理委员会是国务院标准化行政主管部门，受国家质检总局管理。强制性国家标准的代号为 GB，推荐性国家标准的代号为 GB/T。国家标准的编号由代号、发布顺序号和年号三部分构成，如 GB/T 12060.3—2011，即国家标准化管理委员会 2011 年发布的推荐性国家标准——声系统设备第 3 部分声频放大器测量方法。

◆ 行业标准：行业标准指没有国家标准而又需要在全国某个行业范围内统一的技术要求。行业标准由国务院有关行政主管部门制定，并报国务院标准化行政主管部门备案，在公布国家标准之后，该项行业标准即行废止。行业标准同样分为强制性标准和推荐性标准。行业标准的编号同样由代号、发布顺序号和年号三部分构成，如 SJ/T 10406—1993，即我国 1993 年发布的电子行业推荐标准——声频功率放大器通用技术条件。

◆ 地方标准：对没有国家标准和行业标准而又需要在省、自治区、直辖市范围内统一的工业产品的安全、卫生要求，可以制定地方标准。地方标准由省、自治区、直辖市标准化行政主管部门制定，并报国务院标准化行政主管部门和国务院有关行政主管部门备案，在公布国家标准或行业标准之后，该项地方标准即行废止。

◆ 企业标准：企业生产的产品没有国家标准和行业标准的，应当制定企业标准，作为组织生产的依据。企业的产品标准须报当地政府标准化行政主管部门和有关行政主管部门备案。已有国家标准或行业标准的，国家鼓励企业制定严于国家标准或行业标准的企业标准，在企业内部适用。

综上所述，国家标准和行业标准中的强制性标准必须执行，不符合强制性标准的产品，禁止生产、销售和进口。推荐性标准国家鼓励企业自愿采用。从某种程度上说，推荐性标准更能说明产品质量。

随着经济全球化的发展趋势，国家积极鼓励采用国际标准。国际标准或国外先进标准的内容，经过分析研究，不同程度地转化为我国标准并贯彻实施。我国标准采用国际标准或国外先进标准的程度，分为等同采用（idt）、修改采用（mod）和非等效采用（neq）三种。等同采用编辑顺序与实质内容与国际标准一致；修改采用实质内容与国际标准一致，仅编辑顺序不同；非等效采用结合我国实际，部分采用国际标准内容。

2. 电子产品检验基础

电子产品的质量决定着电子产品在市场上的竞争力，关系着企业的生存和发展。电子产品检验是电子产品生产过程中保证产品质量的必不可少的重要环节，贯穿于电子产品生命周期的始终，包括生产、销售、使用和维护过程。

1）电子产品的概念

电子产品是指采用电子信息技术制造的相关产品及其配件。它有两个显著的特征，一是需要电源才能工作，二是工作载体均是数字信息或模拟信息的流转。

2）电子产品的分类

首先根据应用领域来分，主要包括电子雷达产品、电子通信产品、广播电视产品、计算机产品、家用电子产品、电子测量仪器产品、电子专用产品、电子元器件产品、电子应用产品、电子材料产品等。

其次根据应用行业来分，主要包括消费类电子产品、工控类电子产品、医疗类电子产品、军事类电子产品、航天航空类电子产品、娱乐类电子产品等。

3）电子产品检验的概念

电子产品检验是通过观察或判断，适当地结合测量、试验所进行的符合性评价。检验判定电子产品"合格"或"不合格"。判定合格只是对品质标准而言，并不表示质量水平的高低。

4）电子产品检验的分类

电子产品检验的分类形式可根据不同情况，从不同角度进行分类，如表5-4所示。

表5-4　电子产品质量检验形式分类

类　型	检验形式	特　征
按工序流程	进货检验（IQC）	又称来料检验，是对外购的原材料、外协件、配套件进行的入厂检验
	过程检验（IPQC）	可分为首件检验（对制造的第1～5件产品的检验）和转工序检验等，即对各道工序或数道工序完工后的检验
	成品检验（FQC）	完成本车间全部工序后，对半成品或部件的检验；生产企业对成品（整机）的检验。其中整机检验又分交收检验、定型检验、例行试验等
	出货检验（OQC）	产品出货前的品质检验、品质稽核及管制，主要针对出货品的包装、防撞材料、安全标示、配件、使用手册、附加软件光碟、产品性能检测报告、外箱标签等，做全面性的查核确认，以确保客户收货时约定内容一致，以完全达标的方式出货
	驻厂QC	指客户的QC人员常驻于生产厂家负责QC工作

续表

类　型	检验形式	特　征
按检验样品数	全检	对零部件、成品进行逐件全部检验，一般只针对可靠性要求特别高的产品（如军品）、试制产品及在生产条件、生产工艺改变后生产的部分产品进行全检
	抽检	对应检验的产品、零部件，按标准规定的抽样方案，抽取一定样本数进行检验、判定
	免检	对经国家权威部门产品质量认证合格的产品或信得过产品，无须专门的检验，可以直接以供应方的合格证或检验数据为依据
	专职检验	由专职检验人员进行的检验，一般为部件、成品（整机）的后道工序
	自检	操作人员根据本工序工艺指导卡要求，对自己所装的元器件、零部件的装接质量进行检验；或由班组质量员对本班组加工产品进行检验
	互检	同工序工人互相检验、下道工序对上道工序进行检验、交接班工人之间对所交接的有关事项进行检验、班组之间对各自承担的作业进行检验
按检验场所	固定检验	把产品、零部件送到固定的检验地点进行检验
	巡回检验	在产品加工或装配的工作现场进行检验
按检验性质	非破坏性检验	经检验后，不降低该产品价值的检验
	破坏性检验	经检验后，无法使用或降低了价值的检验

5）几种检验的适用范围

上述各种检验都有各自的适用范围，表5-5给出了几种检验的适用范围。

表5-5　几种检验的适用范围

名　称	适　用　范　围	
首件检验	① 生产开始时；	② 工序调整后（如换人、换材料、设备调整等）
全检	① 批量太小，失去抽检意义时；	② 检验手续简单，不至于浪费人力、物力时；
	③ 不允许存在不良品时；	④ 若不良率超过规定即无法保证品质时；
	⑤ 工程能力（工序的实际加工能力）不足时；	⑥ 为了解该批产品实际品质状况时
抽检	① 产量大、批量大，且连续生产无法做全检时；	② 进行破坏性测试时；
	③ 允许存在某种程度的不良品时；	④ 需要减少检验时间和检验费用时；
	⑤ 督促生产者要注意品质时；	⑥ 为消费者提供品质证明时
免检	① 生产过程相对稳定，对后续生产无影响；	
	② 国家批准的免检产品，以及产品质量认证产品的无须试验买入时；	
	③ 长期检验证明质量优良，使用信誉高的产品的交收中，需方认可生产方的检验结果，不再进行进货检验	

　　抽检即抽样检验，全检即全数检验。电子产品品种多、产量大，且很多电子制造企业由于设备、工艺等原因，很多都是24 h连续生产的，故对于元器件、原材料等来料检验大都采取抽样检验；而在装配过程中的每道工序都设立检验岗位，采取全数检验模式，杜绝不合格品流入下一道工序。对于半成品和成品的检验同样采取全数检验模式，确保将来每个产品都达到相应标准。由于每道工序及成品检验把关严格，对于整机出厂检验就可以采取抽样检验模式，以节约成本，缩短产品生产周期。电子产品的常用检验方法如图5-29所示。对于免检，并非是放弃检验，而是应该加强生产过程的质量监督，一旦发现异常，即及时采取措施，确保产品性能达到标准。

图 5-29　电子产品的常用检验方法

6）电子产品检验的要求

电子产品检验是依据相应规范对电子产品是否达到质量要求所采取的作业技术和活动。其目的在于科学合理地判定电子产品特性是否符合相关标准的要求，筛选出不合格产品，确保进入市场的产品质量达到技术标准的要求。

电子产品的检验要求主要有以下四个方面。

（1）法律法规的要求

各国为了维护自身的可持续发展，保护国家和地区的经济利益、安全利益、环保利益等，均会提出一系列法律法规来限制本区域内的产品生产和销售，更重要的是限制外区域的产品输入。任何一款电子产品，首先必须符合产品所在生产国和消费国的相关法律法规。例如，为控制和减少电子信息产品废弃后对环境造成的污染，在中华人民共和国境内生产、销售和进口的电子信息产品需遵循《电子信息产品污染控制管理办法》。出口欧洲共同体的要符合《电气、电子设备中限制使用某些有害物质指令》，即 RoHS 指令，它主要针对电子电气产品中的铅 Pb、汞 Hg、镉 Cd、六价铬 Cr^{6+}、多溴联苯 PBB 和多溴二苯醚 PBDE 等六种有害物质进行限制。生产企业需要委托具有 RoHS 认证资格的第三方专业检测机构对整机或相关材料进行检测，检测合格获得 RoHS 证书才能进入欧洲市场。美国、日本、德国等国家和地区均有针对电子电气产品的法律法规，产品出口这些国家均需通过相关认证，诸如 CB 认证、CE 认证、PSE 认证等。

（2）产品使用安全性要求

产品的安全性是指产品在制造、安装、使用和维修过程中没有危险，不会引起人员伤亡和财产损坏事故。在中国境内生产和销售的电子、电气设备参照国家质量监督检验检疫总局 2010 年发布的《电气设备安全设计导则》（GB/T 25295—2010）。该导则对产品的环境适应性、电击危险防护、电能的间接作用、外界因素危险防护、机械危险防护、电气连接和机械连接、运行危险防护、电能控制和危险防范、标志和说明书等提出了一系列设计要求。

（3）产品使用功能上的要求

产品存在的价值在于其可以满足客户使用功能上的要求，而确认产品能否满足客户使用要求必须经过相应的功能测试。功能测试又称黑盒测试（Black Box Test），是基于标准和规范的测试。如果该产品有国家标准则必须符合国家标准的要求；如果该产品有行业标准则必须符合行业标准的要求；如果没有国家标准也没有行业标准，则必须符合企业标准的要求。黑盒测试是从用户角度出发的测试，将被测产品视作看不见内部的黑盒，在完全不考虑产品内部结构和内部特性的情况下，依据相关标准测试产品性能，判定其是否符合规范。例如，针对声频功率放大器需要进行电性能要求和耐用性要求的功能测试。

（4）产品使用外观上的要求

随着信息时代的到来，人们的生活节奏越来越快，产品更新周期日益缩短。电子产品的外观呈现出多样化、个性化的发展趋势。设计师必须深入了解客户的消费心理、同类厂家的设计理念、国内外市场的设计现状，尽可能多地收集时尚元素，才能设计出紧跟时代步伐、有固定客户群的产品。例如，音响设备的外观能极大地影响其销售状况。因此，对电子产品外观的检验也日益细致和深入。

7）电子产品检验中规范和标准的作用

在电子产品检验过程中，检验规范侧重于产品检验的方法及步骤描述，目的在于指导检验操作者如何进行检验。而检验标准侧重于产品检验所应达到的定量水平的描述，目的在于指导检验操作者作为比较判定合格与不合格的依据。

3．电子产品的缺陷

1）电子产品的缺陷等级

电子产品的缺陷等级分为六级，如表5-6所示。

表5-6　电子产品缺陷等级与缺陷描述

序号	缺陷等级	符号	缺陷描述
1	安全问题/Safe	S	产品设计与 IEC 或 ISO 法规不符，产品处于一种危险状态，以至于对人或周围环境有所伤害和损害
2	严重问题/Critical	A	导致系统崩溃、死机、死锁、内存泄露、数据丢失的严重问题。缺陷会引起客户对产品的极大不满，且缺陷极易被发现
3	主要问题/Major	B	系统的主要功能失效，没有崩溃，但会导致后续操作或工作不能继续进行，缺陷是客户无法接受的
4	次要问题/Average	C	系统的次要功能失效，但后续操作或工作仍可以继续进行，缺陷是客户可以接受的
5	微不足道问题/Minor	D	微不足道的功能失效，客户也许觉察不到该功能失效，不会引起客户不满，缺陷不易被察觉
6	需要改善的问题/Enhancements	E	没有引起功能失效，不是一个缺陷，客户使用过程中建议改善的问题，这个问题可能涉及可制造性、可服务性、产品成本等因素

2）电子产品缺陷产生的原因

（1）产品设计上的缺陷

由于设计不合理，导致产品存在危及人身、财产安全的不合理危险。

（2）产品制造上的缺陷

由于产品加工、制作、装配等制造上的原因，导致产品存在危及人身、财产安全的不合理危险。

（3）告知上的缺陷

告知上的缺陷也称指示缺陷或说明缺陷，即由于产品本身的特性而具有一定合理的危险性。这类产品的生产者应在产品或产品说明书、产品包装上，加注必要的警示标志或警示说明，告知使用注意事项。如未加警示标志或说明，导致发生产品危及人身、财产安全的事故，则该产品属于存在告知缺陷的产品。

4．电子产品的检验流程与措施

电子产品必须满足法律法规、安全、功能和外观等要求，而如何确认其满足这些要求，必须经过专业、专门的手段和方法，以及相应的设备仪器通过检验来确认，从而判定

电子产品与相应的标准对比是否存在缺陷，并最终消除缺陷。

1）电子产品检验的一般流程

电子产品检验一般指质量检验，即按标准规定的测试手段和方法，对元器件、原材料、零部件、半成品、成品和整机进行的质量检测和判断。电子产品检验的一般流程如图5-30所示。检验结果分为两种，即合格与不合格。针对元器件、原材料、零部件等的来料检验如图5-30（a）所示。合格则加上标识进入合格材料仓库，不合格则加上标识送入退货仓库。针对成品和整机的检验如图5-30（b）所示。合格则贴上标识存入仓库，不合格且性质严重的则报废，不合格但可以补救的则进入返修、返工流程维修后，再次进入检验流程检验其是否达标。至于装配过程中的每道工序检验，流程类似图5-30（b），合格则流入下一道工序，不合格则报废或返修。

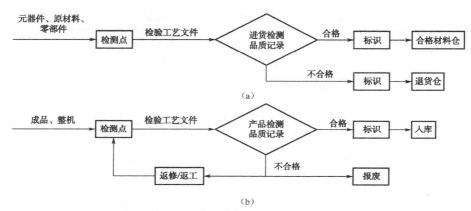

图 5-30 电子产品检验的一般流程

2）检验工艺文件

电子产品的检验一般都按照检验工艺文件所描述的内容进行。检验工艺文件主要依据产品的设计和生产工艺、相关的国际标准、国家标准、部颁标准及企业标准等文件和资料来制定。其主要内容如下。

（1）检验项目：针对不同的被检品，根据各类标准及客户的要求，检验工艺文件罗列出本检验需做的检验项目。

（2）技术要求：根据确定的检验项目，按照相关标准，检验工艺文件制定出对应的检验技术要求。

（3）检验方法：根据检验技术要求，检验工艺文件按照相应规定，详细描述了本项检验的环境条件、测量仪表、工具设备及测量方法等。

（4）检验方式：有全数检验和抽样检验两种，检验工艺文件指明本项检验的采用方式。

（5）缺陷判定：检验工艺文件说明本检验缺陷判定的依据标准。

3）让步放行

（1）让步放行的内涵

需要指出，并不是所有不合格产品都不予放行。在质量管理中有一种让步放行，限用于某些特定不合格特性在指定偏差内并限于一定的期限或数量产品。允许放行的不合格品的不合格特性的偏差下限是最低使用要求，它比合格品规定的质量要求低，但不造成产品缺陷。缺陷是没有满足某个预期的使用要求或合理的期望，有缺陷的不合格品不能让步处置，只能降级使用或报废。若把满足最低使用要求的不合格品称为轻微不合格品，把存在缺陷的不合格品称为严重不合格品，则让步放行的产品必须是轻微不合格品。

（2）让步放行的实施

对于成品，在客户可以接受或已经得到客户确认的前提下，将不影响客户使用要求的产品放行以利于准时交货，但必须做好标识，确保可追溯。

当原材料、半成品来不及检验，且使用后不影响产品性能要求及产品检验标准时，经品管、技术、生产联合确认可以让步紧急放行以利于生产，同时做好相关标识。

4）影响检验结果的因素及相关措施

（1）影响电子产品检验结果的主要因素

影响电子产品检验结果的因素主要有五个方面：人员因素、测试设备因素、被测件使用的材料因素、检测方法因素、检测环境因素。

（2）提高检验结果准确度的措施

① 选择训练有素的检验员：由于主观因素的影响，不同检验员的素质条件会造成程度不同的检验误差。选择责任心强、检验技能高、思维方式严谨的检验员，以减小人为因素造成的误差。

② 校准仪器设备：通过计量检定得到测量值与实际值的偏差，对检验结果进行修正。

③ 选择合适的被测材料：即选择具有代表性的样品。

④ 选择适宜的测量方法：对诸多测量方法进行分析、比较，从中找出最佳方法进行实施。

⑤ 校正环境因素：通过各种试验求出环境因素（如温度、湿度、亮度、振动）影响测量值的程度，从检验结果中扣除该因素的影响。

项目实施 5　组建自动测试系统测试常规信号参数

工作任务单：

（1）制订工作计划。

（2）熟悉常规信号的技术参数。

（3）选择测量方案。

（4）组建测试系统。

（5）完成信号参数的测试。

（6）编写项目报告。

1. 实训目的

（1）掌握组建自动测试系统的基本方法。

（2）利用组建好的自动测试系统进行测量。

（3）观察不同类型的周期信号在时域、频域中的不同表现。

2. 实训设备与器材

（1）实训设备：数字示波器 1 台、合成信号发生器 1 台、频谱仪 1 台、计算机 1 台。

（2）实训器材：GPIB 总线若干。

注意：以上仪器均需有 GPIB 接口。

3．项目实施

（1）按照给定的测试任务，用总线连接仪器和计算机，组建自动测试系统。

（2）信号源输出正弦波信号，用示波器监测信号的波形及周期、频率，用频谱仪测试信号频谱，用计算机记录全部测试结果，并生成文件。

（3）信号源输出方波信号，用示波器监测信号的波形及周期、频率，用频谱仪测试信号频谱，用计算机记录全部测试结果，并生成文件。

（4）信号源输出三角波信号，用示波器监测信号的波形及周期、频率，用频谱仪测试信号频谱，用计算机记录全部测试结果，并生成文件。

（5）信号源输出锯齿波信号，用示波器监测信号的波形及周期、频率，用频谱仪测试信号频谱，用计算机记录全部测试结果，并生成文件。

（6）信号源输出扫频波信号，用示波器监测信号的波形及周期、频率，用频谱仪测试信号频谱，用计算机记录全部测试结果，并生成文件。

4．整理相关资料，完成项目报告

项目报告示例请上华信教育资源网下载参考。

5．项目考核

项目考核表如表 5-7 所示。

表 5-7　项目考核表

评价项目	评价内容	配　分	教师评价	学生评价		总　分
				互　评	自　评	
工作态度	（1）工作的主动性、积极性； （2）操作的安全性、规范性； （3）遵守纪律情况	10 分				师评 50%+互评 30%+自评 20%
项目测试	（1）仪器连接的正确性； （2）测量结果的正确性	60 分				
项目报告	项目报告的规范性	20 分				
5S 规范	整理工作台，离场	10 分				
合计	—	100 分				
自评人：　　　　　　　互评人：　　　　　　　　教师： 　　　　　　　　　　　　　　　　　　　　　　　　　　　　　日期：						

知识梳理与总结

（1）自动测试系统 ATS 是能自动进行各种信号测量、数据传输、数据处理，并以适当方式显示或输出测量结果的系统。现代自动测试系统模型的构造要素为程控设备、测试控制器、标准数字接口总线系统和测试软件系统。

（2）智能仪器是内含微型计算机，具有自动化操作，以及数据存储、运算和逻辑判断能力，带有 GPIB 等通信接口的电子仪器。在智能仪器中，软件占有重要地位。

（3）虚拟仪器是在计算机上加装一定的软、硬件构成的测试仪器。在虚拟仪器中"软件即仪器"，决定了仪器的主要功能。与传统仪器进行对比，虚拟仪器在研发周期、价格、功能定义及开放性等方面具有较大的优势。

（4）虚拟仪器的硬件系统一般由传感器、测控功能模块和计算机硬件平台组成；虚拟仪器测试系统的软件一般由仪器面板控制软件、数据分析处理软件、仪器驱动软件、通用 I/O 接口软件组成。

（5）接口总线：与自动测试有关的接口总线有计算机系统总线、测量仪器标准总线、工业现场总线等。其中，GPIB 和 VXI 是常用的自动测试系统总线。

（6）自动测试系统的组建实际上就是根据实际任务进行系统级设计，应利用已有的先进技术进行高效率的组建。

习题 5

5-1　什么是自动测试系统？

5-2　智能仪器的自检方式有哪些？有哪些自动测量功能？

5-3　虚拟仪器的硬件系统和软件系统一般由哪几部分组成？

5-4　网络化仪器有何优点？

5-5　标准仪器总线主要指哪些总线？

5-6　简述 GPIB 标准总线的名称和作用。

5-7　自动测试系统的组建通常有哪些步骤？

（1）现代工业现场越来越多地运用自动测试系统，生活中也有很多自动测试系统，你能列举一些自动测试系统的应用实例吗？

（2）进入 http://www.ni.com 网站，了解虚拟仪器的行业应用。

综合实训　函数信号发生器性能指标检验

工作任务单：

（1）制订工作计划。

（2）了解函数信号发生器的性能指标。

（3）选择函数信号发生器性能指标的测量方案。

（4）完成函数信号发生器性能的测试。

（5）填写项目报告。

1. 实训目的

（1）熟悉函数信号发生器性能指标的测量方法。

（2）掌握函数信号发生器、数字示波器、数字交流毫伏表、失真度测试仪的使用。

2. 实训设备

实训设备：函数信号发生器1台、数字示波器1台、失真度测试仪1台、数字交流毫伏表1台。

注：被测函数信号发生器采用一般实验室通用的型号，如YB1602、EE1642B1、SP1641B等。失真度测试仪的介绍详见教材第1版。

3. 函数信号发生器的主要性能指标

函数信号发生器的性能指标有：

（1）输出波形：指正弦波、方波、三角波和脉冲波等。

（2）频率范围：输出正常波形时的频率下限和频率上限间的范围。

（3）频率准确度：指输出信号频率的实际值f与其标称值f_0的相对偏差。

（4）频率稳定度：指在预热后，信号源在规定时间内频率的相对变化量。

（5）输出电压：指输出电压的峰-峰值。

（6）输出阻抗：指函数波形输出时的输出阻抗，以及TTL同步输出时的输出阻抗。

（7）波形特性：正弦波波形特性用非线性失真系数表示，三角波波形特性用非线性系数表示，方波的特性参数用上升时间表示。

4. 项目测试

1）频率范围测量

被测函数信号发生器分别选择不同种类的波形输出，输出信号幅度置最大。调节频率调节旋钮，读出不同波形下各频段的频率上、下限值，即仪器面板上的数字显示频率。根据被测函数信号发生器的实际情况，对表1进行修改，将数据记录在表1中。

表1　频率范围数据记录

正弦波频段	频 率 范 围	三角波频段	频 率 范 围	方 波 频 段	频 率 范 围
Ⅰ	～	Ⅰ	～	Ⅰ	～
Ⅱ	～	Ⅱ	～	Ⅱ	～
Ⅲ	～	Ⅲ	～	Ⅲ	～

正弦波频段	频 率 范 围	三角波频段	频 率 范 围	方 波 频 段	频 率 范 围
IV	～	IV	～	IV	～
V	～	V	～	V	～
VI	～	VI	～	VI	～
VII	～	VII	～	VII	～

2）频率准确度测量

被测函数信号发生器分别选择不同种类的波形输出，输出信号幅度设定为 1 V 左右。将函数信号发生器的输出端与数字示波器的输入端相接，如图 1 所示，读取示波器上的频率值。对函数信号发生器每个频段分别取低、中、高三个频率点进行测量，频率准确度按下式计算：

$$\alpha = \frac{f - f_0}{f_0} \times 100\%$$

式中，f 为函数信号发生器实际输出的频率，由数字示波器测得；f_0 是函数信号发生器输出信号的标称值，是被测函数信号发生器数字显示的信号频率。

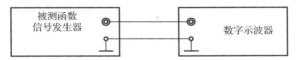

图 1　频率准确度测量连线图

根据被测函数信号发生器的实际情况，设计测试点频率填入表 2 中，完成频率准确度的测量和计算，取其中绝对值最大的值作为检验结果。

表 2　输出频率准确度数据记录

正弦波频段	测试点 1			测试点 2			测试点 3		
	f_0	f	α	f_0	f	α	f_0	f	α
I									
II									
III									
三角波频段	测试点 1			测试点 2			测试点 3		
	f_0	f	α	f_0	f	α	f_0	f	α
I									
II									
III									
方波频段	测试点 1			测试点 2			测试点 3		
	f_0	f	α	f_0	f	α	f_0	f	α
I									
II									
III									

本函数信号发生器的频率准确度为＿＿＿＿＿＿＿＿。

3）频率稳定度测量

被测函数信号发生器置于正弦波某一波段的高端位置（如 $f_0=2\,\text{MHz}$），预热 1 h 后，信号发生器面板上显示频率记作 f_0，记录在表 3 中。用数字示波器每隔 15 min 测量一次信号发生器的输出频率，连续测量 3 h，将所测数值记录在表 3 的 $f_1 \sim f_{13}$ 中。频率稳定度按下式计算

$$\delta = \frac{f_{\max} - f_{\min}}{f_0} \times 100\%$$

式中，$f_{\max}$ 和 $f_{\min}$ 分别为函数信号发生器频率在所测数据中的最大值和最小值；f_0 为被测信号频率的标称值。

表 3   输出频率稳定度数据记录

频 率 测 量	f_1	f_2	f_3	f_4	f_5	f_6	f_7	f_8	f_9	f_{10}	f_{11}	f_{12}	f_{13}
测 量 值													
$f_{\max}$			$f_{\min}$			f_0			频率稳定度				

注：可根据实际情况缩短测量时间。

4）幅度平坦度测量

数字交流毫伏表和数字示波器的输入并联接在被测函数信号发生器的输出端，如图 2 所示。数字交流毫伏表和数字示波器置相应功能。将被测函数信号发生器波形置正弦波，幅度置最大，直流偏置为零。

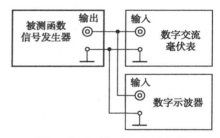

图 2   幅度平坦度测量连线图

将函数信号发生器的输出频率置 1 kHz，测量此时输出电压的有效值，记为 U_0。接着保持函数信号发生器的输出幅度旋钮位置不变，依次在每个频段范围内选取低、中、高三个频率测试点，测量相应的输出电压有效值，记为 U_i。将所测和计算出的数据记录在表 4 中，取其中（$U_i - U_0$）绝对值的最大值计算幅度平坦度。幅度平坦度按下式计算：

$$\delta = \frac{U_i - U_0}{U_0} \times 100\%$$

表 4   幅度平坦度数据记录

波段	测试点 1			测试点 2			测试点 3		
	频率	U_i	$U_i - U_0$	频率	U_i	$U_i - U_0$	频率	U_i	$U_i - U_0$
I									
II									
III									
IV									
V									
VI									
VII									
U_0				$U_i - U_0$ 最大值					
δ									

5）输出衰减量测量

输出衰减量测量连线图如图 3 所示，其中 R 为输出匹配电阻，阻值一般为 600 Ω。将被测函数信号发生器波形置正弦波，频率置 1 kHz，幅度置最大，直流偏置为零。此时数字交流毫伏表测得的函数信号发生器的初始电压值为 U_0。依次按下被测函数信号发生器的衰减开关，分别读取数字交流毫伏表上相应的电压值 U_i，信号源实际衰减量、误差分别按以下两式计算：

$$A = 20\lg U_0 / U_i (\mathrm{dB})$$

$$\delta = \frac{A - B}{B} \times 100\%$$

式中，A 为计算出的衰减量；B 为函数信号发生器面板上的衰减挡。

将所测和计算出的数据记录在表 5 中。

表5 输出衰减量数据记录

衰减挡 B（dB）	20	40	60
初始电压 U_0			
读测电压 U_i			
电压比 U_0 / U_i			
衰减量 A（dB）			
误差 δ（%）			

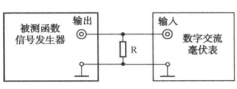

图3 输出衰减量测量连线图

6）正弦波失真系数测量

按图 4 连线。被测函数信号发生器波形置正弦波，幅度置最大，直流偏置为零。失真度测试仪置相应功能和状态，函数信号发生器输出频率分别置 10 Hz、1 kHz、10 kHz、100 kHz、1000 kHz。分别测出各频率点总失真系数，记录在表 6 中。取其中最大值为检验结果。

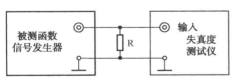

图4 正弦波失真系数测量连线图

表6 正弦波失真系数数据记录

输出频率	10 Hz	1 kHz	10 kHz	100 kHz	1000 kHz
失真系数 γ					

本函数信号发生器的正弦波失真系数为_____。

7）三角波非线性系数测量

数字示波器的输入端接函数信号发生器的输出端，进行三角波（锯齿波）非线性系数测量。被测函数信号发生器输出波形置三角波，频率置 10 kHz，直流偏置为零。函数信号发生器的输出幅度置"2 V_{p-p}"（由数字示波器监测峰–峰值），调节数字示波器垂直灵敏度，使波形纵向展开。计算出三角波上升沿和下降沿 10%,20%,30%,…,90%处电压的拟合值，填入表 7 中。再利用数字示波器的光标设定功能，分别读测出上升沿和下降沿 10%,20%,30%,…,90%处电压的实际值，非线性系数 δ_{LD} 按下式计算：

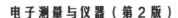

$$\delta_{LD} = \frac{\text{实测值} - \text{拟合值}}{\text{拟合值}} \times 100\%$$

将所测和计算出的数据记录在表7中。取其中绝对值最大的值作为检验结果。

表7　三角波非线性系数数据记录

上 升 沿	10%	20%	30%	40%	50%	60%	70%	80%	90%
拟合值（V）	−0.800	−0.600	−0.400	−0.200	0.000	0.200	0.400	0.600	0.800
实测值（V）									
非线性系数 δ_{LD}									
下 降 沿	90%	80%	70%	60%	50%	40%	30%	20%	10%
拟合值（V）	0.800	0.600	0.400	0.200	0.000	−0.200	−0.400	−0.600	−0.800
实测值（V）									
非线性系数 δ_{LD}									

本函数信号发生器的三角波非线性系数为＿＿＿＿＿＿＿。

8）脉冲波上升时间、下降时间、占空比测量

数字示波器的输入端接函数信号发生器的输出端。被测函数信号发生器输出波形置脉冲波，幅度置最大，频率置10 kHz，适当调节占空比旋钮到一定位置，直流偏置为零，调节数字示波器的时基因数，使波形展宽到合适位置。读测出信号上升时间、下降时间、占空比，将测量数据记录在表8中。

表8　脉冲波上升时间、下降时间、占空比数据记录

频 率	上 升 时 间	下 降 时 间	占 空 比
10 kHz			

9）扫频特性测量

被测函数信号发生器的输出与数字示波器的输入相连。将函数信号发生器置扫频功能，输出幅度置1 V，直流偏置为零。调节函数信号发生器的扫频旋钮，频率从最低端向最高端变化，读取信号发生器的起始频率值和终止频率值，扫频宽度按下式计算：

$$\Delta f = f_{max} - f_{min}$$

式中，Δf 为扫频宽度；f_{max} 为扫频最高频率；f_{min} 为扫频最低频率。

将测量数据记录在表9中。扫频频率变化可用扫频比来表述，扫频比 Q 按下式计算：

$$Q = f_{max} / f_{min}$$

表9　扫频特性数据记录

f_{min}	f_{max}	Δf	Q

5. 整理相关数据，完成测试的详细分析并填写项目报告

将上述测量结果与函数信号发生器说明书上的指标进行比较，得出检测结果（合格、不合格）。填写表10所示项目报告。

注意： 如果函数信号发生器使用说明书上某项指标没有，则请教师根据实际情况给出相应指标，以便学生有判定依据。

表 10 函数信号发生器性能指标检验项目报告

产品名称				商 标		
型号规格				产品编号		
取样方式				收样日期		
样品数量		检验日期				
检验环境	温度（℃）：		相对湿度（%）：		大气压力（kPa）：	
检验依据						
检验用主要仪器设备	名 称		型号规格		编 号	
单项检验结果	参数项目	合格指标	检验结果		单位	单项判定
检验结论						
备 注						
主 检：		审 核：				
				检验日期：		

6. 项目考核

项目考核表如表 11 所示。

表 11 项目考核表

评价项目	评价内容	配 分	教师评价	学生评价		总 分
				互 评	自 评	
工作态度	（1）工作的主动性、积极性；（2）操作的安全性、规范性；（3）遵守纪律情况	10 分				师评 50%+互评 30%+自评 20%
项目测试	（1）仪器连接的正确性；（2）检测结果的正确性	60 分				
检验报告	（1）检验报告的规范性；（2）检验结论的正确性	20 分				
5S 规范	整理工作台，离场	10 分				
合计	—	100 分				
自评人：	互评人：	教师：				
				日期：		

参 考 文 献

[1] 孙灯亮．数字示波器原理和应用[M]．上海：上海交通大学出版社，2012．

[2] 王祁．智能仪器设计基础[M]．北京：机械工业出版社，2016．

[3] 詹惠琴，古天祥，习友宝，古军，何羚．电子测量原理 [M]．北京：机械工业出版社，2016．

[4] 陈尚松，郭庆，黄新．电子测量与仪器（第3版）[M]．北京：电子工业出版社，2012．

[5] 赵茂泰．智能仪器原理及应用（第4版）[M]．北京：电子工业出版社，2015．

[6] 杜宇人．现代电子测量技术（第2版）[M]．北京：机械工业出版社，2015．

[7] 宋悦孝，王俊杰．电子测量与仪器（第3版）[M]．北京：电子工业出版社，2016．

[8] 黄燕，林训超．电子测量与仪器（第2版）[M]．北京：高等教育出版社，2015．

[9] 古天祥，詹惠琴，习友宝，古军，何羚．电子测量原理与应用[M]．北京：机械工业出版社，2014．

[10] 陆绮荣，张永生，吴有恩．电子测量技术（第3版）[M]．北京：电子工业出版社，2010．

[11] 陈尚松，郭庆，雷加．电子测量与仪器（第2版）[M]．北京：电子工业出版社，2009．

[12] 宋悦孝．电子测量与仪器（第2版）[M]．北京：电子工业出版社，2009．

[13] 张立霞，王高山，刘俊起．电子测量技术[M]．北京：清华大学出版社，2012．

[14] 李延廷．电子测量技术[M]．北京：机械工业出版社，2011．

[15] 周友兵．电子测量仪器应用[M]．北京：机械工业出版社，2013．

[16] 丁向荣，刘政．电子产品检验技术[M]．北京：化学工业出版社，2014．

[17] 孙学耕，汤婕，谭巧．电子测量与产品检验[M]．北京：机械工业出版社，2012．

[18] 管莉．电子测量与产品检验[M]．北京：机械工业出版社，2008．

[19] 张大彪，孙胜利，李骁，等．电子测量技术与仪器[M]．北京：电子工业出版社，2010．

[20] 翟志华．电子测量与仪器操作实训[M]．北京：机械工业出版社，2008．

[21] 李福军，刘海东，关长伟，等．电子测量仪器与应用[M]．北京：机械工业出版社，2013．

[22] 王成安，李福军．电子测量技术与仪器[M]．北京：机械工业出版社，2011．

[23] 李福军．电子测量技术与仪器[M]．哈尔滨：哈尔滨工业大学出版社，2011．

[24] 于宝明，金明．电子测量技术[M]．北京：高等教育出版社，2012．

[25] 赵文宣，陈运军，张德忠．电子测量与仪器应用[M]．北京：电子工业出版社，2012．

[26] 朱莉，林其伟．超大规模集成电路测试技术[J]．中国测试技术，2006,6（32）：117-120．

[27] GB/T 12060.3—2011 声系统设备 第3部分：声频放大器测量方法．

[28] GB/T 12060.2—2011 声系统设备 第2部分：一般术语解释和计算方法．

[29] SJ/T 10406—1993 声频功率放大器通用技术条件．

[30] SJ/Z 9140.1—1987 声系统设备 第1部分：概述（IEC 268-1(1985)）．

[31] GB/T 6587—2012 电子测量仪器通用规范．

[32] Tektronix 公司．示波器探头技术资料，http://cn.tek.com/．